巷道围岩塑性区形态判定理论及应用

赵志强　郭晓菲　刘洪涛　著

中国矿业大学出版社
·徐州·

内 容 提 要

我国煤矿井下巷道开掘工程量巨大，每年新开掘的巷道达上万千米。目前，巷道顶板事故的发生数量在煤矿各类事故中占比最高，严重威胁了煤矿的安全高效生产。掌握不同应力条件下巷道围岩破坏区的形态及范围扩展规律对于巷道围岩稳定性控制起着至关重要的作用。

基于此，本书以弹塑性理论为基础，研究了非均匀应力场中巷道围岩塑性区的形态演化规律及塑性区扩展方向规律，推导出非均匀应力场中圆形巷道围岩塑性区形态判定准则及塑性区扩展蝶叶方位判据公式，并将其应用于高偏应力环境中巷道围岩的稳定性分析，形成了基于塑性区形态判定准则的巷道围岩稳定性量化分析方法。

图书在版编目(CIP)数据

巷道围岩塑性区形态判定理论及应用 / 赵志强，郭晓菲，刘洪涛著. — 徐州 ：中国矿业大学出版社，2022.3

ISBN 978 - 7 - 5646 - 5331 - 6

Ⅰ. ①巷… Ⅱ. ①赵… ②郭… ③刘… Ⅲ. ①巷道围岩—围岩稳定性—研究 Ⅳ. ①TD325

中国版本图书馆 CIP 数据核字(2022)第 048324 号

书　　名　巷道围岩塑性区形态判定理论及应用
著　　者　赵志强　郭晓菲　刘洪涛
责任编辑　章　毅
出版发行　中国矿业大学出版社有限责任公司
　　　　　　(江苏省徐州市解放南路　邮编 221008)
营销热线　(0516)83885370　83884103
出版服务　(0516)83995789　83884920
网　　址　http://www.cumtp.com　**E-mail**:cumtpvip@cumtp.com
印　　刷　江苏淮阴新华印务有限公司
开　　本　787 mm×1092 mm　1/16　**印张** 11.75　**字数** 230 千字
版次印次　2022 年 3 月第 1 版　2022 年 3 月第 1 次印刷
定　　价　46.00 元
(图书出现印装质量问题，本社负责调换)

前　言

当前国际环境和全球能源格局体系正在发生深刻变革，我国能源安全稳定供应面临着诸多挑战。富煤贫油少气的国情决定了煤炭是我国能源安全稳定供应的“压舱石”和“稳定器”。我国煤矿井下巷道工程量巨大，据不完全统计，每年新开掘巷道达1.2万km，每年巷道维修量更是达到10万km。巷道顶板事故发生次数和伤亡人数仍居高位，顶板安全防控现状仍然严峻。仅2021年煤矿巷道顶板致死事故发生23起，非伤亡顶板事故更是频繁发生。有效量化分析巷道围岩稳定性对于巷道稳定性分析和控制有重要的理论和现实意义，对于工程现场安全生产有重要作用。

巷道顶板灾害的发生是巷道围岩在应力作用下发生变形破坏所致，巷道围岩的稳定性与破坏区的形态及范围直接相关，巷道围岩稳定性控制也是根据巷道围岩破坏区的形态和范围来进行支护设计。掌握不同应力条件下巷道围岩破坏区的形态及范围扩展规律对于巷道围岩稳定性控制有着至关重要的作用。塑性区是通过岩石强度准则判定得到的理论意义上的破坏区，在采矿工程领域精度要求范围内，通常视塑性区为破坏区来研究地下工程中围岩的稳定性。基于此，本书以弹塑性理论为基础，研究了非均匀应力场中巷道围岩塑性区的形态演化规律及塑性区扩展方向规律，推导出非均匀应力场中圆形巷道围岩塑性区形态判定准则及塑性区扩展蝶叶方位判据公式，并研究了判定准则在层状围岩、非圆形巷道断面等复杂条件下的适用性。本书建立了一个以判定准则为量化标尺、以塑性区形态特征为划分依据、能够对处在一定应力与围岩环境中的巷道进行定量化的稳定性分析评估的理论方法。

本书为从事巷道支护及灾害治理方面研究、管理的专业技术人员提供参考。为巷道在地下空间的布置提供理论指导，在巷道工程实施前，根据掌握的区域应力环境及围岩性质条件对设计位置巷道围岩稳定性提前进行定量评估，避免将巷道布置在冒顶隐患较高的位置；为巷道顶板灾害发生的机理分析提供理论方法，现场巷道出现变形破坏严重甚至发生冒顶灾害时，可以采用建立的理论方法分析巷道的破坏机理，找到顶板灾害发生的力学机制；为巷道围岩稳定性控制提供理论依据，对现场巷道进行冒顶隐患定量分析，明确巷道围岩所处的稳定状态，进而提出针对性的支护方案。

限于作者完成本书的时间和水平，书中不足和疏漏之处在所难免，恳请读者不吝赐教。

赵志强
中国矿业大学(北京)

目　录

1 绪 论

我国煤矿井下巷道开掘工程量巨大，每年新开掘的巷道达上万千米。随着煤炭开采由浅部向深部延伸，巷道围岩灾害更加凸显，严重威胁了煤矿的安全高效生产。巷道分布范围广，穿越于地下各种地质环境，有效判别巷道围岩灾害隐患区域，对于巷道布置、灾害预警、巷道灾害防治等有重要的理论意义。本章基于已有的研究成果，简要分析了目前巷道围岩破坏机理、顶板破坏、冲击破坏等方面的研究现状。通过已有文献初步掌握了地下应力场的分布规律，初步了解了巷道顶板灾害易发区域的应力场特征，分析了非均匀应力场中巷道围岩弹塑性理论研究现状及蝶形塑性区研究现状。

1.1 煤矿巷道围岩灾害概况

我国的能源赋存现状为“富煤、贫油、少气”，煤炭资源占我国化石能源资源量基础储量的 90%以上，煤炭为我国最重要的化石能源[1-3]。自中华人民共和国成立以来，我国在经济社会发展中消耗的煤炭资源量已经超过 800 亿 t[4]，近年来，每年的煤炭开采量均在 30 亿 t 以上，根据国家能源中长期发展规划，在今后相当长的时间内，煤炭在我国能源结构中仍将占据主体地位。

由于近几十年来我国大规模开采煤炭资源，浅部资源逐渐枯竭，煤炭开采逐年向深部延伸[5-7]。在我国目前已探明的煤炭资源中，埋藏深度在 1 000 m 的煤炭储量达到 2.95 万亿 t，占全部资源量的 53%左右，深部煤炭资源已成为我国主体能源的战略保障。随着开采深度的加大，开采空间周围应力水平增大，煤矿安全生产受到威胁，安全形势面临更加严峻的挑战。

煤炭资源的大规模开采导致我国每年地下井巷工程开挖量巨大，每年的巷道工程量达到上万千米。随着煤炭开采由浅部转向深部，巷道围岩应力环境日趋复杂，巷道冒顶、煤壁片帮、大变形、冲击地压等一系列巷道灾害更加凸显，严重威胁着矿井的安全生产[8-11]。据我国近年的煤矿事故统计结果[12-14]，自 2007 年到 2016 年煤矿顶板事故的起数与遇难者人数分别占煤矿事故总数的 50%和 35.5%，由于工作面液压支架等大型支护设备的使用，工作面顶板灾害事故较少，大部分煤矿顶板灾害发生在巷道。研究巷道围岩顶板灾害发生机理，保证巷道围岩的稳定性，对矿井安全生产具有重要的现实意义。尽管目前生产现场对巷道的安全稳定十分重视，学术界对巷道围岩稳定性相关的理论研究也十分活跃，但巷道顶板灾害在煤矿生产中仍难以有效防治，巷道顶板灾害仍然是煤矿各类灾害中发生频率最多的灾害，对于巷道围岩稳定性的理论研究仍需深入。

巷道围岩灾害的发生是由巷道围岩在应力作用下发生变形破坏所致，巷道围岩的稳定性与破坏区的形态及范围直接相关，巷道围岩稳定性控制也是根据巷道围岩破坏区的形态和范围来进行支护设计。掌握不同应力条件下巷道围岩破坏区的形态及范围扩展规律对于巷道围岩稳定性控制有着至关重要的作用。塑性区是通过岩石强度准则判定得到的理论意义上的破坏区，在采矿工程领域精度要求范围内，通常视塑性区为破坏区来研究地下工程中围岩的稳定性。本章以弹塑性理论为基础，研究了非均匀应力场中圆形巷道围岩塑性区的形态演化规律，并推导出非均匀应力场中圆形巷道围岩塑性区形态判定准则；通过理论分析、数值模拟与已有含孔洞岩石力学试验对比研究了非均匀应力场中塑性区的扩展方向规律，建立了蝶形塑性区的蝶叶方位判据；将塑性区形态判定准则及方位判据应用到巷道围岩稳定性分析中，建立了巷道围岩蝶形冒顶隐患分析方法与巷道冲击风险性量化评估方法，为高偏应力场中巷道布置位置、冒顶灾害分析、巷道围岩稳定性控制提供了理论方法。

1.2 巷道围岩破坏理论研究现状

巷道开挖后周围应力场重新分布，导致巷道围岩在一定区域发生破坏[15-17]。分析巷道围岩破坏区的形态和范围规律一直都是井巷工程领域揭示巷道破坏规律及指导围岩稳定性控制的核心内容[18-20]。许多专家学者对此进行了大量的理论和实践研究工作，从不同角度研究了巷道围岩破坏区的形态和范围规律，取得了丰富的研究成果。下面分别介绍等压条件下圆形巷道塑性区经典理论、自然冒落拱理论、轴变论理论、最大水平应力理论、围岩松动圈理论、围岩分区破裂理论、孔洞围岩破坏理论的理论认识，以对巷道围岩破坏理论进行综合认识。

(1) 等压条件下圆形巷道塑性区经典理论

20 世纪 50 年代后期，弹塑性理论被引入到地下井巷工程围岩稳定性问题的分析研究中[21-23]，著名的芬纳(Fenner R.)公式和卡斯特奈(Kastner H.)公式就是这一研究的代表[24-26]。芬纳公式假设围岩为均质、各向同性材料，在孔洞长度方向围岩性质一致；将地下应力场简化为轴对称分布的静水压力条件；采用研究平面应变问题的方法，取圆形孔洞的任一截面作为代表进行分析。通过弹塑性理论的推导得到了著名的芬纳公式和卡斯特奈公式。由于理论模型为四周等压模型，得到的巷道围岩塑性区边界为圆形，塑性区半径计算见式(1-1)。

$$r_{p}=R_{0}\left[\frac{(P_{0}+C\cot\varphi)(1-\sin\varphi)}{P+C\cot\varphi}\right]^{\left(\frac{1-\sin\varphi}{2\sin\varphi}\right)} \tag{1-1}$$

式中 r_{p}——围岩塑性区半径；

R_{0}——圆形巷道半径；

P_{0}——原岩应力；

P——支护阻力；

C——围岩的黏聚力；

φ——围岩的内摩擦角。

芬纳公式和卡斯特奈公式的提出，将巷道围岩稳定性分析及支护设计从经验的工程类比带入到定量计算的科学领域，对之后的巷道围岩破坏规律的研究及巷道支护设计产生了深远影响[27-37]。

(2) 自然冒落拱理论

巷道的开挖打破了原岩应力的平衡状态，应力在巷道周围进行重新分布，由于应力在巷道顶板局部区域集中，导致应力集中区域围岩产生破坏而发生冒落。自然冒落拱理论认为[38-42]，巷道顶板围岩破坏碎裂发生冒落后，冒落形状呈拱形形态，其原理图如图 1-1 所示。巷道围岩发生冒落后，围岩以拱形形式存在，应力在其周围会重新分布以恢复平衡状态而达到自稳[43-45]。自然冒落拱理论同时认为[46-49]，巷道顶板围岩稳定性的维护与控制，需要支护体的承载力大于冒落拱内破碎岩体的质量；同时，在巷道设计的时候，将巷道的顶部轮廓人为地设计成拱形形状以提高巷道顶部围岩的自稳性。

(3) 轴变论理论

20 世纪 80 年代，于学馥[50-52]考虑了巷道轴比和地应力对维护巷道稳定性所起的重要作用，根据不同巷道方向地应力对其所起的作用不同，建立了等应力轴比、应力分布轴比、围岩稳定轴比三个“轴变论”规律，分析了巷道轴比与围岩稳定性之间的关系。轴变论认为，在非均匀应力场中，巷道围岩破坏区最终会形成椭圆形形态，当巷道处在合适轴比关系的情况下，应力场在巷道周围的分布较均匀，局部应力集中程度小，此时对巷道围岩的稳定性最为有利；并基于此观点推导出巷道最佳轴比关系的计算公式。轴变论对巷道的支护设计以及断面设计具有指导意义。如图 1-2 所示。

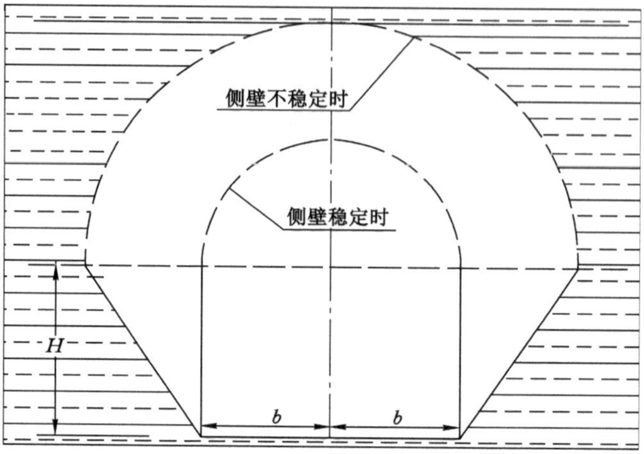

图 1-1　自然冒落拱计算的理论模型

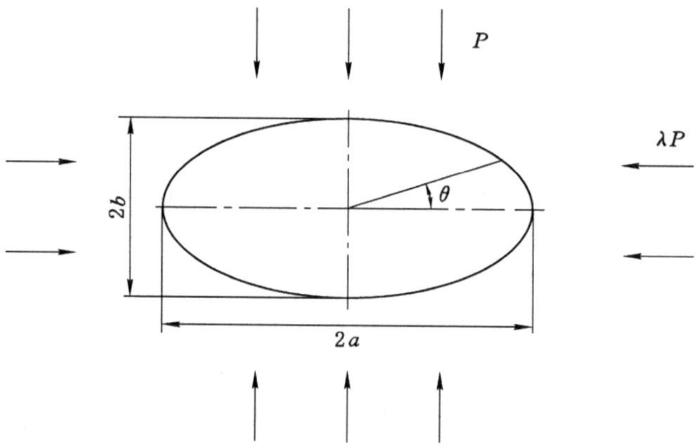

图 1-2　轴变论理论模型

（4）最大水平应力理论

20 世纪 80 年代末，澳大利亚学者 Gale 等[53]提出最大水平应力理论。该理论认为：矿井下一般水平应力大于垂直应力，且一般比值在 1.3～2.0倍左右，而且最大水平应力与最小水平应力差别也很大，一般比值在 1.5～2.5倍左右。巷道顶部围岩的稳定状况受最大水平应力的影响很大[54-57]，主要表现为以下三个方面：第一，巷道布置的轴向方向与井下最大水平应力的方向近似平行时，巷道受到最大水平应力的影响很小，巷道顶部围岩稳定性良好；第二，巷道布置的轴向方向与最大水平应力方向呈锐角相交时，巷道顶部围岩变形偏向某一帮；第三，巷道布置的轴向方向与最大水平应力方向垂直的巷道，顶部围岩稳定性最差。该理论阐述了井下最大水平应力对巷道顶部围岩稳定性的影响，将对巷道围岩稳定性分析及控制产生重要影响，由于构造带附近水平应力异常[58-62]，最大主应力理论对构造带附近巷道围岩稳定性分析具有重要的指导意义[63-66]。

(5) 围岩松动圈理论

20 世纪 90 年代中期，董方庭[67-72]根据声波在不同完整程度的岩体中传播的速度不同的原理，对巷道围岩破碎区边界进行了声波探测，通过在现场进行大量的探测得到了巷道围岩破坏区深度的边界，在多次的工程现场实测的基础上提出了围岩松动圈理论，其原理如图 1-3 所示。松动圈理论认为巷道开挖后应力会重新分布，在巷道周围一定范围内会形成应力集中，巷道围岩在应力集中区域发生破坏，并产生裂纹，在巷道周围一定范围内出现松动破坏区域，经过现场探测得到其破坏范围大致为圆形或椭圆形，故称为巷道围岩松动圈[73-78]。巷道围岩一定范围内这些松动破坏的围岩便是巷道围岩控制时需要控制的重点[79-83]。

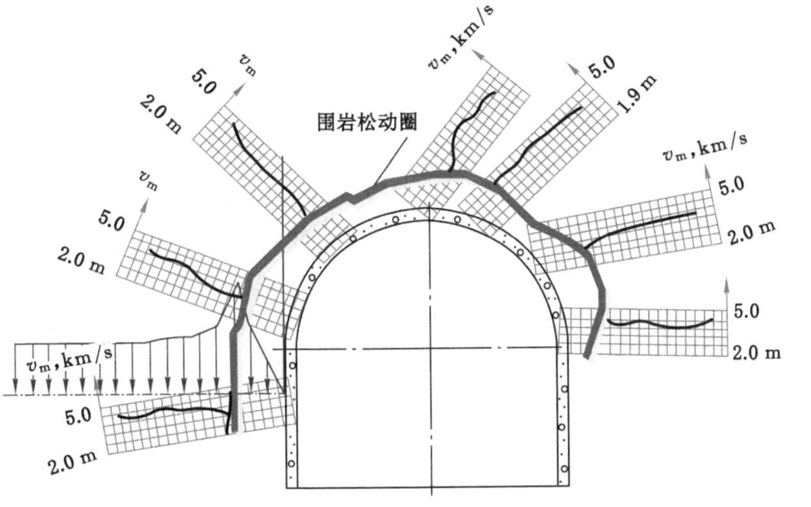

图 1-3 围岩松动圈探测示意图

(6) 围岩分区破裂理论

随着煤炭开采由浅部逐渐向深部延伸，在深部巷道中发现围岩常常会出现未完整区域与破坏区域交替的现象，国内很多专家学者对这种现象进行了实测与数值研究，将这种在深部岩体工程中出现的围岩交替破坏的现象称为分区破裂现象[84-91]，围岩分区破裂实测原理如图 1-4 所示。目前，许多学者通过现场监测和数值模拟实验深入的研究后发现，巷道围岩分区破裂现象主要由围岩与应力在空间和时间上的共同作用造成，同时相关研究得到详细的表征围岩分区破裂的关键性参数，为分区破裂现象的理论研究提供了重要的基础[92-99]。

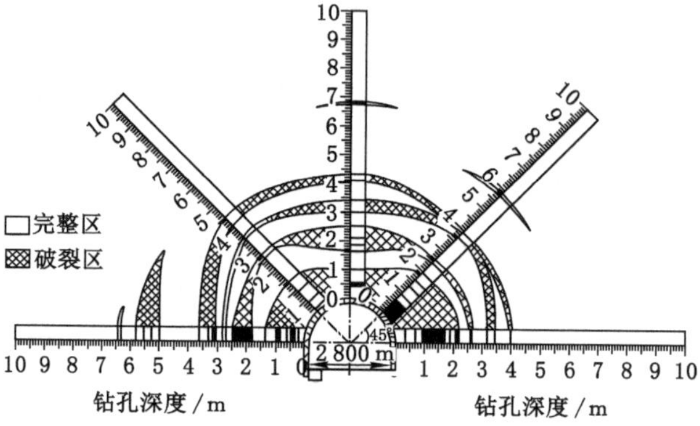

图 1-4　围岩分区破裂现象实测原理图

（7）孔洞围岩破坏

在地下无限大的空间范围内，巷道的存在在力学模型中相当于在地下岩层中的孔，目前研究孔洞围岩破坏得到的规律可以应用于巷道围岩破坏规律中[100-105]。目前对于孔洞围岩破坏规律的研究主要是实验室对预制孔洞岩石试件的力学特性及裂隙扩展规律的研究，对含预制缺陷岩石试件力学响应的研究，主要体现在利用含预制圆形孔洞试样研究裂隙的起裂及扩展过程[106-110]。随着试验技术的不断发展，很多学者使用了扫描电镜、显微镜、高速摄影仪、声发射等试验手段，并结合数值模拟方法对含预制缺陷岩石试件的裂纹扩展规律进行了研究[111-113]，得到了许多有价值的成果，这些成果都可以借鉴到巷道围岩破坏规律的研究中。

1.3　巷道顶板破坏研究现状

巷道开挖后由于应力重新分布，在巷道周围一定区域内形成破坏区，破坏区在支护体的维护控制下保持稳定状态，一旦这一稳定状态被打破巷道顶板就可能发生巷道冒顶，威胁煤矿井下的安全生产。巷道冒顶灾害的发生，不仅与围岩条件和周围应力环境等直接影响围岩破坏区范围的自然地质因素有关，还和采掘工程技术、围岩控制支护技术以及巷道周围采动干扰因素等诸多因素有关。

学者在巷道顶板破坏机理方面做了大量的研究工作，取得了许多有意义的研究成果。

陈炎光、陆士良[114]将巷道冒顶影响因素归为四大类：自然地质因素、工程质量因素、采掘工程影响、施工影响。详细分析了各个因素影响下巷道发生冒顶的机理。

杜长龙等[115]结合煤矿现场地质条件，根据冒顶的特点与形式，提出了 GSM 巷道冒顶分类方法，详细分析了冒顶与自然地质因素、支护因素、采掘因素的关系，对各个因素主导的巷道冒顶机理进行了研究。

侯朝炯、勾攀峰等[116-117]结合巷道顶板锚杆支护不同的失效形式，分析了巷道围岩应力分布特征和巷道顶板破坏形式，将巷道顶板岩层破坏失稳形式归纳为两种基本类型：第一，应力在顶板岩层的巷道端部集中，导致巷道两个端部的压力过大，巷道顶板围岩产生剪切破坏而失稳；第二，巷道顶板围岩强度较弱，顶板岩层自身残余强度较低，当应力较大时会产生压缩破坏导致顶板失稳。

贾明魁等[118-120]分析了现场煤矿井下 162 起巷道冒顶事故，通过对事故原因的分析得出煤矿井下大部分的巷道冒顶是由于巷道顶板岩层出现了组合劣化，且岩层劣化隐蔽性较高不易发现，在支护控制中没有提早发现，在冒顶岩层劣化区仍采用常规支护，最终出现了巷道冒顶。从巷道围岩控制角度出发，针对锚杆支护的煤层巷道，将巷道冒顶的成因进行了分类，具体冒顶的成因分为 4 个大类和 12 个亚类，为煤层巷道顶板稳定性控制提供了重要的理论基础。

李学华等[121]通过对某矿顶板围岩变形进行现场实测，总结了同类巷道变形破坏规律，通过钻孔窥视对不同含水的顶板泥岩的破坏规律进行研究，得到了泥岩顶板冒顶机理。顶板围岩在应力作用下产生破裂，裂隙从顶板浅部向深部逐渐扩展，达到一定深度后裂隙达到饱和；根据不同深度裂隙的发育状况将顶板破裂区划分为微裂隙区和裂隙发育区；避免微裂隙区向裂隙发育区转化是控制泥岩顶板稳定性的关键。

张农[122]研究了煤层巷道顶板冒落机制，发现煤层顶板出现离层容易引起支护体失效从而导致顶板冒落，指出通过使用高预应力锚杆支护可以有效控制此类巷道顶板离层进而保证巷道顶板的稳定性。

柏建彪等[123-124]研究了复合顶板沿空巷道顶板变形破坏机理，指出复合顶板结构特征、变形程度、支护体强度与巷道冒顶关系密切，对于复合顶板稳定性的控制要在调动围岩自承能力的同时采用强度较高的支护材料。

李琰庆等[125]分析了基本顶断裂前后沿空留巷上方顶板的结构特征，认为沿空留巷上方基本顶断裂前会形成悬臂梁结构，基本顶断裂后将以煤帮及破碎矸石作为支撑点形成砌体梁结构，顶板结构不同位置岩层的运动和失稳会引起巷道顶板围岩发生不同程度的回转、切顶、冒落和垮冒等四种失稳形式。

刘洪涛、马念杰等[126-128]把顶板岩层视为材料力学中的简支梁结构，经过理论推导得出了顶板岩层稳定跨距的计算公式。研究了巷道顶板稳定岩层层位对巷道围岩稳定性的影响，利用稳定跨距的计算公式计算分析了不同稳定岩层层位下巷道围岩的稳定性，将巷道冒顶隐患分为Ⅰ、Ⅱ、Ⅲ、Ⅳ共4个等级。利用冒顶隐患分级方法将具体矿区的巷道顶板进行冒顶隐患分级，提出针对不同冒顶隐患级别的有差别的支护设计，确保巷道顶板的稳定性。

近年来，有学者针对特殊条件下巷道围岩冒顶机理进行了研究[129-130]，得到了富水软岩条件及浅埋烧变岩区斜井的冒顶机理，丰富了巷道冒顶机理的理论。

1.4 巷道冲击破坏研究现状

国外最早有记录的冲击地压1738年发生在英国南史塔福煤田，我国最早的冲击地压1933年发生在抚顺胜利煤矿。冲击地压真正成为一个研究问题始于20世纪初。随着人类进入地壳深部采矿和兴建大型岩石工程能力的增加，冲击地压变成采矿和地下工程普遍的灾害现象。如今，我国和俄罗斯、波兰、南非、加拿大等国家成为冲击地压危害较严重的国家。可以预计，随着深部采矿活动的不断加强，人类将面对日益严重的冲击地压问题。

由于冲击地压的危害和对冲击地压预测、预报和防治的需要，许多专家学者对冲击地压发生机理进行了大量研究，取得了很多卓有成效的研究成果，提出了刚度理论、强度理论、能量理论、冲击倾向理论、变形系统失稳理论、剪切滑移理论、三准则理论、三因素理论、突变理论和混沌理论等一系列理论。它们从不同角度阐述了煤岩体静态破坏和突然破坏的原因，提出了相对应的冲击地压判定准则。这些成果为本章的研究奠定了坚实的基础并指明了方向。

下面主要从煤岩体力学属性、准静态力源（冲击前区域应力场）、动态力源（冲击瞬时扰动区域应力场）、能量及突变失稳等引发冲击地压等方面进行理论成果综述。

（1）煤岩体力学属性引发的冲击地压

从研究煤岩体材料的物理力学性质出发，分析煤岩体失稳破坏特点以及诱使其失稳的固有因素，提出以煤岩物理力学特性为核心的冲击地压判定准则。认为产生冲击地压的煤岩体可能具有某种物理力学特性，该特性决定其具有冲击破坏的特点，可用一个（组）指标来衡量煤岩介质产生冲击破坏的能力——冲击倾向[131-133]。目前，常用的煤层冲击倾向指标有弹性能指数、冲击能指数、动态破坏时间、单轴抗压强度等，发生冲击地压的条件是介质实际的冲击倾向度大于等于规定的极限值。

(2) 准静态力源引发的冲击地压

准静态力源引发的冲击地压方面的成果主要回答了巷道周围部分煤岩体为什么会产生破坏的问题。从力学的角度看，煤岩体破坏的原因和规律可以归结为煤岩体强度的问题，即只要材料所受的载荷达到其强度极限，材料就会开始破坏，发生冲击地压的强度条件是煤岩体中的应力要等于或大于煤岩体的强度，据此建立以准静态力源——煤岩体系统强度为核心的判别准则。具有代表性的是强度理论、夹持煤体理论、剪切滑移理论等。

准静态力源主要包括原岩应力场、构造应力场或残余应力场、采动引起的次生应力场等，即冲击地压发生前一时刻巷道的区域应力场。学者研究了煤矿动力灾害的发生与向斜轴部，特别是构造变化区、断层附近、煤层倾角变化带、煤层褶皱、构造应力带等区域的关系[134-136]，可以归类于这类理论。

(3) 动态力源引发的冲击地压

动态力源引发的冲击地压方面的成果主要回答了冲击地压发生时煤岩体为什么会突然破坏的问题。从研究煤岩体的突发破坏特征出发，分析煤岩体突发失稳破坏的动态力源(如爆破所产生的震动波等)特点和采动影响与冲击地压之间的关系，提出以动态力源——煤岩体突发破坏特征为核心的煤岩体突发失稳破坏的判别准则。这方面的成果包括研究地震、断层活化等与冲击地压之间的关系，研究深部高地应力与强开采条件下覆岩破断方式、覆岩空间结构形式和运动规律，建立覆岩空间结构运动与采动应力场耦合过程中的应力突变、能量激增的非线性动力学模型，研究与岩层结构及其运动在三维空间上的展布对煤矿矿山压力的规律[137-138]。

(4) 能量与系统失稳引发的冲击地压

能量与系统失稳引发的冲击地压方面的成果主要回答了巷道冲击地压发生时释放的巨大能量的来源。能量理论认为，发生冲击地压需要大量能量，不仅矿体释放能量，围岩也释放能量。提出随着采掘范围的不断扩大，矿体-围岩系统在其力学平衡状态破坏时，可释放的能量大于消耗的能量时就发生冲击地压[139]。失稳理论[140]实质上也是一种能量理论，认为煤岩体系统在非稳定的平衡状态中，一旦遇有外界微小扰动，则有可能失稳，从而在瞬间释放出大量能量，发生急剧猛烈的破坏，即冲击地压。

(5) 综合因素引发的冲击地压

综合因素引发的冲击地压方面的成果主要将该领域一系列成果进行整合并对各因素进行综合研究，使冲击地压成果更接近实际。认为冲击地压是特定地质赋存条件下的煤岩体系统，由于采矿活动在变形破坏过程中能量的稳定态积聚、非稳定态释放的非线性动力学过程[141]，是其外部荷载环境、内部结构、构造及其物理力学性质的综合反映，其判别准则应该满足前述各种准则中的 2 个或更多准则。三准则理论、三因素理论、突变理论等为综合因素引发冲击地压的理论的典型代表。

近年来，逐步兴起了利用非线性动力学、断裂力学、损伤力学、分形、突变和混沌等理论方法[142-143]，为冲击地压发生机理的研究开辟了新途径。

综上所述，国内外关于冲击地压的理论虽然尚未形成一个公认且满足实际需求的理论，但是这些大量富有成效的成果紧密围绕冲击地压发生时巷道围岩突然、急剧、猛烈的围岩破坏的物理力学特征，从不同角度上不同程度地阐明了冲击地压发生时伴随发生的巨大声响、强烈震动、大量煤岩体抛出、煤壁片帮、顶板下沉、底鼓等动力显现的力学本质。

1.5 煤矿井下应力场分布特征研究现状

巷道围岩破坏形态是地下应力与巷道围岩相互作用的结果，不同的应力场特征会造成巷道围岩不同形式不同程度的破坏。巷道分布在各种各样的地质环境中，其周围应力场各不相同，造成不同区域的巷道围岩稳定性相差很大。在巷道在设计之初，应充分考虑地下应力场的分布规律，进行巷道位置的合理布置[144-146]。随着众多学者在理论和实测方面取得不断突破，人们对地下应力场的分布特征了解不断深入[147-151]。高峰[152]采用应力解除法对霍州矿区的地应力进行了详细的全方位测量，并结合理论分析研究了矿区地应力场的分布规律；基于现场实测的数据对巷道围岩的变形破坏进行了研究，提出了基于地应力实测数据的巷道锚杆支护设计方法。康红普、伊丙鼎等[153-155]在收集了大量的煤矿地应力实测数据的基础上，建立了“我国煤矿井下地应力数据库”，结合各个矿区的具体特征绘制了我国煤矿矿区地应力分布图，对我国煤矿井下地应力分布特征进行了总结。本章根据我国煤矿井下已有的地应力研究结果，针对容易出现巷道灾害的区域，尤其是构造带附近及工作面采空区附近，初步了解了构造应力场及采动应力场的分布特征。认识这些区域的应力场分布特征对于研究巷道围岩破坏规律及顶板灾害发生机理有重要意义。

(1) 构造应力场

我国著名地质学家李四光在 20 世纪 20 年代曾指出：在构造应力场中，水平应力分量的重要性远远超过垂直应力分量[156]，提出了不同方向应力对围岩破坏的影响差异。孔德森等[157]采用数值模拟方法分析了在深部条件下构造应力场对巷道围岩稳定性的影响，并提出针对构造应力条件下相应的支护对策。谢富仁等[158]以“中国大陆地壳应力环境基础数据库”为基础，研究了我国大陆及相邻区域构造应力场的分布规律，根据所提出的划分构造应力分区原则将我国大陆及相邻区域构造应力场划为四个等级的应力区。单晓云等[159]根据范各庄煤矿构造应力场的分布特征利用有限元软件研究了工作面回采顺序对底板运输巷稳定性的影响，提出了在高水平应力的构造应力条件下底板运输巷的布置原则。鲁岩等[160]采用数值模拟软件研究了巷道在不同布置方向下巷道围岩位移与应力的变化规律，分析了不同巷道布置方向对巷道围岩塑性区状态以及巷道表面位移的影响规律，通过与实测的巷道位移数据及矿区构造应力场分布规律相对照，发现当巷道布置的轴向方向与最大水平主应力方向平行时，巷道围岩受构造影响较小，巷道围岩较稳定。以上针对区域构造应力场的分析对煤矿井下巷道的布置有着极其重要的影响。

断层和褶曲通过构造运动产生，在煤层地质中为广泛存在的两种构造形式，认识断层和褶曲附近应力场的分布规律对认识构造应力场分布规律有重要的意义。宋卫华等[161]通过在实验室建立地质构造模型并结合有限元方法反演了断层周围构造应力场的分布规律，分析得出矿区内断层附近的构造应力是矿区地震的主要原因，揭示了北票矿区发生动力现象的原因。罗浩等[162]研究耿村煤矿冲击地压发生机理时发现，当开采临近 F16 逆冲断层时巷道冲击地压更易发生，并采用相似模拟和数值模拟手段研究了 F16 断层附近区域构造应力场的分布规律，分析得出断层附近的构造应力是耿村矿冲击危险性增大的根本原因。刘中春等[163]研究了断层存在对其附近区域应力方向的影响规律，研究发现，断层端部的区域最大水平主应力会朝断层走向方向偏转。王胜本等[164]采用数值模拟方法研究了褶曲、断层等地质构造对地应力方向的影响规律，建立了分析褶曲及断层的数值模型，分析了断层及褶曲附近应力场的分布特征及岩层破坏规律。王国瑞[165]根据山寨矿工作面过褶曲时实测的矿震数据，结合矿井地应力实测结果分析了工作面过褶曲时的矿震活动规律。姜耀东等[166]利用地应力实测和数值模拟手段，反演了黄岩矿某工作面褶曲区域构造应力场的分布规律，并基于构造应力场的分布规律研究了沿空留巷围岩的变形破坏规律。

(2) 采动应力场

在地下煤炭资源的开采过程中，由于开采空间的存在，其周围应力场会重新分布，形成在采动应力场，在采场附近的巷道除了受到原岩应力场的影响外还受到采动应力场的影响。开采空间周围采动应力场随着工作面的推进在空间位置和形态分布上不断发生变化，同时巷道的布置也会对采动应力场的形态和分布产生较大的影响[167-171]。为了研究采动应力场的分布规律，学者运用理论分析、数值模拟以及相似模拟实验等进行了许多研究，取得了丰硕的成果[172-177]。

钱鸣高等[20]研究了采场顶板岩层的活动规律，提出了砌体梁理论，认为工作面开采过后上覆岩层基本顶破断岩块扭转铰接成梁，通过理论计算得到了砌体梁结构变形失稳和滑落失稳的判定条件；同时，按照切向应力的大小将工作面前方及两侧实体煤一定区域划分为减压区、增加区和稳压区。宋振骐[178-180]研究了顶板岩层活动规律后认为基本顶断裂后会形成传递岩梁结构，在工作面推进过程中，岩梁结构将上覆岩层的应力传递给工作面前方和采空区冒落矸石。

李铁等[181]以老虎台矿地应力实测结果为基础，应用地震学中岩体破裂震源机制解的方法分析反演了采动应力场的分布规律，揭示了采动应力场最小主应力的方向由近水平转变为近垂直的变化规律。

刘钦节等[182]通过朱仙庄矿地应力实测结果并结合数值模拟手段，研究了矿区地应力的分布规律，并研究了工作面周围采动应力场的分布规律，详细分析了随着工作面的推进采动应力场随之变化的演化规律。

刘杰等[183]采用应力实时监测系统在平煤二矿现场实时测试了工作面的采动应力，研究了沿工作面走向和倾向两个区域的采动应力分布特征和变化规律。杨科、谢广祥等[184]研究了深部走向长壁开采条件下采动应力场的分布规律，认为工作面回采后会在采动空间周围形成采动应力壳，结合走向长壁开采特点、深部采动应力壳演化规律和采动裂隙发育发展规律，构建了研究深部采动应力壳演化规律的三维分析模型，如图 1-5 所示。

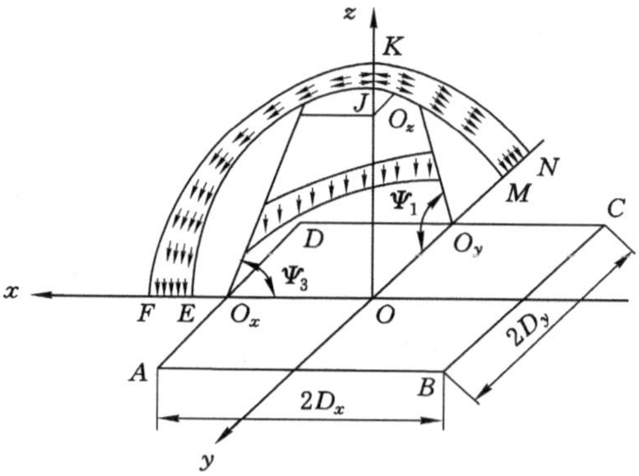

图 1-5　采动应力壳演化三维分析模型

康红普等[185-186]研究了支护体周围的应力场分布特征，认为井下支护体会在围岩中形成支护应力场，而在井下客观存在的有原始地应力场和采动应力，结合支护应力场三者共同作用会在围岩中形成新的复合应力场。刘金海、姜福兴等[187-188]采用 $FLAC^{3D}$ 数值模拟软件对孤岛工作面推进过程中煤体垂直应力的变化规律进行了数值模拟研究，得到了 C 型采场周围支承压力的动态变化规律（图 1-6）。

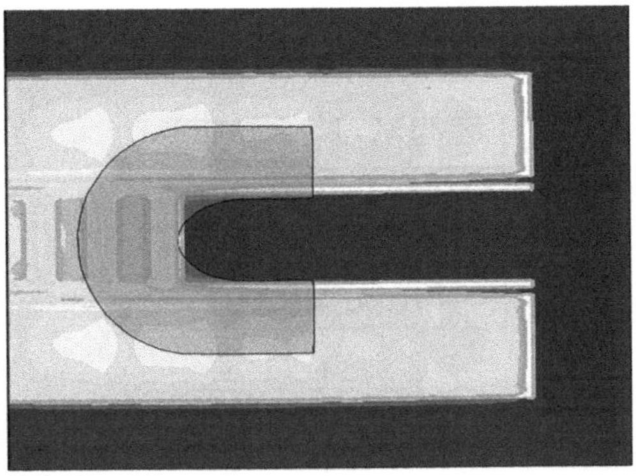

图 1-6　C 型采场

1.6　蝶形塑性区研究现状

根据上文对煤矿井下应力场分布特征研究现状的分析，在煤矿井下应力场的分布往往是非均匀的，尤其是在对巷道围岩稳定性影响很大的区域，如构造应力区及采动应力区，这些区域的应力场往往表现出明显的非均匀性。非均匀应力场中巷道围岩破坏规律的研究对于巷道围岩稳定性分析及致灾机理研究有重要的理论意义。蝶形塑性区就是在非均匀应力场中一定应力条件下巷道围岩表现出的塑性区形态。蝶形塑性区的出现伴随着其独有的力学特征，与巷道围岩稳定性有密切的关系，蝶形塑性区自提出到现在已应用研究了煤矿井下关于巷道围岩稳定性的诸多工程问题，如巷道大变形、巷道冒顶、巷道冲击地压、巷道煤与瓦斯突出启动、瓦斯抽采钻孔布置等许多实际工程问题。

蝶形破坏理论以弹塑性理论为基础，建立了研究围岩破坏的物理模型及定量化的计算公式，主要研究了非均匀应力场中巷道围岩的破坏规律，为研究地下工程灾害的发生及控制提供了新的思路和方法。到目前蝶形破坏理论已应用到诸多实际工程问题中，如巷道大变形、巷道冒顶、巷道冲击地压、巷道煤与瓦斯突出、瓦斯抽采钻孔布置以及 X 形共轭断层和地震发生机理。蝶形破坏理论经过长期的积淀和发展，目前理论框架已基本形成[189]，如图 1-7 所示。下面从蝶形破坏基础理论及应用理论的构建两个方面详细阐述蝶形破坏理论的发展研究现状。

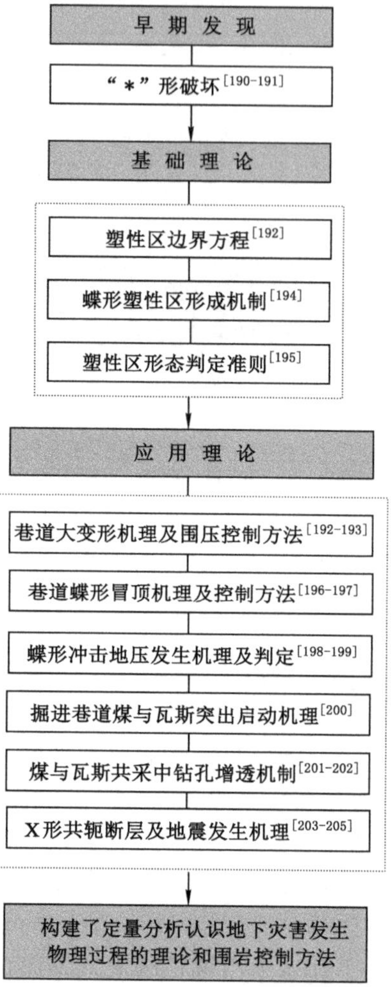

图 1-7　蝶形破坏理论框架

(1) 基础理论的构建

20 世纪 90 年代初，文献[190-191]采用数值模拟方法，研究了非均匀应力场中圆形巷道和矩形巷道围岩塑性区的形态分布规律，研究得到非均匀应力场中巷道围岩塑性区形态会呈现“*”形、半“*”形不规则形状，初步探讨了在特定条件下巷道围岩塑性区的特殊形态。2014 年文献[192]推导出非均匀应力场中圆形巷道围岩塑性区边界八次方隐性方程，在理论指导下研究了圆形巷道围岩塑性区形态的演化规律，首次在理论上提出了“蝶形塑性区”概念，并将边界方程的理论研究结果应用于井下实际工程巷道围岩的变形破坏中，并揭示了非均匀应力场中巷道围岩的大变形机理[193]。2015 年文献[194]研究了非均匀应力场中圆形巷道围岩偏应力场的分布规律，并基于非均匀应力场中圆形巷道围岩的偏应力解得到了塑性区边界半径关于偏应力的表达式，研究了偏应力对圆形巷道围岩塑性区蝶形形态的影响规律。2016 年文献[195]建立了非均匀应力场中圆形巷道围岩塑性区形态判定准则，赋予了非均匀应力场中圆形巷道围岩出现的圆形、椭圆形、蝶形形态的理论含义，并给出三种形态的判定准则。

（2）应用理论的构建

文献[196]以赵固二矿为工程背景，应用蝶形塑性区理论研究了深部窄煤柱巷道围岩变形破坏规律，揭示了深部窄煤柱巷道围岩非均匀变形破坏机理。文献[197]详细研究了蝶形塑性区蝶叶的穿透特性，揭示了巷道顶板蝶叶塑性区穿透致冒机理，并提出了相应的巷道围岩稳定性控制方法。文献[198-199]基于巷道围岩蝶形塑性区的突变特性研究了巷道蝶形冲击地压的发生机理，为巷道动力灾害的发生机理提供了新的思路。文献[200]基于巷道蝶形冲击地压理论及非线性动力系统理论研究了一定应力条件下掘进巷道工作面前方围岩发生大范围突然破坏规律，研究了掘进巷道煤与瓦斯突出启动时巷道掘进头围岩塑性区发展规律，揭示了一定应力条件下掘进巷道煤与瓦斯突出启动机理。文献[201-202]以钻孔围岩蝶形塑性区理论为基础，研究了采矿工程环境中不同应力条件下钻孔围岩增透区域的演化规律，通过协调采矿工程活动与瓦斯抽采钻孔布局构建了深部煤与瓦斯共采中优质瓦斯通道。近年来，蝶形破坏理论应用又有了新的突破，《煤炭学报》在 2019 年刊出了 3 篇系列论文，它们均以蝶形破坏理论为基础，揭示了地震孕育、演化和发生过程中的规律[203-205]。

蝶形破坏理论的核心是将巷道大变形、巷道冒顶、冲击地压、煤与瓦斯突出、X 形共轭断层、地震等极其复杂的地壳岩体自然或者工程破坏问题用一个具有明确意义的力学-数学模型将这种自然或者工程破坏问题全部统一起来，量化地解释了地下岩体破坏及能量变化的普遍规律。蝶形破坏理论建立了完整的灾害发生、判别、防治的理论体系，为地下工程的定量化科学分析奠定了理论基础。

1.7 本章小结

通过对已有巷道围岩破坏理论研究现状的了解，目前关于巷道围岩破坏规律的研究大多围绕巷道围岩破坏区的形态及范围扩展规律来研究，可见巷道围岩破坏区的形态及范围对巷道围岩的稳定性至关重要。煤矿井下应力场的分布往往是非均匀的，尤其是在对巷道围岩稳定性影响很大的区域，如构造应力区及采动应力区，这些区域的应力场往往表现出明显的非均匀性。研究非均匀应力条件下巷道围岩的破坏区形态及范围扩展规律对于研究巷道顶板灾害发生机理有重要理论意义。蝶形塑性区理论研究了非均匀应力场中巷道围岩的破坏规律，揭示了非均匀应力场中巷道围岩塑性区形态演化规律及范围扩展规律。在一定应力条件下蝶形塑性区的出现将对巷道围岩稳定性产生重要影响，蝶形塑性区蝶叶的扩展与巷道围岩灾害的发生密切相关。

2 孔洞围岩塑性区边界计算理论

地下采矿工程中的巷道、开切眼、各种开采硐室空间、人工钻孔及天然洞穴等，在地下无限大的空间范围内，其围岩破坏及稳定性问题均可统一到孔洞周围岩体力学的研究中。孔洞围岩塑性区边界表征了空间围岩破坏区的形态和范围，对于研究地下空间围岩的变形破坏规律及稳定性分析有重要理论意义。本章结合井下的工程条件，采用理论计算与数值模拟结果对比分析的方法，研究了静水压力下的理论公式与非均匀应力场中的塑性区边界方程，详细分析了理论计算的力学模型、推导原理、推导过程、计算精度，进而对其适用性进行评价分析。研究结果发现，静水压力下的理论公式推导过程严密、精度较高，适用于静水压力、近似静水压力及偏应力不高条件下围岩塑性区范围的计算，偏应力较高环境下不再适用；对非均匀应力场中圆孔围岩塑性区边界方程推导过程做了简化，其结果为近似解，与数值模拟计算结果相比，在精度上有一定误差，但是可以很好地反映非均匀应力场中孔洞围岩塑性区形态演化规律，对于研究地下高偏应力场中巷道围岩的破坏规律及致灾机理有重要的指导意义。通过对已有孔洞围岩塑性区边界计算理论的分析评价，明确了不同理论方法的优劣势以及适用条件，对于合理应用理论指导工程实践有重要的实用意义。

2.1 孔洞围岩弹塑性理论概况

孔洞围岩弹塑性力学通过数学和力学的方法，建立起应力与围岩的相互作用机制，使实际条件下复杂的无法解答的工程问题得到科学的量化分析[206]。地下采矿工程中的巷道、开切眼、各种开采硐室空间及地下天然洞穴、人工钻孔等，在地下无限大的空间范围内，其围岩破坏及稳定性问题均可统一到孔洞周围岩体力学的研究中[207]。塑性区边界表征了地下空间围岩破坏区的形态和范围，在地下工程实践中通常借助孔洞围岩塑性区边界来研究地下空间围岩的变形破坏规律及稳定性分析评估，虽然得到的结果是复杂的实际工程问题的近似解，但是根据地下工程的特点其准确程度已满足工程需要，对于地下工程空间破坏区范围计算、围岩破坏规律研究、稳定性分析评价、支护设计等工程实践有重要的理论指导意义[20]。

地下工程压力理论及围岩稳定性分析的发展已有上百年的历史，理论研究主要经历了古典压力理论、散体理论、弹塑性理论等三个发展阶段[206]。20 世纪 20 年代以前主要是古典压力理论阶段，主要代表理论有海姆（Heim A.）、郎金（Rankine W.J.M.）和金尼克（Динник A.H.）理论。古典理论得到了地下原岩应力计算公式，认为垂直压力是上覆岩层的自重 γH，γ、H 分别表示岩体的重度和埋深。海姆依据静水压力认为侧压系数为 1；郎金依据松散体理论认为侧压系数为 $\tan^2(45°-\varphi/2)$；金尼克依据弹性理论认为侧压系数为 $\mu/1-\mu$，φ 和 μ 分别为岩体的内摩擦角和泊松比。随着资源开采深度的增加，发现作用在支护体上的压力并非是上覆岩层的质量，散体理论认为当地下工程埋深较大时，作用在支护结构上的压力为围岩塌落拱内的松动岩体质量。从 20 世纪 50 年代后期开始，有学者引用弹塑性理论来研究围岩稳定问题，将地下工程围岩稳定分析带入科学理论及定量计算的时代。在此期间，相继出现了著名的芬纳公式和卡斯特奈公式，推导出了圆孔周围弹塑性应力解及围岩塑性区半径的解析解，奠定了地下工程弹塑性分析的理论基础[208]。

20 世纪 80 年代以后随着计算机科学的发展，学者开始采用数值计算的方法来分析地下空间围岩的弹塑性问题。由于建模及加载的灵活性，数值计算解决了很多地下工程的复杂问题[209-210]。数值模拟有其独特的优势，但是只是分析工具，具体的研究仍然离不开理论的指导，且数值计算针对具体条件得出具体结果，不能像理论公式一样概括事物的普遍规律。

然而，孔洞围岩塑性区边界的理论计算继芬纳公式、卡斯特奈公式之后就再难得到突破。这两个公式很好地解决了静水压力条件下孔洞围岩的塑性区边界问题，对于非均匀应力场中孔洞围岩塑性区边界的严格计算公式至今仍然没有实现。学者对于非均匀应力场中孔洞周围的弹塑性解进行了研究，1983 年，于学馥等[211]在《地下工程围岩稳定分析》一书中曾给出非轴对称应力条件下圆形隧道围岩塑性区边界线的近似计算方法；2007 年，陈立伟等[212]基于统一强度理论推导出非均匀应力场中巷道围岩塑性区边界线方程式；2014 年，赵志强[192]在其博士论文中推导出非均匀应力场中圆形巷道围岩塑性区边界八次方隐性方程，并基于八次方隐性方程研究了保德矿非均匀大变形机理，提出了蝶形塑性区的概念。但是以上这些非均匀应力场中孔洞围岩塑性区边界方程在公式推导过程中均作了简化处理，得到的结果为近似解，并非严格意义上的理论结果。

地下实际应力场并非静水压力，尤其煤矿井下受到采动影响及地质构造影响后，围岩将处于非均匀应力场中，处在其中的巷道、硐室常常会出现变形破坏严重、维护困难的问题，这类巷道、硐室围岩稳定性分析与控制一直都是研究的难点问题。目前，关于非均匀应力场中孔硐围岩塑性区边界问题的求解和研究仍然没有更好的方法，一是借鉴芬纳公式作为近似解来分析认识，二是采用边界方程的近似解来解答。芬纳公式推导过程严密但是力学模型为静水压力条件；塑性区边界方程建立了非均匀应力场中应力与围岩的相互作用机制，但是公式推导过程做了简化处理，得到的结果为近似解；两个理论计算公式在解决非均匀应力场中孔洞围岩塑性区边界问题均存在不完美之处。

在此背景下，为了解决非均匀应力场中孔洞围岩塑性区边界的问题，必须搞清楚以下几个问题：两种近似算法可靠性如何，计算的塑性区边界误差如何，能否满足现场工程的精度要求，理论公式在什么条件下能够适用。带着这些问题，本章从理论公式的力学模型入手，具体分析了公式的推导原理、推导过程、计算精度，分析了公式误差产生的原因，并结合 $FLAC^{3D}$ 数值模拟对比研究，分析评价理论公式的适用条件。本章的研究结果对于孔洞围岩塑性区边界计算理论的发展及合理利用理论指导现场工程实践有重要意义。

2.2　静水压力条件下的芬纳公式及卡斯特奈公式

2.2.1　推导原理和过程

20 世纪 50 年代后期，有学者开始将弹塑性理论引入到地下工程围岩稳定性问题的分析研究中，著名的芬纳公式和卡斯特奈公式就是这一时期的代表。芬纳公式假设围岩为均质、各向同性材料，在孔洞长度方向围岩性质一致；将地下应力场简化为轴对称分布的静水压力条件；采用研究平面应变问题的方法，取无限长圆孔的任一截面作为代表进行分析，理论模型如图 2-1 所示。

静水压力条件下的受力模型由于其对称性，得到的塑性区为均匀分布在圆孔周围的圆环，基于理论模型经过受力分析、公式推导，后又经过修正，最终得到了塑性区边界半径的解析式，即芬纳公式。卡斯特奈公式在芬纳公式的基础上将塑性区边界半径表示为关于岩石抗压强度的表达式，为公式应用带来方便。为了充分认识芬纳公式与卡斯特奈公式，下面详细阐述了两个公式的推导原理和推导过程，为客观分析评价两个公式的理论价值及适用条件奠定基础。

由于圆孔形状及载荷为轴对称图形，塑性区应力是 r 的函数，与 θ 无关，且塑

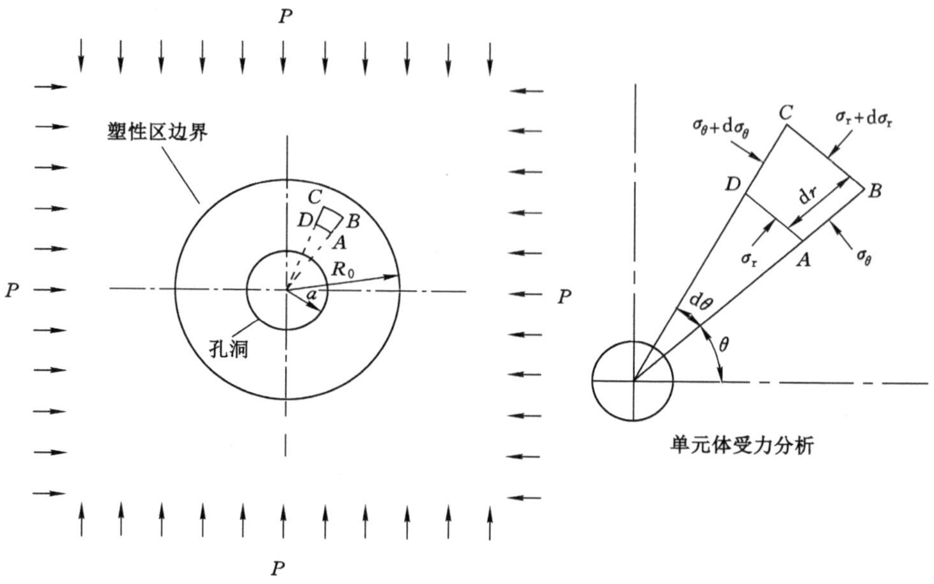

图 2-1 力下孔洞围岩力学模型

性区是一个等厚的圆环。公式在推导中假设塑性区内岩石黏聚力 C 和内摩擦角 φ 是常数，相比地应力模型的体力可以忽略，根据单元体受力分析得平衡微分方程：

$$(\sigma_r + d\sigma_r)(r + dr)d\theta - \sigma_r r d\theta - 2\sigma_\theta dr \sin\frac{\theta}{2} = 0 \tag{2-1}$$

式中 r、θ——微单元的极坐标；

σ_r、σ_θ——径向应力与切向应力。

忽略式(2-1)中的高次微分项，平衡方程变形为：

$$\frac{\partial\sigma_r}{\partial r} + \frac{\sigma_r - \sigma_\theta}{r} = 0 \tag{2-2}$$

塑性区内岩体处于极限平衡状态，基于摩尔-库仑强度准则，得极限平衡方程：

$$(\sigma_r + C\cot\varphi)(1 + \sin\varphi) - (\sigma_\theta + C\cot\varphi)(1 - \sin\varphi) = 0 \tag{2-3}$$

令塑性区半径为 R_0，在巷道周围弹性区与塑性区交界处满足应力协调关系：

$$\sigma_r + \sigma_\theta = \sigma_r^e + \sigma_\theta^e = 2P \tag{2-4}$$

式中 σ_r^e、σ_θ^e——弹性条件下的径向应力与切向应力。

由平衡微分方程(2-2)、极限平衡方程(2-3)、变形协调关系式(2-4)求解微分方程，得到圆孔周围塑性区半径解析解：

$$R_0=a\left[\frac{(P+C\cot\varphi)(1-\sin\varphi)}{C\cot\varphi}\right]^{\frac{1-\sin\varphi}{2\sin\varphi}} \tag{2-5}$$

式(2-5)就是修正的芬纳公式求得的圆孔围岩塑性区半径解析式。芬纳在推演过程中曾一度假设 $C=0$，因此所得结果与修正公式稍有差异，其式为：

$$R_0=a\left[\frac{C\cot\varphi+P(1-\sin\varphi)}{C\cot\varphi}\right]^{\frac{1-\sin\varphi}{2\sin\varphi}} \tag{2-6}$$

鉴于整个推导的学术思想为芬纳所提，故修正的芬纳公式及芬纳公式统称芬纳公式。

若令：

$$R_C=\frac{2C}{\tan(45-\frac{\varphi}{2})}$$
$$\zeta=\frac{1+\sin\varphi}{1-\sin\varphi} \tag{2-7}$$

式中 R_C——围岩的单轴抗压强度，塑性区半径的芬纳公式即表达为：

$$R_0=a\left[\frac{2}{\zeta+1}\cdot\frac{R_C+P(\zeta-1)}{R_C}\right]^{\frac{1}{\zeta-1}} \tag{2-8}$$

式(2-8)即为静水压力条件下卡斯特奈公式计算的圆形巷道围岩塑性区边界半径解析式。

2.2.2 评价分析

静水压力条件下得到的芬纳公式及卡斯特奈公式将地下工程围岩稳定分析带入科学理论及定量计算的时代，奠定了地下工程弹塑性分析的理论基础，对于地下空间围岩稳定性量化分析具有重要的理论意义。

通过对两个公式的力学模型、推导原理、推导过程的分析可知，力学模型将地下空间围岩结构简化为圆形孔洞的平面应变受力模型，将地下围岩所处应力场设为静水压力，理论公式的推导原理及推导过程完全符合力学原理，两个公式均为经严格的弹塑性理论推导所得，理论公式具有较高的可靠性。理论公式自建立经过了长期实践的检验，在地下工程实践中发挥了重要作用，也是目前应用比较广泛的理论公式。芬纳公式与卡斯特奈公式的力学模型为静水压力条件，对于受采动影响及地质构造影响的非均匀应力场环境是否仍然适用，将在适用性分析小节中详细阐述。

2.3 非均匀应力场中圆孔周围弹性应力解

2.3.1 推导原理和过程

煤矿井下受到采动影响及地质构造影响后，围岩将处在非均匀应力场中，处在其中的巷道、硐室常常会出现变形破坏严重、维护困难的问题，这类巷道、硐室围岩稳定性分析与控制一直都是研究的难点问题。非均匀应力场中圆孔围岩的弹塑性解较均匀应力场条件下求解难度加大，却是实际工程的切实需要。非均匀应力场中圆孔周围弹性应力解析解对于认识巷道周围应力场分布规律及分析巷道围岩破坏机理有重要作用，目前已有的非均匀应力场中圆孔围岩塑性区边界方程的求解也完全依靠弹性应力解。下面将详细阐述非均匀应力场中圆孔周围弹性应力解的求解过程与求解原理。

非均匀应力场中的圆孔周围弹性应力解的求解同样假设围岩为均质、各向同性材料，在巷道长度方向围岩性质一致，只是将轴对称静水压力加载条件设置为双向非等压应力加载条件，力学模型如图 2-2 所示，图中 λ 为侧压系数，当 $\lambda=1$ 时为静水压力条件，双向非等压加载条件具有更广泛的适用意义。

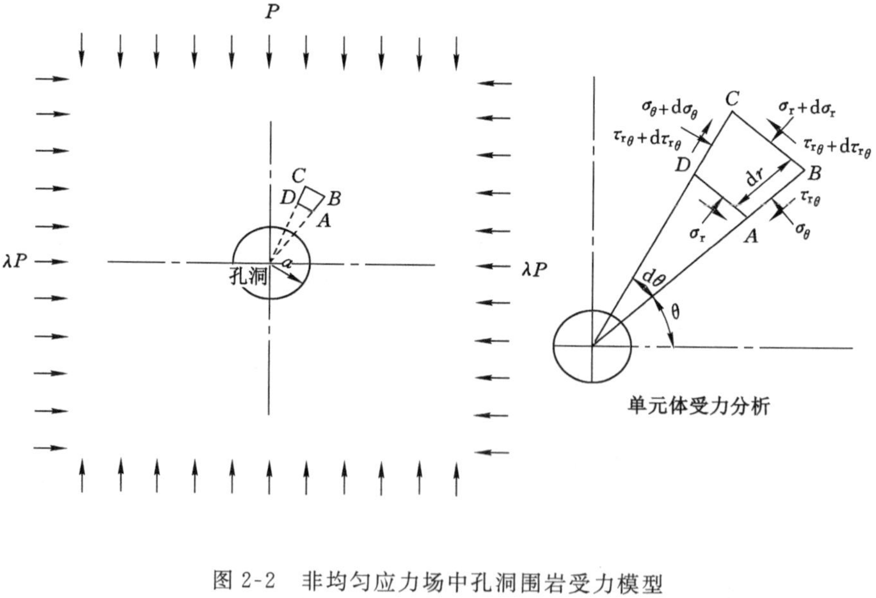

图 2-2 非均匀应力场中孔洞围岩受力模型

由图 2-2 单元体受力分析得平衡方程：

$$\begin{cases}\dfrac{\partial\sigma_r}{\partial r}+\dfrac{1}{r}\dfrac{\partial\tau_{r\theta}}{\partial\theta}+\dfrac{\sigma_r-\sigma_\theta}{r}=0\\[2ex]\dfrac{\partial\tau_{r\theta}}{\partial r}+\dfrac{1}{r}\dfrac{\partial\sigma_\theta}{\partial\theta}+\dfrac{2\tau_{r\theta}}{r}=0\end{cases}\tag{2-9}$$

式中　$\tau_{r\theta}$——剪应力。

满足几何方程：

$$\begin{cases}\varepsilon_r=\dfrac{\partial u}{\partial r}\\[2ex]\varepsilon_\theta=\dfrac{1}{r}\dfrac{\partial v}{\partial\theta}+\dfrac{u}{r}\\[2ex]\gamma_{r\theta}=\dfrac{1}{r}\dfrac{\partial u}{\partial\theta}+\dfrac{\partial v}{\partial r}-\dfrac{v}{r}\end{cases}\tag{2-10}$$

式中　u、v——径向和切向位移；

ε_r、ε_θ、$\gamma_{r\theta}$——极坐标下的应变分量。

满足物理方程：

$$\begin{cases}\varepsilon_r=\dfrac{1-\nu^2}{E}\left(\sigma_r-\dfrac{\nu}{1-\nu}\sigma_\theta\right)\\[2ex]\varepsilon_\theta=\dfrac{1-\nu^2}{E}\left(\sigma_r-\dfrac{\nu}{1-\nu}\sigma_r\right)\\[2ex]\gamma_{r\theta}=\dfrac{2(1+\nu)}{E}\tau_{r\theta}\end{cases}\tag{2-11}$$

式中　E——弹性模量；

ν——泊松比。

满足变形协调方程：

$$\frac{1}{r^2}\frac{\partial^2\varepsilon_r}{\partial\theta^2}-\frac{1}{r}\frac{\partial\varepsilon_r}{\partial r}+\frac{2}{r}\frac{\partial\varepsilon_\theta}{\partial r}+\frac{\partial^2\varepsilon_\theta}{\partial r^2}-\frac{1}{r^2}\frac{\partial}{\partial r}\left(r\frac{\partial\gamma_{r\theta}}{\partial\theta}\right)=0\tag{2-12}$$

由边界条件 $r=a$，有：

$$\sigma_r=0,\tau_{r\theta}=0\tag{2-13}$$

$r=\infty$时有：

$$\begin{cases}\sigma_r=\dfrac{1}{2}(1+\lambda)P+\dfrac{1}{2}(1-\lambda)P\cos 2\theta\\[2ex]\sigma_\theta=\dfrac{1}{2}(1+\lambda)P-\dfrac{1}{2}(1-\lambda)P\cos 2\theta\\[2ex]\tau_{r\theta}=-\dfrac{1}{2}(1-\lambda)P\sin 2\theta\end{cases}\tag{2-14}$$

结合平衡微分方程、几何方程、物理方程、变形协调方程及边界条件得非均匀应力场中圆孔周围弹性应力解析解：

$$\begin{cases}\sigma_r=\dfrac{P}{2}\left[(1+\lambda)\left(1-\dfrac{a^2}{r^2}\right)-(1-\lambda)\left(1-4\dfrac{a^2}{r^2}+3\dfrac{a^4}{r^4}\right)\cos 2\theta\right]\\ \sigma_\theta=\dfrac{P}{2}\left[(1+\lambda)\left(1-\dfrac{a^2}{r^2}\right)-(1-\lambda)\left(1+3\dfrac{a^4}{r^4}\right)\cos 2\theta\right]\\ \tau_{r\theta}=\dfrac{P}{2}\left[(\lambda-1)\left(1+2\dfrac{a^2}{r^2}-3\dfrac{a^4}{r^4}\right)\sin 2\theta\right]\end{cases} \tag{2-15}$$

式(2-15)即为非均匀应力场中圆孔周围弹性应力解析解。

2.3.2 评价分析

固体材料在受力发生破坏前首先经历弹性变形阶段，非均匀应力场中圆孔周围弹性应力解析解为地下井巷工程围岩稳定性分析提供了理论基础，对于认识地下空间周围应力场分布规律及分析围岩破坏规律有重要作用。

通过对非均匀应力场中圆孔周围弹性应力解析解的力学模型、推导原理、推导过程的分析可知，其力学模型与静水压力下的模型相似，仍然将地下空间围岩结构简化为圆形孔洞的平面应变受力模型，只是将静水压力条件变为由侧压系数表示的双向非等压条件；孔洞围岩弹性应力解析解通过平衡微分方程、几何方程、物理方程及变形协调方程严格推导求得的理论结果，其推导原理及推导过程完全符合弹性力学原理，理论公式具有较高的可靠性。

2.4 非均匀应力场中圆孔围岩塑性区边界方程

2.4.1 卡斯特奈近似解

在非均匀应力场中圆孔围岩塑性区边界线至今无法求得严格的解析解，目前只能借助有限元法获得数值解。数值计算只能针对特定条件加以求解，所得结果不能作为普遍规律，对于研究围岩破坏规律具有盲目性。卡斯特奈曾经提出非均匀应力场中塑性区边界线的近似算法，得到了塑性区边界线的近似解方程，即为非均匀应力场中的卡斯特奈近似解。卡斯特奈公式的近似算法是将非均匀应力场中圆孔周围弹性应力解代入到岩石的强度准则中(M-C 强度准则)：

$$\sin\varphi=\frac{\sqrt{(\sigma_r-\sigma_\theta)^2+(2\tau_{r\theta})^2}}{\sigma_r-\sigma_\theta+2C\cot\varphi} \tag{2-16}$$

式中 σ_r——圆孔周围弹性应力场的径向应力；

σ_θ——圆孔周围弹性应力场的切向应力；

$\tau_{r\theta}$——圆孔周围弹性应力场的剪切应力。

式(2-15)中已给出解析解。将式(2-15)代入式(2-16)中得到非均匀应力场中圆孔围岩塑性区边界卡斯特奈近似解：

$$\cos^2 2\theta+\frac{2}{\omega}\left[\frac{1+\lambda}{4(1-\lambda)}(1-2\alpha^2+3\alpha^4)-\frac{(1+\lambda+2\frac{C\cot\varphi}{P})\sin^2\varphi}{2(1-\lambda)}\right]\cos 2\theta-$$
$$\frac{1}{\omega}\left[\frac{(1+\lambda)^2\alpha^2}{4(1-\lambda)^2}+\frac{(1+2\alpha^2-3\alpha^4)^2}{4\alpha^2}-\frac{(1+\lambda+2\frac{C\cot\varphi}{P})\sin^2\varphi}{4\alpha^2(1-\lambda)^2}\right]=0 \tag{2-17}$$

式中 $\omega=\alpha^2\sin^2\varphi+2-3\alpha^2$；

$\alpha=a/R_0$。

在非等压条件下，当围岩条件及加载条件给定时，圆孔围岩塑性区边界已不再是常数，而是满足式(2-17)的不同极坐标位置 θ 下的不同塑性区边界半径 R_0 的对应关系。式(2-17)计算的塑性区边界没有考虑塑性应力的重分布，实际上材料达到强度极限后应力会重新分布，所得到的塑性区也会发生变化，所以式(2-17)为非等压条件下圆孔围岩塑性区的近似解。

2.4.2 于学馥圆形隧道围岩塑性区边界的近似计算

式(2-17)未考虑塑性应力的重新分布，所计算的塑性区边界为近似结果。实际上由于塑性应力的重新分布，应力会不断调整，围岩塑性区会不断扩大。1983年，于学馥等[211]在《地下工程围岩稳定分析》中提出一种考虑塑性应力重新分布的圆形隧道围岩塑性区边界线的计算方法。该方法是再次利用卡斯特奈计算方法再进行近似计算，即先由卡斯特奈方法初次计算得到塑性区半径，然后按照塑性区应力方程求解得到所求得的应力值 σ_r^p 和 $\tau_{r\theta}^p$，按照所求点的半径作圆，在 σ_r^p 和 $\tau_{r\theta}^p$ 的作用下，再按照卡斯特奈方法推导新的塑性区边界线方程。

为了推导圆孔围岩洞壁上作用有 σ_r^p 和 $\tau_{r\theta}^p$ 的塑性区边界线方程，先要求出以 σ_r^p 和 $\tau_{r\theta}^p$ 为洞壁作用力 P_i 和 τ_i 时的弹性应力场表达式：

$$\begin{cases}\sigma_{\mathrm{r}}=\dfrac{P}{2}\left[(1+\lambda)(1-\alpha^{2})-(1-\lambda)(1-4\alpha^{2}+3\alpha^{4})\cos 2\theta+\mu\alpha^{2}\right]\\ \sigma_{\theta}=\dfrac{P}{2}\left[(1+\lambda)(1-\alpha^{2})-(1-\lambda)(1+3\alpha^{4})\cos 2\theta-\mu\alpha^{2}\right]\\ \tau_{\mathrm{r}\theta}=\dfrac{P}{2}\left[(\lambda-1)(1+2\mu\alpha^{2}-3\mu\alpha^{4})\sin 2\theta+\mu'\alpha^{2}\right]\end{cases}\tag{2-18}$$

式中　$\mu=2P_i/P$；

$\mu'=2\tau_i/P$。

其中，P_i 和 τ_i 分别为作用在洞壁上的径向力和剪应力。

将式(2-18)代入岩石的强度准则式(2-16)中，得到围岩洞壁上作用有 P_i 和 τ_i 的塑性区边界线方程：

$$\cos^{2}2\theta+2\left[\frac{1+\lambda-\mu}{4(1-\lambda)}\frac{1-2\alpha^{2}+3\alpha^{4}}{\omega}-\frac{(1+\lambda+2\dfrac{C\cot\varphi}{P})\sin^{2}\varphi}{2(1-\lambda)\omega}\right]\cos 2\theta-$$
$$\frac{(1+\lambda-\mu)^{2}\alpha^{2}}{4(1-\lambda)^{2}\omega}-\frac{(1+2\alpha^{2}-3\alpha^{4})^{2}}{4\alpha^{2}\omega}+\frac{(1+\lambda+2\dfrac{C\cot\varphi}{P})\sin^{2}\varphi}{4(1-\lambda)^{2}\omega\alpha^{2}}-$$
$$\frac{\alpha^{2}\mu'^{2}}{4(1-\lambda)^{2}\omega}-\frac{\mu'(1-2\alpha^{2}+3\alpha^{4})\sin 2\theta}{2(1-\lambda)\omega}=0\tag{2-19}$$

式(2-19)是先由卡斯特奈方法初次计算得到塑性区半径，然后按照塑性区应力方程求解得到 $\sigma_{\mathrm{r}}^{\mathrm{p}}$ 和 $\tau_{\mathrm{r}\theta}^{\mathrm{p}}$，在 $\sigma_{\mathrm{r}}^{\mathrm{p}}$ 和 $\tau_{\mathrm{r}\theta}^{\mathrm{p}}$ 的作用下，按照卡斯特奈方法推导新的塑性区边界线方程。该方法在求解某种条件下孔洞围岩某一位置的塑性区半径时，需要先根据卡斯特奈公式求出该位置的第一次近似解，然后确定作用在该处的洞壁作用力 P_i 和 τ_i，然后代入式(2-19)求解。式(2-19)经过两次近似计算，计算塑性区半径较卡斯特奈近似解更准确，然而计算过程相对复杂，求解某一点处塑性区半径可行，研究某种条件下塑性区边界线分布情况几乎无法做到。

2.4.3　基于统一强度理论的圆形巷道围岩塑性区边界线方程式

采用摩尔-库仑强度准则忽略了中间主应力的影响，为了反映中间主应力对材料破坏的影响，俞茂宏[213]于 1990 年提出了统一强度理论。2007 年陈立伟等[212]基于统一强度理论，结合非均匀应力场中圆孔周围的应力解，得到了非均匀应力场中圆形巷道围岩塑性区边界线方程式。如果以材料的黏聚力和内摩擦角作为基本实验参数，且当中间主应力满足 $\sigma_2\leqslant[(\sigma_1+\sigma_3)+(\sigma_1-\sigma_3)\sin\varphi]/2$ 时，统一强度理论表达式如下：

$$F=\left[\sigma_1-\frac{1}{1+b}(b\sigma_2+\sigma_3)\right]+\left[\sigma_1+\frac{1}{1+b}(b\sigma_2+\sigma_3)\right]\sin\varphi=2C\cos\varphi \tag{2-20}$$

式中　b——统一强度理论参数，反映中间主应力对材料破坏的影响，由材料实验确定，b 的取值为[0,1]。

当 $b=0$ 时，式(2-20)为摩尔-库仑强度准则；当 $b=1$ 时式(2-20)为广义双剪屈服准则；当 $0<b<1$ 时，随着 b 值的不同，式(2-20)可表示为其他强度准则。

基于统一强度理论，陈立伟等[212]将弹性理论求得的圆孔周围应力解代入到统一强度理论的塑性条件来判断围岩的屈服状态。在公式推导中，令 $\sigma_2\leqslant m(\sigma_1+\sigma_3)/2$，$m$ 为中间主应力参数，在平面应变情况下，材料达到塑性状态时 m 向 1 趋近，中间主应力满足式(2-20)的条件。将非均匀应力场中圆孔周围弹性应力解代入统一强度理论式(2-20)中，得到基于统一强度理论的圆形巷道围岩塑性区边界方程式。

$$f(\alpha)=a_1\alpha^4+a_2\alpha^3+a_3\alpha^2+a_4\alpha^1+a_5=0 \tag{2-21}$$

式中　$a_1=9(1-\lambda)^2$；

$a_2=-6(1-\lambda)[(2(1-\lambda)-(1+\lambda)\cos 2\theta]$；

$a_3=4(1-\lambda)^2(3-\sin^2\varphi_t)\cos^2 2\theta-4(1-\lambda)(1+\lambda)\cos 2\theta-2(1-\lambda)^2+(1+\lambda)^2$；

$a_4=-4(1-\lambda)^2\cos 4\theta+2(1-\lambda)(1+\lambda)+2\sin^2\varphi_t(1+\lambda+2c_t\cot\varphi_t/P)\cos 2\varphi$；

$a_5=(1-\lambda)^2-\sin^2\varphi_t(1+\lambda+2c_t\cot\varphi_t/P)^2$；

$\sin\varphi_t=[2(1+b)\sin\varphi]/[b(1+\sin\varphi)+2]$；

$c_t=[2(1+b)C\cos\varphi]/[b(1+\sin\varphi)+2]$。

陈立伟等[212]基于统一强度理论求出了非均匀应力场中圆形巷道围岩塑性区边界线方程式，并在文中的算例分析中研究了不同侧压系数下圆形巷道围岩塑性区的边界线分布情况。

2.4.4　非均匀应力场中圆形巷道围岩塑性区边界八次方隐性方程

为分析井下回采巷道的非对称大变形机理，2014 年赵志强[192]在《大变形回采巷道围岩变形破坏机理与控制方法研究》博士论文中推导出非均匀应力场中圆形巷道围岩塑性区边界八次方隐性方程，并基于塑性区边界八次方隐性方程的理论研究首次提出了“蝶形塑性区”概念，揭示了大变形回采巷道围岩变形破坏机理。非均匀应力场中圆形巷道围岩塑性区边界八次方隐性方程详细的推导原理及过程如下。

结合地下巷道围岩应力场的分布规律，赵志强建立了受不等压圆形巷道受力模型，如图 2-3 所示。巷道围岩垂向载荷为上覆岩层自重 γH，利用侧压系数 λ 确定巷道围岩水平载荷 $\lambda\gamma H$。根据弹性力学理论，求出了在极坐标下巷道围岩任一点的应力计算公式，见式(2-22)。

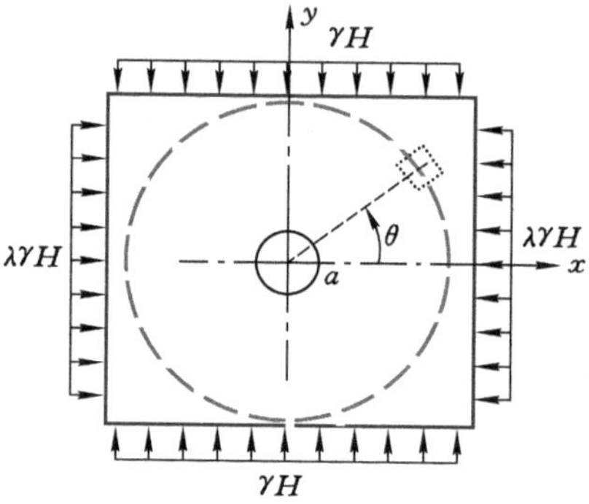

图 2-3　受不等压圆形巷道受力模型

$$\begin{cases}\sigma_{r}=\dfrac{\gamma H}{2}\left[(1+\lambda)\left(1-\dfrac{a^{2}}{r^{2}}\right)+(1-\lambda)\left(1-4\dfrac{a^{2}}{r^{2}}+3\dfrac{a^{4}}{r^{4}}\right)\cos 2\theta\right]\\ \sigma_{\theta}=\dfrac{\gamma H}{2}\left[(1+\lambda)\left(1+\dfrac{a^{2}}{r^{2}}\right)-(1-\lambda)\left(1+3\dfrac{a^{4}}{r^{4}}\right)\cos 2\theta\right]\\ \tau_{r\theta}=\dfrac{\gamma H}{2}\left[(1-\lambda)\left(1+2\dfrac{a^{2}}{r^{2}}-3\dfrac{a^{4}}{r^{4}}\right)\sin 2\theta\right]\end{cases} \tag{2-22}$$

基于摩尔-库仑强度准则，将非等压条件下圆形巷道周围任一点的应力计算式(2-22)代入强度准则中，经过求解得到非均匀应力场中圆形巷道围岩塑性区边界八次方隐性方程，见式(2-23)。

$$f\left(\frac{a}{r}\right)=K_{1}\left(\frac{a}{r}\right)^{8}+K_{2}\left(\frac{a}{r}\right)^{6}+K_{3}\left(\frac{a}{r}\right)^{4}+K_{4}\left(\frac{a}{r}\right)^{2}+K_{5}=0 \tag{2-23}$$

式中　$K_{1}=9(1-\lambda)^{2}$；

$K_{2}=-12(1-\lambda)^{2}-6(1-\lambda^{2})\cos 2\theta$；

$K_{3}=2(1-\lambda)^{2}[\cos^{2}2\theta(5+2\sin^{2}\varphi)-\sin^{2}2\theta]+(1+\lambda)^{2}+4(1-\lambda^{2})\cos 2\theta$；

$K_{4}=-4(1-\lambda)^{2}\cos 4\theta-2(1-\lambda^{2})\cos 2\theta(1+2\sin^{2}\varphi)+\dfrac{4}{\gamma H}(1-\lambda)\cos 2\theta\sin 2\varphi C$；

$$K_5=(1-\lambda)^2-\sin^2\varphi\left(1+\lambda\frac{2C}{\gamma H}\frac{\cos\varphi}{\sin\varphi}\right)^2。$$

从隐性方程推导原理及推导过程来看，八次方隐性方程仍然是将非均匀应力场中圆孔周围弹性应力解直接代入岩石破坏准则所得，没有考虑塑性应力的变形协调，其结果仍是非均匀应力场中圆孔围岩塑性区边界的近似解。尽管如此，基于非均匀应力场中圆形巷道围岩塑性区边界八次方隐性方程，赵志强在理论上研究了圆形巷道围岩塑性区形态的演化规律，首次提出了“蝶形塑性区”概念，将边界方程的理论研究结果应用于井下实际工程，并通过研究塑性区形态的变化规律揭示了大变形回采巷道围岩变形破坏机理。非均匀应力场中圆孔围岩塑性区边界近似解经长期忽视后再次被重视，其理论价值再一次被挖掘。

2.4.5 评价分析

根据前文对非均匀应力场中圆孔围岩塑性区边界方程推导原理和推导过程的阐述，于学馥圆形隧道围岩塑性区边界线的近似计算、基于统一强度理论的圆形巷道围岩塑性区边界线方程式、非均匀应力场中圆形巷道围岩塑性区边界八次方隐性方程，这三个方程均依据了卡斯特奈近似解的求解思想，即将非均匀应力场中圆孔周围弹性应力解直接代入岩石破坏准则中，均未考虑圆孔围岩塑性应力的变形协调，所得结果均是非均匀应力场中圆孔围岩塑性区边界的近似解。于学馥圆形隧道围岩塑性区边界线的近似解需要经过两次近似迭代，在求解某种条件下孔洞围岩某一位置的塑性区半径时，需要首先根据卡斯特奈公式求出该位置的第一次近似解，然后确定作用在该处的洞壁作用力 P_i 和 τ_i，然后代入式(2-19)求解，计算塑性区半径较卡斯特奈近似解更准确，然而计算过程相对复杂，求解某一点处塑性区半径可行，而研究某种条件下塑性区边界线分布情况几乎无法做到。基于统一强度理论的圆形巷道围岩塑性区边界线方程式，其求解原理与卡斯特奈近似解完全相同，只是应用了不同的岩石破坏准则，同时统一强度理论参数 b 值的获取较困难。非均匀应力场中圆形巷道围岩塑性区边界八次方隐性方程与卡斯特奈近似解实质完全一致，只是表现形式有所不同。到目前为止，关于非均匀应力场中巷道围岩弹塑性的理论计算，卡斯特奈的近似解是目前可以采用的相对较好的方法。

基于非均匀应力场中孔洞围岩塑性区边界八次方隐性方程，赵志强在理论上研究了圆形巷道围岩塑性区形态的演化规律，将边界方程的理论研究结果应用于井下实际工程，并通过研究塑性区形态的变化规律揭示了大变形回采巷道围岩变形破坏机理，卡斯特奈近似解在长期被忽视后再次引起重视。下文将通过数值模拟与理论公式对比的方法，来探究卡斯特奈近似解的适用性。

2.5 理论计算的可靠性分析

静水压力条件下圆孔围岩塑性区半径解析解在地下井巷工程稳定性分析及支护设计中被广泛应用，目前被学术界普遍认可；非均匀应力场中塑性区边界方程由于在推导过程中作了简化处理，所得结果只是近似结果，随着后期数值计算的出现边界方程渐渐被忽视。虽然静水压力条件下圆孔围岩塑性区半径解析解推导过程严密但是力学模型为静水压力条件；塑性区边界方程建立了非均匀应力场中应力与围岩的相互作用机制，但是公式推导过程做了简化处理，得到的结果为近似解；两个理论计算公式在解决非均匀应力场中孔洞围岩塑性区边界问题均存在不完美之处。实际上，即使经过严格推导的理论公式，在解决实际复杂的工程地质问题中都是近似解，但是根据地下工程的特点，其准确程度已满足工程需要，这种理论近似结果对于认识指导地下工程实践十分有益和必要。鉴于此，本章采用理论公式与数值模拟结果对比的方法，详细分析了静水压力下的理论公式与非均匀应力场中塑性区边界方程，具体分析理论计算的可靠性，进而对两个公式的适用性进行评价分析。

2.5.1 静水压力条件下理论计算的可靠性分析

静水压力条件下孔洞围岩塑性区半径计算公式为经过弹塑性理论严格推导所得，在指导静水压力条件下的工程实践方面其可靠性已得到学术界的普遍认可。下文将对理论计算的塑性区半径与数值计算结果进行对比分析，通过研究塑性区的扩展规律，对静水压力下得到的理论公式指导实际地下非均匀应力场中的工程问题的可靠性作进一步分析研究。本章数值计算采用 $FLAC^{3D}$ 数值模拟软件，基于理论公式采用平面应变模型，数值模拟采用方形薄板受力模型，圆孔半径设为 2 m，模型边长为 120 m，岩石参数选取参考了煤的岩石力学参数[14]，取黏聚力 $C=3$ MPa、内摩擦角 $\varphi=25°$（单轴抗压强度 $R_C=10$ MPa），边界应力从 10 MPa 加载到 100 MPa，所得理论计算结果与数值模拟结果如图 2-4 所示。

由图 2-4 可得，理论公式计算结果与数值模拟计算结果几乎重合，证明静水压力下圆孔围岩塑性区半径计算公式具有很高的准确性，这与芬纳公式严密的推导过程是分不开的，基于芬纳公式来指导静水压力条件下地下工程是可靠的。另一方面，由于芬纳公式采用静水压力受力模型，模型关于坐标轴对称，不管施加应力大小如何，得到的塑性区形态均为圆环形状。然而在实际地下条件中，空间围岩很少处在静水压力条件。模型边界应力从 10 MPa 加载到 100 MPa，

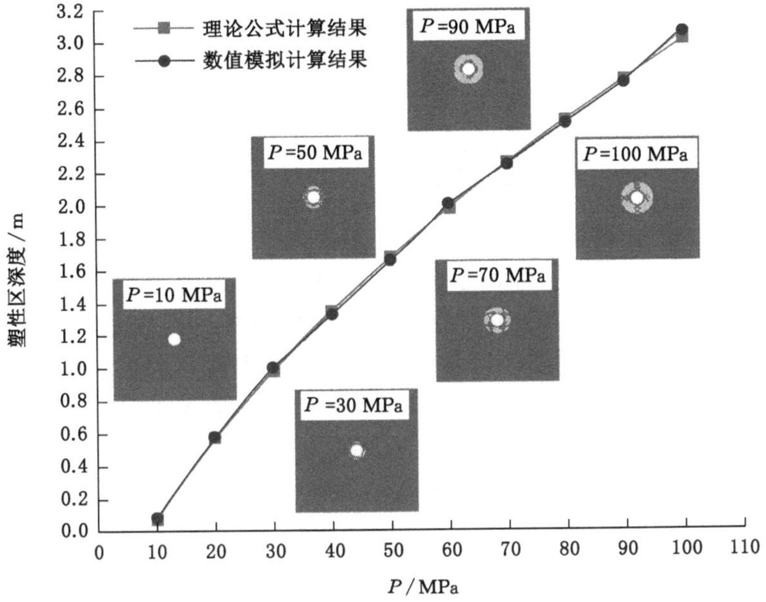

图 2-4 静水压力下圆孔围岩塑性区理论计算与数值模拟对比结果

100 MPa基本相当于 4 000 m 埋深的应力水平，在我国现有的开采深度条件下几乎不可能达到这么大应力，即使应力加载到 100 MPa，塑性区深度仍然不到 3 m，且算例采用的岩石力学参数和强度较弱的煤岩的力学参数相当。在现有的工程条件下，在不足千米的煤矿井下，有的大变形巷道围岩变形量甚至可达 1 000 mm 以上[15]。如保德矿回采巷道，埋深 400～600 m，受工作面采动影响，围岩变形量达 1 500 mm，钻孔窥视得到的破坏区深度达到 8 m 以上[10]。甚至在一些浅部矿井，巷道出现了冲击地压、煤与瓦斯突出等动力灾害。受采动应力影响的回采巷道，或处于其他复杂构造应力条件下巷道往往处于非均匀应力场中[16]，巷道围岩变形破坏严重，出现动力灾害的巷道也会伴随围岩的大范围破坏。但是在芬纳公式指导下，静水压力条件下巷道围岩塑性区深度很小，即使应力达到了目前开采水平不可能达到的极限水平且岩石参数和煤岩参数相当（强度较低），芬纳公式计算的塑性区范围仍然很小，可见静水压力的理论已无法指导受采动、构造等影响下的非均匀应力场的工程实践。

静水压力条件下的芬纳公式基于弹塑性理论经过严格推导所得，计算结果与数值模拟计算结果基本吻合，公式的准确性及可靠性较高。通过与数值模拟结果对比研究分析，芬纳公式计算得到的孔洞围岩塑性区形态为均匀分布在圆孔周围的圆环形，且在极限应力条件下塑性区范围仍然很有限，与实际非均匀应力场中出现的非对称变形及围岩变形破坏严重的现场工程事实不符，静水压力条件下的理论公式已无法指导实际条件下非均匀应力场中的工程实践。

2.5.2 非均匀应力场中塑性区边界方程的可靠性分析

基于非均匀应力场中孔洞围岩塑性区边界方程近似解的计算方法，作者采用 Visual Basic 开发了非均匀应力场中圆孔围岩塑性区计算软件。首先通过非均匀应力场中圆孔围岩的弹性应力解求出圆孔周围各点的应力值，然后通过摩尔-库仑破坏准则判别圆孔围岩的弹塑性状态，应力条件达到强度准则标记为红色记为塑性区，没有达到强度准则记为弹性区。计算软件用来探索理论公式与数值模拟计算下塑性区的形态演化规律，同时比较计算的塑性区范围及塑性区形态变化规律(图 2-5)。

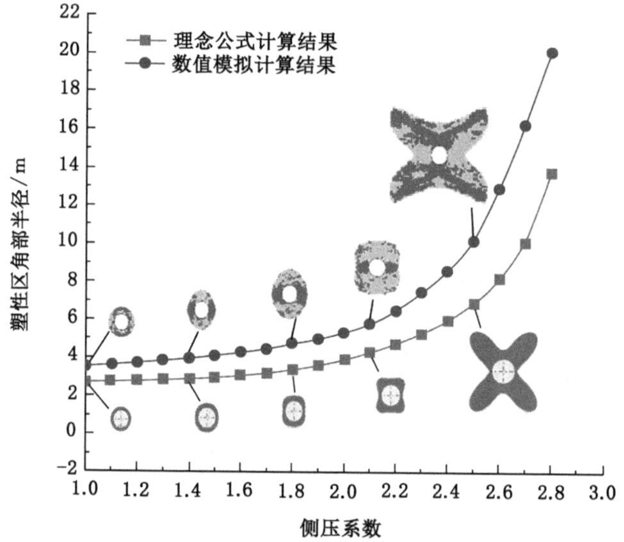

图 2-5　非均匀应力场中圆孔围岩塑性区理论计算与数值模拟对比结果

图 2-5 为岩石岩性一定(仍选取上文中煤岩力学参数)且最小围压为 20 MPa，通过变化侧压系数来改变围岩受力状态得到的塑性区形态演化规律(理论计算与数值模拟对比结果)。由图可得：$\lambda=1$ 时，为双向等压受力模型，塑性区边界为规则的圆形，数值模拟与理论计算的塑性区形态一致，理论计算范围较数值模拟计算范围小；侧压系数由 1 增大到 1.8 的过程中，塑性区水平方向逐渐变窄(相对竖直

方向)，竖直方向逐渐变宽，塑性区边界最大半径在纵轴上最小半径在横轴上，塑性区边界形成类似椭圆的形状，数值模拟与理论计算的塑性区形态一致，理论计算范围较数值模拟计算范围偏小；λ 增大到一定值后再继续增大时，边界最大半径位置由纵轴处逐渐移向纵轴两侧，塑性区边界轮廓呈现坐标轴处凹陷四个象限内凸出类似蝴蝶的形状，随着 λ 继续增大蝶形范围不断扩展但其形状特征不再发生变化。数值模拟与理论计算得到的孔洞围岩塑性区形态一致，塑性区形态演化规律完全一致，理论计算范围较数值模拟计算范围偏小。同时，理论计算与数值模拟对比结果表明，随着侧压系数由 1 逐渐增大，塑性区范围由线性增长逐渐变为类指数形式增长，当塑性区形态变为蝶形时塑性区范围明显增大，图中在 20 MPa 的应力水平下侧压系数为 2.5 时塑性区范围已达到 10 m，与工程现场非均匀应力环境中巷道、硐室的大范围破坏结果吻合，理论计算与数值模拟得到的蝶形非线性破坏规律一致。

塑性区边界近似方程没有考虑塑性应力的重新分布，实际上由于塑性应力的重新分布，应力会不断调整，围岩塑性区会不断扩大，所以理论计算结果较数值模拟计算结果在数值上偏小。但是理论计算与数值模拟得到的非均匀应力场中孔洞围岩塑性区形态一致，形态演化规律一致，蝶形非线性破坏规律一致，孔洞围岩塑性区边界方程近似解在计算塑性区范围大小时结果偏小，在研究非均匀应力场中孔洞围岩塑性区形态规律方面具有可靠性。

2.5.3 理论公式的适用性分析

侧压系数的大小表示了区域应力场不同方向应力大小的偏差程度，当侧压系数为 1 时为静水压力条件，随着侧压系数的增大偏应力水平不断提高。为了研究两个理论公式在不同应力场中的适用性，采用数值模拟方法研究了孔洞围岩塑性区在不同偏应力条件下的变化扩展规律，如图 2-6 所示。数值模拟仍然采用上文中的方形薄板受力模型，并采用与上文相同的岩石力学参数，最大水平应力从 10 MPa 加载到 100 MPa，分别研究了不同偏应力环境下孔洞围岩塑性区随应力的变化规律(图 2-6)。

由图 2-6 可得，在相同的应力水平下不同的偏应力条件得到的塑性区形态及塑性区范围扩展规律完全不同。图中在静水压力及偏应力较低时(一般侧压系数 λ 小于 2，图中采用了侧压系数为 1.5 的结果)，塑性区形态表现为圆形或椭圆形，塑性区较均匀分布在孔洞周围，且在相同的应力水平下塑性区范围大小与静水压力下得到的范围相近，此时可以通过静水压力下得到的芬纳公式来计算塑性区范围；在偏应力较高时(一般侧压系数大于 2，图中采用了侧压系数为 3 的结果)，塑性区形态表现为蝶形，塑性区范围较大，且塑性区扩展表现出非线性

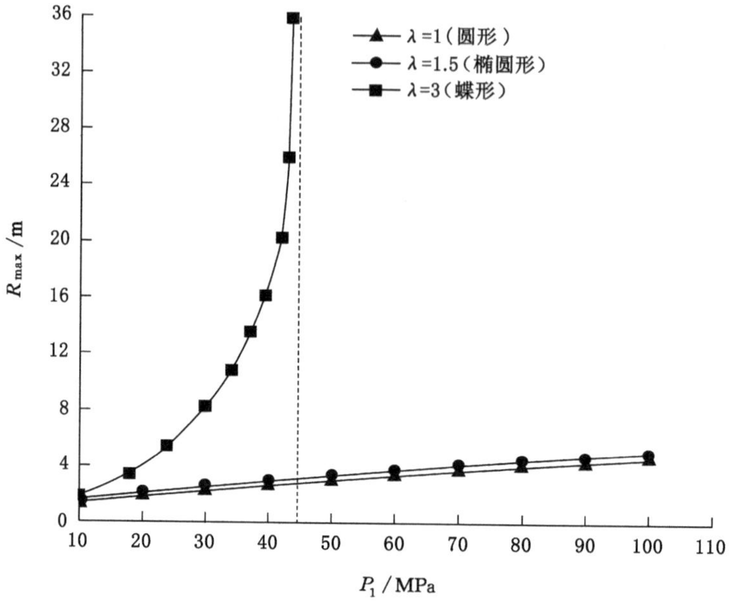

图 2-6 不同受力方式下孔洞围岩塑性区扩展规律

规律。在非均匀应力场中，尤其是在偏应力水平较高的情况下，孔洞围岩塑性区形态、范围及扩展规律与静水压力条件下差异很大，静水压力条件下得到的芬纳公式已不适用于高偏应力环境。

通过以上内容的研究，静水压力条件下的芬纳公式以及非均匀应力场中孔洞围岩塑性区边界方程各具优势，也均存在一定的局限性，具有不同的适用条件。

(1) 在静水压力、近似静水压力及偏应力较小的条件下，孔洞围岩塑性区形态表现出圆形或椭圆形，其塑性区范围较小，在相同的应力水平条件下与静水压力得到的塑性区范围大小相近。静水压力下的理论公式推导过程严密，在塑性区范围计算精确度较高，适用于静水压力、近似静水压力及偏应力不高条件下围岩塑性区范围的计算。

(2) 在偏应力较高时，孔洞围岩塑性区形态将不再是圆形或椭圆形，且随着应力水平的增高，塑性区表现出非线性扩展规律；静水压力条件下得到的芬纳公式无论是在塑性区形态还是在扩展规律方面均不再适用。静水压力条件下得到的芬纳公式在研究高偏应力场中的工程问题时不再适用。

(3) 孔洞围岩塑性区边界方程较数值模拟计算结果在塑性区尺寸上结果

偏小，但是与数值模拟得到的孔洞围岩塑性区形态一致，与塑性区形态演化规律一致，与蝶形非线性破坏规律一致。相关研究成果显示，孔洞围岩塑性区边界方程在研究非均匀应力场中巷道围岩非对称大变形、巷道蝶形冒顶、巷道冲击地压、煤与瓦斯突出等问题中有重要的理论指导意义。孔洞围岩塑性区边界方程近似解适用于研究高偏应力场中地下空间围岩变形破坏规律及围岩稳定性分析。

2.6 本章小结

本章结合井下的工程条件，采用理论计算与数值模拟结果对比分析的方法，研究了静水压力下的理论公式与非均匀应力场中的塑性区边界方程，详细分析了理论计算的力学模型、推导原理、推导过程、计算精度，进而对其适用性进行评价分析，得到以下结论：

（1）静水压力条件下的芬纳公式及卡斯特奈公式推导过程严密，在静水压力条件或偏应力较小时计算的塑性区范围精度较高，适用于静水压力、近似静水压力及偏应力较低条件下孔洞围岩塑性区范围的计算；当偏应力较大时，不能反映围岩的破坏规律，静水压力条件下的芬纳公式及卡斯特奈公式将不再适用。

（2）非均匀应力场中孔洞围岩塑性区边界隐性方程在公式推导过程中作了简化处理，得到的结果为近似解，计算的塑性区范围结果偏小，但是与数值模拟得到的孔洞围岩塑性区形态一致，与塑性区形态演化规律一致，与蝶形非线性扩展规律一致，能很好地反映高偏应力场中孔洞围岩塑性区形态演化规律，以及塑性区随应力增大而出现的非线性扩展规律。孔洞围岩塑性区边界方程近似解适用于研究高偏应力场中地下空间围岩变形破坏规律及围岩稳定性分析。

（3）煤矿井下受到采动影响及地质构造影响后，围岩将处在非均匀应力场中，处在其中的巷道、硐室常常会出现变形破坏严重、维护困难的问题，非均匀应力场中孔洞围岩塑性区边界方程对于研究此类巷道、硐室的变形破坏规律及致灾机制具有重要的理论价值及工程指导意义。

3 圆形巷道围岩塑性区形态及其判定准则

巷道围岩塑性区形态决定了巷道围岩的破坏形式及破坏程度，不同的破坏形态对巷道围岩稳定性的影响也不相同。本章以非均匀应力场中圆形巷道围岩塑性区边界方程为基础，研究了圆形巷道围岩塑性区形态演化规律。在不同围压状态下均质围岩圆形巷道塑性区一般表现出圆形、椭圆形、蝶形三种形态。通过理论分析找到了三种形态的数学力学含义，并推导出不同形态对应的判定准则。提出了塑性区形态系数的概念，并推导出形态系数的计算公式，利用形态系数可判别塑性区形态特征。通过 $FLAC^{3D}$数值模拟研究了不同巷道断面形状及层状围岩条件下蝶形判定准则的适用性。为本章巷道围岩稳定性分析提供了塑性区形态准则。

3.1 圆形巷道围岩塑性区基本形态及其演化规律

3.1.1 非均匀应力场中圆形巷道围岩塑性区边界方程

基于目前非均匀应力场中巷道围岩弹塑性理论的研究现状，同时借鉴芬纳公式、卡斯特纳公式及非均匀应力场中圆形巷道围岩塑性区边界方程的力学模型[24-26,189-198]，在现有数学力学方法条件下，地下井巷围岩弹塑性问题往往采用圆形巷道平面应变模型来进行研究。参考目前井巷围岩受力模型的假设条件、考虑因素、建立方法，考虑到地下实际条件复杂多变，为方便研究且更易于找到规律需要做出以下假设：巷道长度远超过其直径；水平和垂直方向的地应力沿巷道长度方向不发生变化；巷道围岩为均匀的连续弹性体，无蠕变和黏性行为。可以采用平面应变的方法，在无限长的巷道长度里可以取巷道的任一截面作为其代表来进行研究。考虑地下构造应力、采动应力等复杂应力场非均匀分布特征，本章建立了非均匀应力场中巷道围岩受力模型，如图 3-1 所示。图中 a 为巷道半径，r 和 θ 为坐标系中任意一点的极坐标；巷道周围复杂的应力环境用区域主应力场表示（巷道在无限大的实际地下环境中，一定范围内的巷道围岩受力情况可用巷道所在区域内的主应力来衡量，称为区域主应力），P_1 为区域主应力场最大围压，P_3 为区域主应力场最小围压，通过最大最小围压的比值 η 来反映区域应力场分布的不均匀程度，见式(3-1)。巷道围岩力学模型考虑了地下采动应力等复杂应力场非均匀分布特征，通过模型中双向围压的大小、方向、比值来反映复杂应力场。

$$\eta = \frac{P_1}{P_3} > 1 \tag{3-1}$$

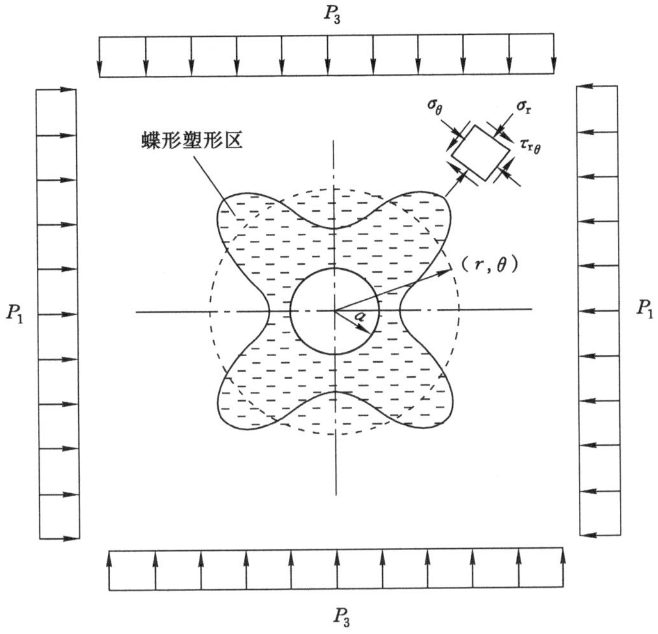

图 3-1 非均匀应力场中巷道围岩受力模型

根据弹性力学相关研究成果，得到非均匀应力场中圆孔周边任意一点的应力解，见式(3-2)。

$$\begin{cases} \sigma_r = \dfrac{P_3}{2}\left[(1+\eta)\left(1-\dfrac{a^2}{r^2}\right)+(\eta-1)\left(1-4\dfrac{a^2}{r^2}+3\dfrac{a^4}{r^4}\right)\cos 2\theta\right] \\ \sigma_\theta = \dfrac{P_3}{2}\left[(1+\eta)\left(1+\dfrac{a^2}{r^2}\right)-(\eta-1)\left(1+3\dfrac{a^4}{r^4}\right)\cos 2\theta\right] \\ \tau_{r\theta} = \dfrac{P_3}{2}\left[(1-\eta)\left(1+2\dfrac{a^2}{r^2}-3\dfrac{a^4}{r^4}\right)\sin 2\theta\right] \end{cases} \tag{3-2}$$

式中 σ_r——任一点的径向应力；

σ_θ——任一点的切向应力；

$\tau_{r\theta}$——任一点的剪应力。

文献[192]采用目前应用最广泛的摩尔-库仑强度准则为岩石在某种应力状

态下的破坏判据，如图 3-2 所示，将非等压条件下圆形巷道周围任一点的应力计算式(3-2)代入强度准则中，经过求解得到非均匀应力场中圆形巷道围岩塑性区边界 8 次方隐性方程，见式(3-3)。

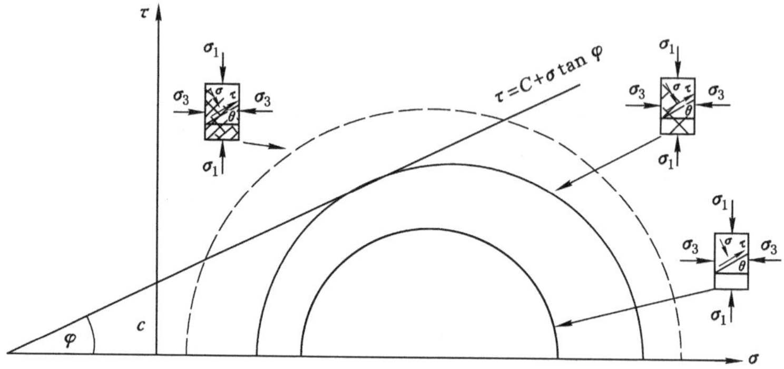

C—岩石的黏聚力；φ—岩石的内摩擦角；σ_1、σ_3—单元体最大、最小主应力。

图 3-2　摩尔-库仑强度准则原理图

$$f\left(\frac{a}{r}\right)=K_1\left(\frac{a}{r}\right)^8+K_2\left(\frac{a}{r}\right)^6+K_3\left(\frac{a}{r}\right)^4+K_4\left(\frac{a}{r}\right)^2+K_5=0 \quad (3\text{-}3)$$

式中　$K_1=9(1-\eta)^2$；

$K_2=-12(1-\eta)^2+6(1-\eta^2)\cos 2\theta$；

$K_3=10(1-\eta)^2\cos^2 2\theta-4(1-\eta)^2\sin^2\varphi\cos^2 2\theta-2(1-\eta)^2\sin^2 2\theta-4(1-\eta^2)\cos 2\theta+(1+\eta)^2$；

$K_4=-4(1-\eta)^2\cos 4\theta+2(1-\eta^2)\cos 2\theta-4(1-\eta^2)\sin^2\varphi\cos 2\theta-\dfrac{4C(1-\eta)\sin 2\varphi\cos 2\theta}{P_3}$；

$K_5=(1-\eta)^2-\sin^2\varphi\left(1+\eta+\dfrac{2C\cos\varphi}{P_3\sin\varphi}\right)^2$。

式(3-3)即为文献[192]中非均匀应力场中圆形巷道围岩塑性区边界方程，根据式(3-3)可研究非均匀应力场中圆形巷道围岩塑性区形态演化规律。

3.1.2　圆形巷道围岩塑性区基本形态及演化规律

3.1.2.1　*研究方法及思路*

为了理论的可解，非均匀应力场中圆形巷道围岩塑性区边界方程在模型建立及求解过程中做了诸多假设，为保证所得到的塑性区形态演化规律的可靠性，本章采用理论计算和数值模拟相结合的手段，来探究圆形巷道围岩塑性区形态演化规律。本章采用 FLAC^{3D}数值模拟对巷道围岩塑性区形态规律进行辅助对比研究，数值模拟建立的平板受力模型如图 3-3 所示。基于已有的数值模拟研究[189-199]，当巷道轴向两个面以位移固定约束时，模型厚度对围岩破坏的边界效应不明显，在巷道轴向上不同厚度、不同截面塑性区形态大小几乎一致，所以本章建立了巷道轴向位移约束的薄板受力数值模拟模型。建立的数值模拟模型足够大，保证模型边长是孔径的 40 倍以上，基于圣维南原理在地下足够大的空间范围内巷道的存在对边界影响可以忽略，所以模型边界采用四周位移约束，用 Initial 内力加载。巷道半径很小，即使 40 倍孔径尺寸的模型岩石自重相对原岩应力为微小量，不考虑模型内岩石自重影响。

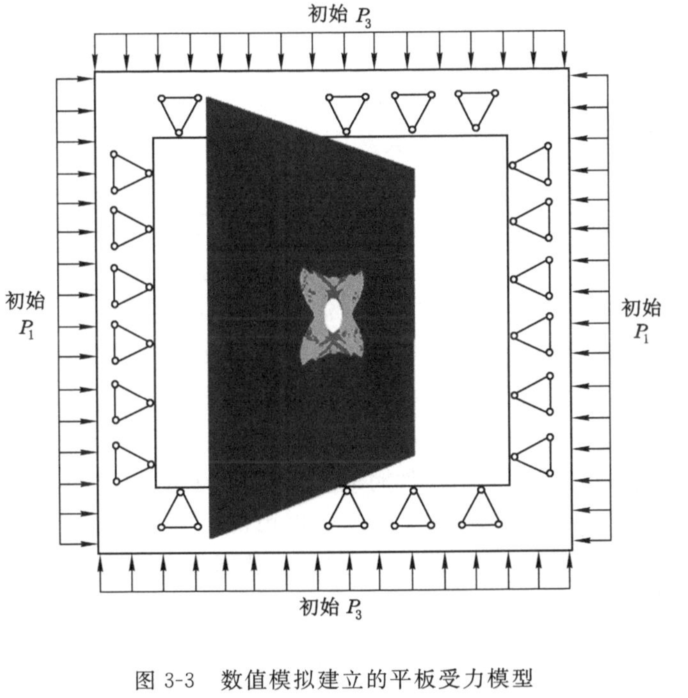

图 3-3 数值模拟建立的平板受力模型

3.1.2.2 模型围压的理论加载范围

在研究塑性区形态时，尤其是通过数值模拟研究塑性区形态演化规律时，都是在特定加载条件下计算得到的个例，如果以此来概括非均匀应力场中塑性区的一般形态为圆形、椭圆形及蝶形难以令人信服。为了更加全面地研究非均匀应力场中圆形巷道围岩塑性区形态、演化规律及扩展规律，本章确定了模型围压的理论极限加载条件，在理论加载范围内，研究所有可能存在的加载条件下圆形巷道围岩塑性区的形态及演化规律，对巷道围岩破坏区形态、扩展规律进行全面研究。这一节内容将为后文塑性区一般形态研究提供加载范围，所以概括为一般形态更加严密。

为全面认识各种围压条件下塑性区的一般形态，首先要在理论范围内确定对研究地下巷道围岩塑性区形态有意义的受力条件。在巷道存在以前围岩应处于弹性状态，巷道开挖后应力重新分布而形成具有一定形态的塑性区；如果巷道开挖前在原岩应力作用下围岩已经处于塑性状态，此时再探究巷道开挖后围岩塑性区形态是没有意义的。由摩尔-库仑破坏准则单元体处于弹性状态时应满足：

$$\sigma_1 < 2C\,\frac{\cos\varphi}{1-\sin\varphi}+\frac{1+\sin\varphi}{1-\sin\varphi}\sigma_3 \tag{3-4}$$

式中 σ_1——单元体所受最大主应力；

σ_3——单元体所受最小主应力。

巷道开挖前围岩处于原岩应力场，在图 3-1 无孔受力模型中单元体满足：$\sigma_1=P_1=\eta P_3$，$\sigma_3=P_3$，代入式(3-4)，并结合式(3-1)得研究圆形巷道围岩塑性区形态有意义的理论极限加载条件：

$$1\leqslant\eta<\frac{1+\sin\varphi}{1-\sin\varphi}+\frac{2C\cos\varphi}{P_3(-\sin\varphi)} \tag{3-5}$$

模型围岩的理论极限加载条件的提出将为后文更加全面地研究圆形巷道围岩塑性区基本形态及其演化规律提供更加严密的依据。

3.1.2.3 塑性区基本形态与演化规律

不同岩性岩石在改变围压条件时表现出相同的塑性区形态演化规律：$\eta=1$时，塑性区为圆形；η 由 1 开始增大时塑性区由圆形变为椭圆形；当 η 增大到一定值以后塑性区由椭圆形变为蝶形，随着 η 继续增大至极限值，塑性区只是尺寸增大而形态不会再发生变化。下面就一定岩性条件下塑性区的演化规律及各形态呈现的特征作详细说明。图 3-4 为岩石岩性一定，最小围压为20 MPa，在有意义的围压条件下($1\leqslant\eta\leqslant2.93$)通过变化围压比值来改变围岩受力状态得到塑性区一般形态演化图。在一般地质条件下，地应力场中巷道所受围压比值为1～2，且随着埋深增加围压比值逐渐趋近于 1；但是，在地质构造带及采动影响区域巷道围岩受叠加应力场作用，表现为围压比值的非常规性，围压比值最大可达到 10 倍以上[201-202]。所以，围压比值的极限值 2.93 是现实中有意义的值。

由图得：$\eta=1$ 时，为双向等压受力模型，塑性区边界方程(3-3)变形为圆的

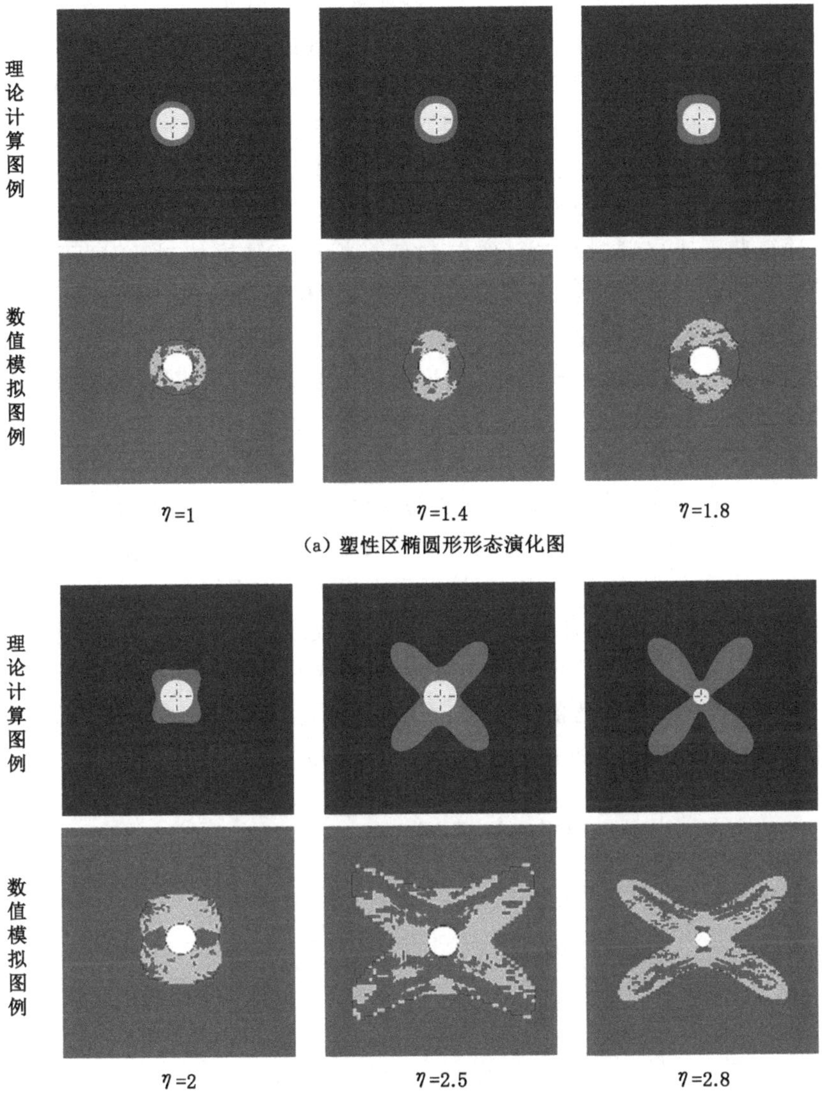

(b) 塑性区蝶形形态演化图

(P_3=20 MPa，a=2 m，C=3 MPa，φ=25°)

图 3-4 圆形巷道围岩塑性区一般形态力学演化图(理论计算与数值模拟对比)

标准方程，塑性区边界为规则的圆形，数值模拟与理论计算的塑性区形态一致，理论计算范围较数值模拟计算范围小；围压比值由 1 增大到 1.8 的过程中，如图 3-4(a)所示，塑性区水平方向逐渐变窄(相对竖直方向)，竖直方向逐渐变宽，塑性区边界最大半径在纵轴上、最小半径在横轴上，塑性区边界形成类似椭圆的形状，数值模拟与理论计算的塑性区形态一致，理论计算范围较数值模拟计算范围小；围压比值增大到一定值后再继续增大时，边界最大半径位置由纵轴处逐渐移向纵轴两侧，如图 3-4(b)所示，塑性区边界轮廓呈现坐标轴处凹陷、四个象限内凸出类似蝴蝶的形状，随着围岩比值的继续增大蝶形范围不断扩展但其形状特征不再发生变化，数值模拟与理论计算的塑性区形态一致，理论计算范围较数值模拟计算范围小。通过理论计算与数值模拟计算结果的对比分析研究发现，数值模拟与理论计算的塑性区形态一致、形态演化规律一致，塑性区形态均会呈现圆形、椭圆形、蝶形，理论计算范围较数值模拟计算范围偏小。

以上研究指出，理论计算范围的圆形巷道围岩塑性区范围较数值模拟计算范围小，为研究理论计算与数值模拟计算的偏差程度及两种计算方法得到的塑性区扩展规律的差别程度，下文以塑性区角部半径(塑性区最大半径)为研究指标，研究了两种计算方法下最大半径随围压比值的变化规律，如图 3-5 所示。由图可得，理论计算的塑性区半径较数值模拟计算半径普遍偏小，但是偏差程度不大；随着围压比值的增大，两种计算方法得到的塑性区最大半径变化规律一致，都随着围压比值的增大呈指数形式增长，围压比值较小时最大半径缓慢增长，围压比值达到一定值后最大半径加速增长。围压比值较小时，圆形巷道围岩塑性区呈圆形或椭圆形形态，塑性区范围较小；围压比值较大时，圆形巷道围岩塑性区呈蝶形形态，塑性区范围较大。两种计算方法得到的塑性区随围压比值扩展规律一致。

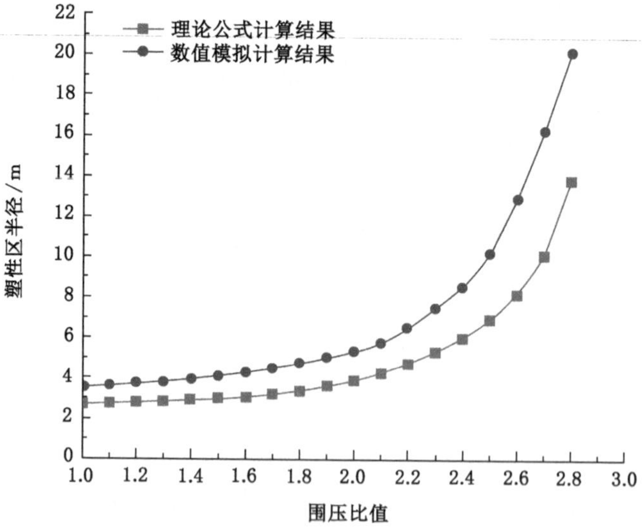

图 3-5　塑性区最大半径理论计算与数值模拟对比

塑性区边界方程没有考虑塑性应力的重新分布，实际上由于塑性应力的重新分布，应力会不断调整，围岩塑性区会不断扩大，所以理论计算结果较数值模拟计算结果在数值上偏小。通过以上研究可得，虽然理论计算较数值模拟计算在塑性区尺寸上结果偏小，但是两种计算方法得到的非均匀应力场中圆形巷道围岩塑性区形态一致，塑性区形态演化规律一致，塑性区随围压比值扩展规律一致。塑性区边界方程可作为理论工具对塑性区形态规律进行研究。

3.2 圆形巷道围岩塑性区形态的判定准则

基于非均匀应力场中圆形巷道围岩塑性区一般形态及其演化规律，一定围岩岩性条件下在模型围压的理论极限加载条件内，圆形巷道围岩表现出圆形、椭圆形、蝶形三种形态。虽然发现了非均匀应力场中圆形巷道围岩塑性区的三种基本形态，但是三种形态是从感官上对塑性区形态特征的概括描述，没有给出其具体的力学含义。且蝶形破坏为圆形及椭圆形形态之后的扩展形态，其尺度范围较大，对巷道围岩稳定性有重要影响，区别三种塑性区形态对地下工程灾害研究有重要的理论意义。三种形态形状特征明显，且均为边界方程控制下的显现形式，从数学力学角度考虑，三种形态必然对应三种不同的数学力学含义，为此基于圆形巷道围岩塑性区边界方程，研究了塑性区基本形态的数学力学含义，给出了三种形态的判定准则。

3.2.1 圆形巷道围岩塑性区基本形态的数学含义

由圆形巷道塑性区形态演化规律可知，不同围压条件下塑性区会出现三种形状：等压条件下（$\eta=1$）塑性区为圆形，非等压条件下（$\eta\neq1$）塑性区为椭圆形和蝶形。要明确区分椭圆形与蝶形并找到两种形态的界定条件，需要对非均匀应力场中圆形巷道围岩塑性区边界方程进行进一步探究。将塑性区边界隐性方程变形得到其等价式，见式(3-6)。

$$f(\cos 2\theta)=m_1\cos^2 2\theta+m_2\cos 2\theta+m_3=0 \tag{3-6}$$

式中 $m_1=[12(1-\eta)^2-4(1-\eta)^2\sin^2\varphi](\frac{a}{r})^4-8(1-\eta)^2(\frac{a}{r})^2$；

$m_2=6(1-\eta^2)(\frac{a}{r})^6-4(1-\eta^2)(\frac{a}{r})^4+$

$\left[2(1-\eta^2)-4(1-\eta^2)\sin^2\varphi-\frac{4C(1-\eta)\sin 2\varphi}{P_3}\right](\frac{a}{r})^2$；

$$m_3=9(1-\eta)^2(\frac{a}{r})^8-12(1-\eta)^2(\frac{a}{r})^6+[(1+\eta)^2-2(1-\eta)^2](\frac{a}{r})^4+4(1-\eta)^2(\frac{a}{r})^2+(1-\eta)^2-\sin^2\varphi(1+\eta+\frac{2C\cos\varphi}{P_3\sin\varphi})^2。$$

在非等压条件下 $\eta\neq1$，式(3-6)是关于 $\cos 2\theta$ 的一元二次方程，再次将式(3-6)变形为求根公式：

$$m_1\left(\cos 2\theta+\frac{m_2+\sqrt{m_2^2-4m_1m_3}}{2m_1}\right)\left(\cos 2\theta+\frac{m_2-\sqrt{m_2^2-4m_1m_3}}{2m_1}\right)=0 \tag{3-7}$$

在一定条件下，给定边界半径值方程(3-7)关于 $\cos 2\theta$ 有一个实根时，将有 4 个 θ 值与之对应；关于 $\cos 2\theta$ 有两个实根时，将有 8 个 θ 值与之对应。当塑性区边界为椭圆形时，给定任意边界半径作圆与塑性区边界最多有 4 个交点，如图 3-6 所示。得塑性区为椭圆形时的数学含义：任意边界半径条件下的边界方程关于 $\cos 2\theta$ 有且仅有 1 个实根。当塑性区边界为蝶形时，给定边界半径作圆与塑性区边界最多有 8 个交点，如图 3-7 所示，此时边界方程关于 $\cos 2\theta$ 有两个不相等的实根。

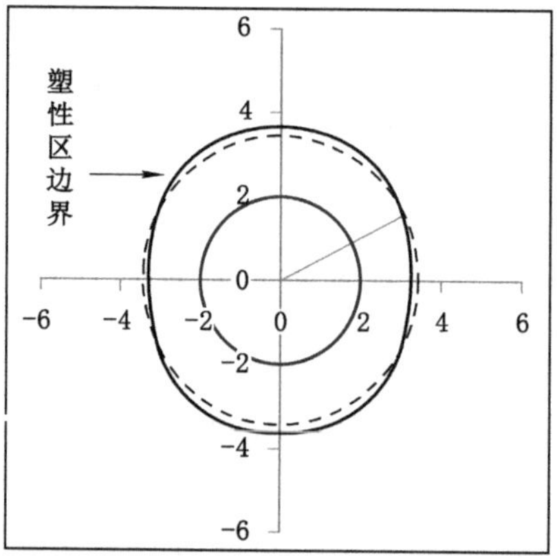

(P_3=30 MPa，a=3 m，C=3 MPa，φ=35°，η=1.35)

图 3-6　塑性区椭圆形边界含义示意图

基于边界形状特征及对应的数学含义对塑性区三种形态做出如下定义。

(1) 圆形形态：在双向等压条件下，塑性区边界为标准的圆形，定义为圆形形态。

(2) 椭圆形形态：塑性区边界最大半径在纵轴上、最小半径在横轴上，边界

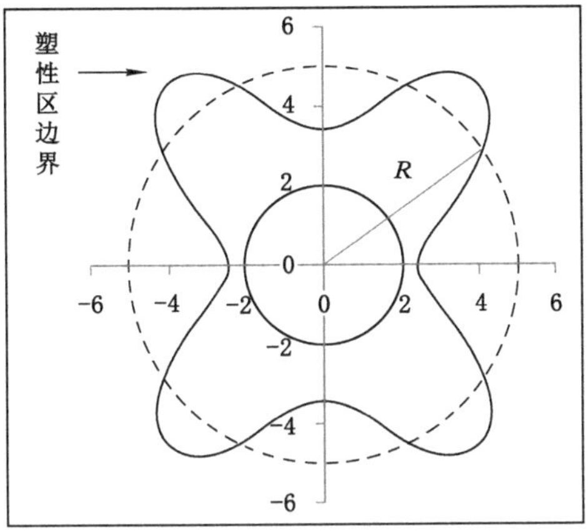

（P_3=30 MPa，a=3 m，C=3 MPa，φ=35°，η=3.4）

图 3-7　塑性区蝶形边界含义示意图

轮廓特征表现出类似椭圆的性质；以巷道中心为圆心作任意圆与塑性区边界最多有 4 个交点。

(3) 蝶形形态：塑性区边界最小半径在横轴上，最大半径在四个象限中，边界轮廓呈现坐标轴处凹陷、四个象限内突出类似蝴蝶的形状；以巷道中心为圆心作圆与塑性区边界最多可有八个交点。

实际地质条件下，由于岩层的非均质性及应力场的复杂性，塑性区形态远远不止三种，但是这些形态都是由塑性区一般形态叠加、旋转、复合而得。

3.2.2　圆形巷道围岩塑性区形态的判定准则

根据圆形巷道围岩塑性区边界轮廓形状的分类及定义可以看出，塑性区边界的最大、最小半径对表征轮廓特征有重要的作用：最大最小半径相等时塑性区形态为圆形；最大、最小半径均在坐标轴上时塑性区轮廓为椭圆形形态；最小半径在坐标轴上，且最大半径在四个象限的角分线附近时，为蝶形形态[211]。为了研究的方便，定义最大主应力方向所在直线为坐标系 x 轴，最小主应力方向所在直线为坐标系 y 轴。定义能够表征塑性区形态特征的边界半径为塑性区的特征半径，特征半径具体包括：在坐标轴横轴上的半径定义为横轴半径，用 R_x 表示；在坐标轴纵轴上的半径定义为纵轴半径，用 R_y 表示；塑性区的最大半径为 R_{max}，如图 3-8 所示。

由塑性区形态定义可知，椭圆形与蝶形最本质的区别为塑性区最大半径是否在纵坐标轴上。椭圆形时塑性区最大半径在纵轴上，以纵轴半径作圆与塑性

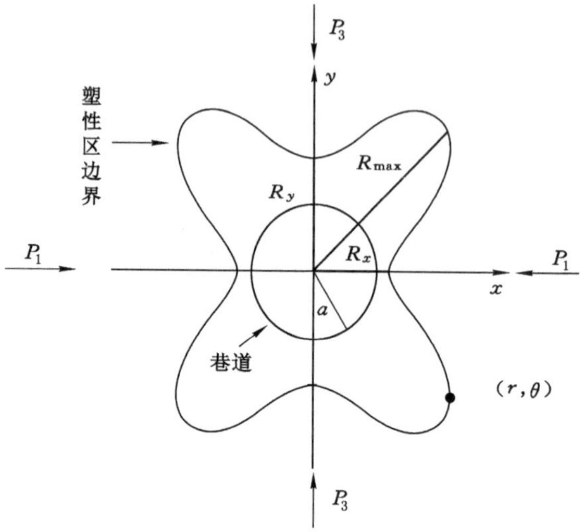

图 3-8　巷道围岩蝶形塑性区特征半径示意图

区边界只有两个交点，即当 $r=R_y$ 时边界方程(3-7)关于 cos 2θ 只有一个实数根；蝶形时塑性区最大半径不在坐标轴上，以纵轴半径作圆与塑性区边界有 6 个交点，即当 $r=R_y$ 时边界方程(3-7)关于 cos 2θ 有两个实数根。当 $r=R_y$ 时边界方程(3-7)关于 cos 2θ 有两个相等的实数根($\cos 2\theta=-1$)为椭圆形与蝶形的临界条件。R_y 对于求解塑性区形态判定准则至关重要，所以本章先求出 R_y 的表达式，本章对 R_y 的求解过程完全按照塑性区边界方程求解方法求得，所得 R_y 完全满足边界方程。把 $\theta=\pm\pi/2$ 代入式(3-2)中，得到圆形巷道围岩在纵轴线上任意一点的应力解：

$$\begin{cases}\sigma_{yr}=\dfrac{(P_1+P_3)}{2}\left(1-\dfrac{a^2}{r^2}\right)-\dfrac{(P_1-P_3)}{2}\left(1-4\dfrac{a^2}{r^2}+3\dfrac{a^4}{r^4}\right)\\ \sigma_{y\theta}=\dfrac{(P_1+P_3)}{2}\left(1+\dfrac{a^2}{r^2}\right)-\dfrac{(P_1-P_3)}{2}\left(1+3\dfrac{a^4}{r^4}\right)\\ \tau_{yr\theta}=0\end{cases} \tag{3-8}$$

式中　σ_{yr}——纵轴线上任一点的径向应力；

$\sigma_{y\theta}$——纵轴线上任一点的切向应力；

$\tau_{yr\theta}$——纵轴线上任一点的剪应力。

根据塑性区边界方程的求解方法本章对围岩弹塑性分析采用了摩尔-库仑破坏准则，纵轴塑性区边界处满足极限平衡条件：

$$\sigma_1 = 2C\frac{\cos\varphi}{1-\sin\varphi} + \frac{1+\sin\varphi}{1-\sin\varphi}\sigma_3 \tag{3-9}$$

式中　σ_1、σ_3——单元体最大、最小主应力。

单元体的最大、最小主应力与任一点应力解对应关系如下：

$$\begin{cases} \sigma_1 = \dfrac{\sigma_{yr}+\sigma_{y\theta}}{2} + \dfrac{1}{2}\sqrt{(\sigma_{yr}-\sigma_{y\theta})^2 + 4\tau_{yr\theta}^2} \\ \sigma_3 = \dfrac{\sigma_{yr}+\sigma_{y\theta}}{2} - \dfrac{1}{2}\sqrt{(\sigma_r-\sigma_\theta)^2 + 4\tau_{ry\theta}^2} \end{cases} \tag{3-10}$$

径向力和切向力作差得：$\sigma_{yr}-\sigma_{y\theta} = -(P_1+P_3)\dfrac{a^2}{r^2} + (P_1-P_3)\left(3\dfrac{a^4}{r^4} - 2\dfrac{a^2}{r^2} + 1\right)$，得 $\sigma_{yr}-\sigma_{y\theta}<0$ 恒成立，则式(3-10)变形为：

$$\begin{cases} \sigma_1 = \sigma_{y\theta} \\ \sigma_3 = \sigma_{yr} \end{cases} \tag{3-11}$$

根据摩尔-库仑破坏准则，在纵轴弹塑性交界处满足极限平衡条件：

$$\sigma_{y\theta} = 2C\frac{\cos\varphi}{1-\sin\varphi} + \frac{1+\sin\varphi}{1-\sin\varphi}\sigma_{yr} \tag{3-12}$$

令 $Y=a^2/r^2$，得塑性区纵轴边界方程：

$$a_1Y^2 + b_1Y + c_1 = 0 \tag{3-13}$$

式中　$a_1 = \dfrac{6(\eta-1)}{(1-\sin\varphi)}$；

$b_1 = (1+\eta) - \dfrac{(3\eta-5)(1+\sin\varphi)}{(1-\sin\varphi)}$；

$c_1 = 2\eta - \dfrac{4C\cos\varphi}{P_3(1-\sin\varphi)} - \dfrac{2(1+\sin\varphi)}{1-\sin\varphi}$。

求解式(3-13)得：

$$Y_1 = \frac{-b_1 + \sqrt{b_1^2 - 4a_1c_1}}{2a_1} \tag{3-14}$$

$$Y_2 = \frac{-b_1 - \sqrt{b_1^2 - 4a_1c_1}}{2a_1} \tag{3-15}$$

在建立的巷道围岩受力模型中，巷道开挖前围岩处于原岩应力场，单元体的最大、最小主应力分别为水平应力和垂直应力，由于巷道开挖前围岩应力处于弹性状态，根据摩尔-库仑破坏准则单元体满足关系：

$$P_1 < 2C\frac{\cos\varphi}{1-\sin\varphi} - \frac{1+\sin\varphi}{1-\sin\varphi}P_3 \tag{3-16}$$

所以 $a_1>0, c_1<0$，进而可推出 $-b_1-\sqrt{b_1^2-4a_1c_1}<0$，即 $Y_2<0$，Y_2 无意义应该舍去。得圆形巷道围岩塑性区特征半径纵轴半径解析式：

$$R_y=\frac{a\sqrt{2a_1}}{\sqrt{-b_1+\sqrt{b_1^2-4a_1c_1}}} \tag{3-17}$$

当 $r=R_y$ 时边界方程(3-7)关于 $\cos 2\theta$ 有两个实数根。当 $r=R_y$ 时边界方程(3-7)关于 $\cos 2\theta$ 有两个相等的实数根($\cos 2\theta=-1$)为椭圆形与蝶形的临界条件。此时满足：$m_2^2-4m_1m_3=0$ 且 $\frac{m_2}{2m_1}=1$。当岩石岩性、所受围压条件已知时，R_y 有确定的解，m_1、m_3 是关于 R_y 的函数也有确定的解。根据塑性区各形态数学含义可求出塑性区形态判定准则，下面分两种情况加以讨论。

(1) $R_y\leqslant a\sqrt{\frac{3-\sin^2\varphi}{2}}$ 时 $m_1\geqslant 0$，研究表明，当岩石强度高所受的围压小时，才会出现这种情况，此时塑性区范围很小，巷道围岩稳定，塑性区表现为椭圆形形态，此时满足 $\frac{m_2}{2m_1}<0$。

(2) $R_y>a\sqrt{\frac{3-\sin^2\varphi}{2}}$ 时 $m_1<0$，塑性区为椭圆形形态时，边界方程(3-7)关于 $\cos 2\theta$ 只有一个实数根，满足：$\frac{m_2-\sqrt{m_2^2-4m_1m_3}}{2m_1}>1$ 且 $\frac{m_2+\sqrt{m_2^2-4m_1m_3}}{2m_1}=1$，解得 $\frac{m_2}{2m_1}>1$；蝶形形态时方程(3-7)关于 $\cos 2\theta$ 有两个不相等的实数根，满足：$\frac{m_2-\sqrt{m_2^2-4m_1m_3}}{2m_1}=1$ 且 $\frac{m_2-\sqrt{m_2^2-4m_1m_3}}{2m_1}<1$，解得 $0<\frac{m_2}{2m_1}<1$。得非均匀应力场中圆形巷道塑性区椭圆形与蝶形形态判定准则：

$$\begin{cases}\frac{m_2}{2m_1}\geqslant 1 \text{ 或 } \frac{m_2}{2m_1}\leqslant 0\text{，椭圆形}\\ 0<\frac{m_2}{2m_1}<1\text{，蝶形}\end{cases} \tag{3-18}$$

3.2.3 圆形巷道围岩塑性区形态系数

由式(3-18)可得，在非均匀应力场中 $\frac{m_2}{2m_1}$ 的值决定了塑性区的形状特征，其中 m_1、m_2 是关于 R_y 的函数，式(3-17)给出了 R_y 的解析式，在岩石岩性、所受围压条件确定的情况下,可根据$\frac{m_2}{2m_1}$的值判定塑性区的形态。定义τ为塑性区形态系数,得:

$$\tau=\frac{m_2}{2m_1} \tag{3-19}$$

式中　$m_1=[12(1-\eta)^2-4(1-\eta)^2\sin^2\varphi](\frac{-b_1+\sqrt{b_1^2-4a_1c_1}}{2a_1})^2-8(1-\eta)^2(\frac{-b_1+\sqrt{b_1^2-4a_1c_1}}{2a_1})$;

$m_2=6(1-\eta^2)(\frac{-b_1+\sqrt{b_1^2-4a_1c_1}}{2a_1})^3-4(1-\eta^2)(\frac{-b_1+\sqrt{b_1^2-4a_1c_1}}{2a_1})^2+\left[2(1-\eta^2)-4(1-\eta^2)\sin^2\varphi-\frac{4C(1-\eta)\sin 2\varphi}{P_3}\right](\frac{-b_1+\sqrt{b_1^2-4a_1c_1}}{2a_1})$;

$a_1=\frac{6(\eta-1)}{1-\sin\varphi}$;

$b_1=(1+\eta)-\frac{(3\eta-5)(1+\sin\varphi)}{1-\sin\varphi}$;

$c_1=2\eta-\frac{4C\cos\varphi}{P_3(1-\sin\varphi)}-\frac{2(1+\sin\varphi)}{1-\sin\varphi}$。

不同岩性围岩在塑性区达到临界形态时会对应不同的围压条件,但是均满足$\tau=1$,形态系数对判断塑性区形态具有普遍意义。图3-9为塑性区形态系数与围压比值关系图,由图可得,塑性区形态系数与围压比值单调递减,结合图3-4塑性区形态演化规律,可用形态系数τ值大小表征塑性区形状特征:η接近于1时τ趋近无穷大,此时塑性区形态为标准圆形,随着τ值由无穷大减小到1,塑性区形态逐渐由圆形过渡到椭圆形;$\tau=1$时为椭圆形与蝶形临界,图3-9计算所得当$\eta=1.285$时$\tau=1$,也就说明图3-4中当$\eta=1.285$时已经达到椭圆与蝶形临界,图3-4中$\eta=1.4$处于椭圆向蝶形的过渡形态;经过椭圆到蝶形的过渡后随着形态系数τ值的继续减小塑性区形状将不再发生变化,塑性区进入蝶形扩展阶段。

综上所述,一定岩性条件下当围压改变时塑性区形态会经历三个阶段表现出三种形态,可用塑性区形态系数大小判别塑性区形态特征及其所处演化阶段:等压条件为圆形,此时τ值趋于无穷大;τ值由无穷大减小到1为圆形到椭圆形的过渡阶段,τ值越接近1塑性区椭圆特征越明显;$\tau=1$达到椭圆形与蝶形的临界状态,τ值由1开始减小塑性区形态逐渐由椭圆形过渡到蝶形,τ值越小蝶形

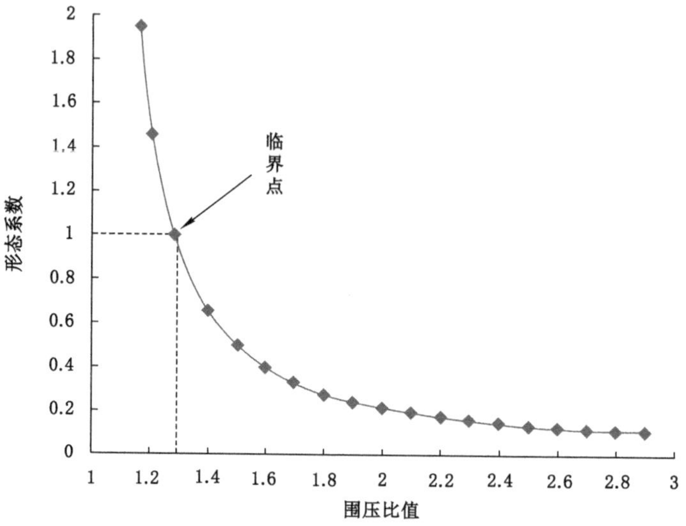

($P_3=20$ MPa, $a=2$ m, $C=3$ MPa, $\varphi=25°$)

图 3-9 塑性区形态系数与围压比值关系图

特征越明显;出现明显的蝶形后随着 τ 值的继续减小塑性区进入蝶形扩展阶段。可用形态系数判别塑性区形态,见式(3-20)。

$$\begin{cases} \tau=\infty, \text{圆形} \\ \tau \geqslant 1 \text{ 或 } \tau \leqslant 0, \text{椭圆形} \\ 0<\tau<1, \text{蝶形} \end{cases} \tag{3-20}$$

3.2.4 判定准则的数值模拟验证

应用 $FLAC^{3D}$ 软件采用数值模拟方法对圆形巷道塑性区形态演化规律进行分析验证。模型 x、y、z 方向几何尺寸为 20 m×0.1 m×20 m,巷道半径为2 m,单元格宽度为 0.1 m,建立了 25 600 个放射状网格。模型采用摩尔-库仑强度准则,为使塑性区形态演化规律的验证结果具有普遍意义,本章选择了力学性质不同的三种岩石材料进行模拟。三种材料物理力学参数的确定分别参照了实际地质条件中的煤、泥岩、砂质泥岩的力学参数[212]。依据理论计算的研究方法,控制竖直应力不变,通过变化水平应力来模拟不同受力状态下的围岩塑性区形态。具体岩石物理力学参数及不同形态下模型受力条件见表 3-1。

表 3-1 岩石力学参数

岩石名称	抗压强度/MPa	抗拉强度/MPa	弹性模量/GPa	泊松比	黏聚力/MPa	内摩擦角/(°)
煤	9.42	0.35	22.96	0.23	3	25
泥岩	20.78	1.91	10.35	0.24	6	30
砂质泥岩	34.57	4.39	2.69	0.22	9	35

数值模拟结果显示，岩石性质一定，在受力条件改变时，塑性区形态会经历三个阶段表现出圆形、椭圆形、蝶形三种形态。本章选择了塑性区形态演化过程中具有代表性的关键形态作为节点，通过相邻节点纵向对比来验证塑性区形态的演化规律，具体分析如下。

(1) 圆形形态

围压比值等于 1 模型处于双向等压受力状态，图 3-10 为双向等压条件下三种岩石材料的数值模拟塑性区形态图。由图可得，双向等压条件下三种岩石的塑性区形态均为圆形，此时形态系数 τ 值均趋于无穷大；不同之处表现为不同岩石性质对应塑性区范围不同，岩石的黏聚力、内摩擦角越大对应的塑性区范围越小；与理论分析结果吻合，在等压受力条件下圆形巷道塑性区形态为圆形。

煤 $\eta=1$　　泥岩 $\eta=1$　　砂质泥岩 $\eta=1$

$\tau=\infty$

图 3-10 数值模拟的塑性区圆形形态

(2) 椭圆形形态

由等压受力条件变为非等压受力条件时，随着水平应力的增大塑性区形态逐渐由圆形过渡到椭圆形，形态系数 τ 由无穷大减小到 1；$\tau=1$ 时塑性区椭圆特征最明显，故把 $\tau=1$ 时塑性区形态作为椭圆形态代表的节点，图 3-11 为 $\tau=1$ 时三种岩石材料的数值模拟塑性区形态图。由图可得，$\tau=1$ 时三种岩石材料的塑性区形态均为椭圆形，与理论分析结果一致；岩石的黏聚力、内摩擦角越大达到极限椭圆形态时所需的水平应力越大，但对应的塑性区范围越小，形态系数只可判别塑性区形状特征不能表征塑性区范围大小。

煤 $\eta=1.285$　　泥岩 $\eta=1.58$　　砂质泥岩 $\eta=2.14$

$\tau=1$

图 3-11　数值模拟的塑性区椭圆形形态

(3) 蝶形形态

$\tau=1$ 时塑性区形态达到椭圆极限，随着 τ 值的减小塑性区形态将由椭圆形过渡到蝶形，在过渡期间塑性区的蝶形特征不明显，直接观察无法辨识。为了方便观察，取 $\tau=0.15$ 时塑性区的形态作为蝶形形态代表的节点，图 3-12 为 $\tau=0.15$ 时三种岩石材料的数值模拟塑性区形态图。由图可得，$\tau<1$ 时三种岩石材料的塑性区形态均为蝶形，与理论分析结果一致；岩石的黏聚力、内摩擦角越大达到相同形态时所需的最大围压越大，但对应的塑性区范围越小；τ 一定时，塑性区形状特征相似，利用形态系数数值大小来表征塑性区形状特征是合理的。

煤 $\eta=2.35$　　泥岩 $\eta=2.58$　　砂质泥岩 $\eta=3.11$

$\tau=0.15$

图 3-12　数值模拟的塑性区蝶形形态

通过对塑性区形态的数值模拟结果分析，对比理论计算结果，可得出以下结论：① 数值模拟所得塑性区一般形态演化规律与理论计算结果吻合：一定岩性条件下当围压改变时塑性区形态会表现出圆形、椭圆形、蝶形三种形态。② 塑性区形态系数与塑性区形态的对应关系数值模拟结果与理论计算结果吻合，利用形态系数数值大小来表征塑性区形状特征是合理的。

3.3　不同巷道断面形状条件下蝶形判定准则的适用性分析

3.3.1　研究方法及思路

上文基于圆形巷道围岩塑性区边界方程研究了非均匀应力场中圆形巷道围岩破坏区的形态演化规律，并给出圆形巷道围压塑性区形态判定准则。在目前数学力学研究现状下，关于非圆形断面，如矩形、梯形、直墙半圆拱形，这些在煤矿井下较常见的巷道断面形状，在非均匀应力场中巷道围岩应力解析解到目前仍然没有得到[177-178]，对于非圆形断面形状条件下的巷道围岩塑性区形态规律的研究到目前为止只能借助圆形巷道围岩塑性区的相关理论。塑性区形态判定准则在圆形巷道条件下得到，圆形巷道得到的塑性区演化规律是否仍然适用于非圆形断面，非圆形断面形状和圆形断面形状的蝶形塑性区又有多大差别，本章将采用数值模拟的手段对非圆形断面巷道围岩蝶形破坏规律与圆形巷道条件下的破坏规律进行对比研究。

鉴于目前煤矿井下巷道断面的常见形状，本章选择了圆形、方形、矩形、直墙半圆拱形四个断面形状进行对比分析，如图 3-13 所示。不同巷道断面尺寸选择同样参照了煤矿井下巷道的断面尺寸，具体尺寸如下，圆形巷道尺寸：半径 $a=2$ m；为了使得到的破坏区尺寸与圆形断面有可比性，方形、矩形、直墙半圆拱形分别以所选圆形为外接圆。数值模拟采用的围岩参数参考了煤岩力学参数（$C=3$ MPa，$\varphi=25°$，单轴抗压强度 $R_C=10$ MPa）。

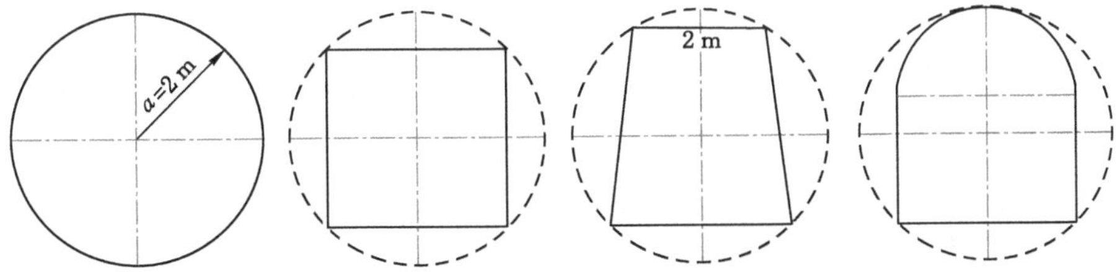

图 3-13　不同形状巷道断面的几何图形

基于上文揭示的圆形巷道围岩塑性区形态演化规律：双向等压条件下巷道围岩破坏区为圆形形态，随着双向围岩比值的增大围岩破坏区逐渐由圆形变为椭圆形再到蝶形。在一般煤岩性质条件下，围压比值为 1 时破坏区为圆形，围压比值大于 1 小于 2 时破坏区为椭圆形，围岩比值大于 3 时破坏区将以蝶形形态扩展。基于以上研究结果，以 24 MPa 应力水平为例，确定了四种断面形状模型的加载条件：圆形时 $P_1 = P_3 = 24$ MPa，椭圆形时 $P_1 = 2P_3 = 24$ MPa，蝶形时 $P_1 = 3P_3 = 24$ MPa，蝶形扩展时 $P_1 = 3.5P_3 = 24$ MPa，得到的数值模拟结果如图 3-14 所示。

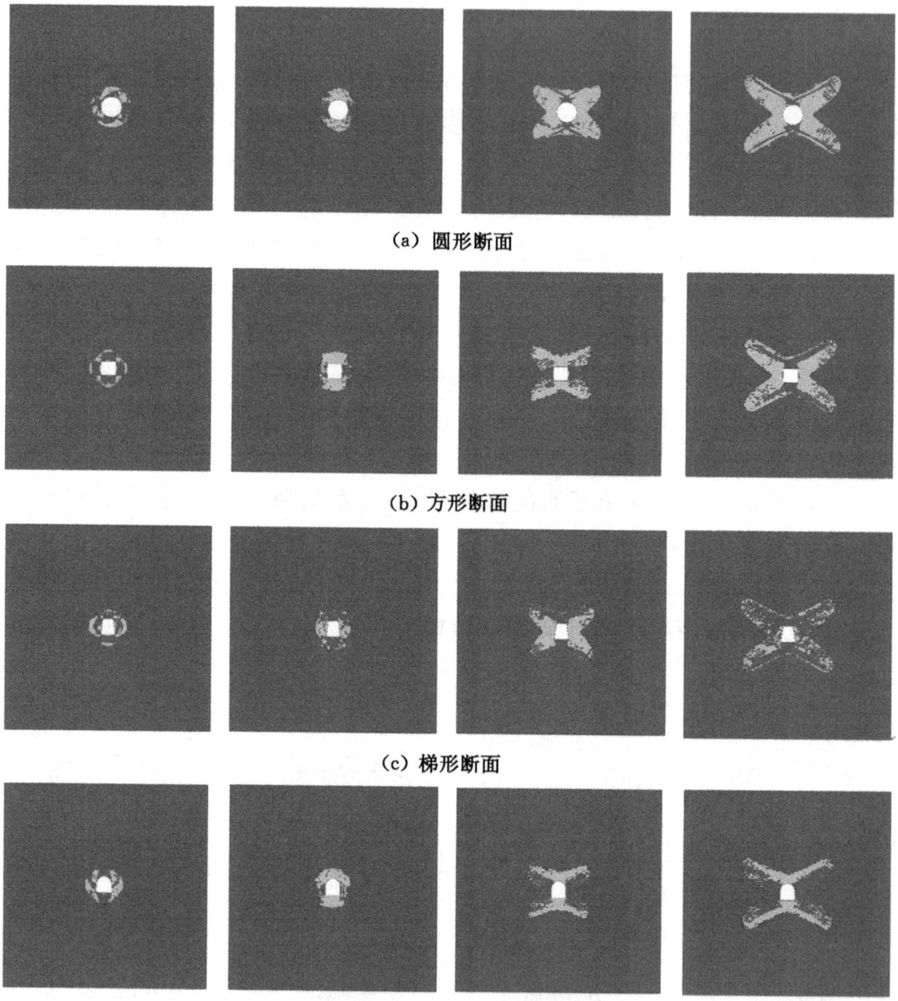

(a) 圆形断面

(b) 方形断面

(c) 梯形断面

(d) 直墙半圆拱形断面

图 3-14　不同巷道断面形状的蝶形破坏

3.3.2　不同巷道断面形状条件下蝶形塑性区的相似性

不同巷道断面模型在相同的应力条件下模拟的破坏区形态结果如图 3-14

所示。基于模拟结果，可以看出不同巷道断面形状的蝶形破坏规律表现出一致性。围压比值为 1 时（$P_1=P_3=24$ MPa），圆形巷道围岩塑性区为标准的圆形，塑性区范围沿着圆形断面均匀分布；方形、梯形、直墙半圆拱形巷道围岩塑性区相比圆形时有所差异，但基本都沿着巷道断面形状均匀分布，可近似视为圆形形态；随着围压比值的增大。当围压比值达到 2 时（$P_1=2P_3=24$ MPa），圆形巷道围岩塑性区表现为顶底范围较大，两帮范围较小，塑性区范围较均匀分布表现为椭圆形形态；方形、梯形、直墙半圆拱形巷道围岩塑性区相比圆形时有所差异，但是均表现出巷道顶底塑性区范围较大两帮塑性区范围较小的特征，可近似视为椭圆形形态。当围压比值达到 3 时（$P_1=3P_3=24$ MPa），圆形、方向、梯形、直墙半圆拱形四种断面形状的巷道围岩均出现了蝶形塑性区，且蝶形塑性区的形态及范围大小几乎一致。当围压比值达到 3.5 时（$P_1=3.5P_3=24$ MPa），巷道围岩蝶形塑性区只是在范围上的扩展，塑性区形态不再发生变化，四种断面形状的巷道围岩蝶形塑性区分布特征一致。当巷道围岩出现蝶形塑性区后，巷道断面形状对塑性区的影响变得很小，不同断面形状巷道围岩的蝶形塑性区表现出一致性。通过不同断面形状巷道围岩破坏区形态演化的对比分析，发现不同断面形状巷道围岩塑性区形态演化规律及蝶形分布特征表现出极大的相似性，圆形巷道围岩条件下得到的塑性区形态演化规律及形态判定准则在非圆形巷道断面情况下依然可以适用。蝶形破坏的相关规律对于不同断面形状巷道具有普遍适用性。

3.3.3 判定准则的适用性分析

随着围压比值的增大，4 种断面形状巷道围岩塑性区形状均由圆形及近似圆形过渡为椭圆形及近似椭圆形，围压比值达到一定值后，出现蝶形塑性区，然后塑性区以蝶形形态扩展。双向等压条件时，圆形巷道围岩塑性区形态为标准圆形，其他 3 个断面形状巷道围岩塑性区出现微小变异，在某些位置塑性区出现微小突出或凹陷，但这些变化程度很小，可视为近似圆形；围压比值较小时，圆形巷道围岩塑性区形态为椭圆形，其他 3 个断面形状巷道围岩塑性区出现微小变异，可视为近似椭圆；随着围压比值的增大，4 个断面形状的巷道围岩均出现了蝶形塑性区，巷道形状的边界效应几乎消失，蝶形破坏形态几乎完全一致，且随着围压比值的增大塑性区呈蝶形扩展。不同断面形状巷道围岩塑性区形态演化规律表现出一致性，围岩应力环境和围岩自身力学参数满足蝶形塑性区产生的条件时，无论巷道断面为何种形状，巷道围岩均会形成蝶形塑性区。巷道围岩蝶形塑性区一旦形成，巷道断面的形状对塑性区的蝶形形态影响不大，圆形条件下得到的巷道围岩蝶形塑性区规律，在非圆形断面条件下依然适用。圆形巷道条件下得到的围岩塑性区形态演化规律及形态判定准则在非圆形巷道断面情况下依然适用。蝶形破坏的相关规律对于不同断面形状巷道具有普遍适用性。

3.4 层状围岩条件下蝶形判定准则的适用性分析

本章以上内容研究了非均匀应力场中巷道围岩塑性区形态演化规律及不同断面形状条件下蝶形破坏的相似性。以上规律均是在巷道围岩为均匀介质的条件下得到，而在实际的地质条件下，围岩呈层状赋存，岩层间围岩力学性质差异很大，在这样的围岩环境条件下，蝶形塑性区的力学行为特征又将如何，针对地下围岩的层状赋存特征，围绕巷道围岩蝶形塑性区的形态演化规律，下面将详细研究层状围岩条件下巷道围岩蝶形塑性区的形态规律，以此来探索蝶形塑性区判定准则在层状围岩条件下的适用性。

3.4.1 层状围岩下蝶叶的缺失行为

岩石的破坏是应力与岩石力学性质相互作用的结果，从岩石破坏理论考虑，当应力超过岩石强度后岩石就会发生破坏。均质围岩条件获得的巷道围岩蝶形破坏，在实际岩体环境中仍然适用，只是蝶形破坏区具有围岩选择特性。蝶形破坏区形成过程中，会优先沿着强度较小的岩层扩展，强度较高的岩层可以减小甚至阻止蝶叶的扩展，致使均质围岩中出现的 4 个蝶叶发生部分缺失，如图 3-15 所示。图 3-15 为数值模拟计算结果，巷道采用方形断面，岩层的倾角不同，硬岩会对蝶叶扩展造成不同程度的阻隔，为研究蝶叶缺失的规律，设定岩层倾角为 45°。岩层以巷道位置为分界线分为上、中、下三层，如图 3-15(a)所示，加载条件为 $P_1=3P_3=24$ MPa，软岩采用煤岩力学参数($C=3$ MPa，$\varphi=25°$，$R_C=10$ MPa)，硬岩力学参数参考砂岩($C=9$ MPa，$\varphi=35°$，$R_C=40$ MPa)。

在均匀介质中，一定围压条件下，巷道围岩出现了蝶形塑性区，塑性区包含 4 个完整的蝶叶，如图 3-15(b)所示。硬岩分布在下岩层中，在相同的应力条件下，蝶形破坏的蝶叶被硬岩阻断，蝶形破坏出现了蝶叶的缺失，如图 3-15(c)所示，与图 3-15(b)相比，处在软岩中的蝶形破坏与在均质围岩中的蝶形破坏完全一致，在硬岩中的岩石强度较大，岩石没有发生破坏，蝶叶被阻隔。硬岩分布在上下两层中时，同样在相同的应力条件下，破坏区蝶叶被硬岩层阻断，蝶形破坏区出现了两个蝶叶的缺失，如图 3-15(d)所示，与图 3-15(b)相比，处在软岩中的蝶形破坏与在均质围岩中的蝶形破坏完全一致，只是处在硬岩中的蝶叶被阻断。在均质围岩条件下获得的巷道围岩蝶形破坏规律，在实际的工程地质条件中仍然适用，只是实际围岩的层状赋存对蝶形破坏造成不同程度的阻隔。

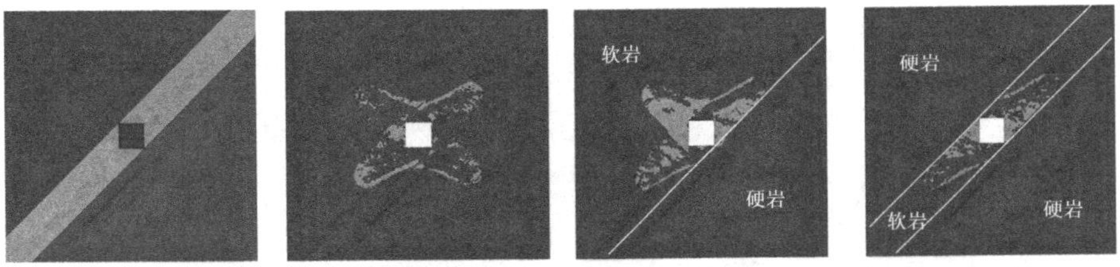

(a) 倾斜层状模型 (b) 四个蝶叶 (c) 三个蝶叶 (d) 两个蝶叶

图 3-15 层状围岩条件下蝶叶的缺失

在实际地质条件中，煤层与其相邻岩层的强度往往存在较大的差异，煤层的岩石强度一般明显小于相邻岩层的岩石强度；另一方面，煤层的厚度和倾角在实际地质条件中往往发生变化，甚至在向斜轴部发生大角度弯曲，这两方面的原因导致在煤层中不同位置掘进巷道的顶板、帮和底板表现出不同的破坏形态，巷道围岩中的蝶叶数量可能减为 3 个、2 个甚至 1 个。在实际的煤矿井下巷道围岩的蝶形破坏被强度较高的坚硬岩层阻断，蝶形破坏具有围岩选择性显现特征，导致了蝶形破坏在实际的地质环境中的多样性及复杂性。

3.4.2 层状围岩下蝶叶的硬岩穿透行为

实际的地质条件中围岩呈层状赋存，岩层间岩石性质差异较大，上一小节研究了巷道围岩的蝶形破坏在坚硬岩层中的阻断现象，导致蝶形破坏表现出蝶叶缺失行为。在实际围岩层状赋存中，也存在软硬互层的情况，关于此时硬岩是否会阻断蝶形扩展，下面详细阐述软硬互层条件下蝶叶的穿透行为。

图 3-16 为数值模拟计算结果，模型中巷道采用方形断面，岩层以巷道位置为分界线，巷道所在岩层为软岩，向上、向下各有两层软硬岩互层，如图 3-16(b)所示，图 3-16(a)为软岩均值条件下的模拟结果作为对比。模拟加载条件为 $P_1=3P_3=24$ MPa，软岩采用煤岩力学参数($C=3$ MPa，$\varphi=25°$，$R_C=10$ MPa)，硬岩力学参数参考砂岩($C=9$ MPa，$\varphi=35°$，$R_C=40$ MPa)。由图可得，在相同的受力条件下，均质软岩巷道周围形成了规则的完整的蝶形破坏；在软硬层状相间的围岩条件中破坏区穿过坚硬岩层在软弱岩层中继续扩展，在硬岩夹层上方的弱岩中仍然以蝶形破坏形态存在。与均质围岩规则蝶形破坏相比，存在硬岩夹层后，蝶叶穿透硬岩在软岩中继续扩展，其破坏的形态及范围大小几乎没有发生变化。

在实际的煤矿地质环境中，巷道顶板经常出现软硬相间的复合岩层，蝶形破坏区的蝶叶可能发生跃透分布，即破坏区穿过硬岩在软岩中继续扩展。巷道顶板存在一定厚度的坚硬岩层时，蝶叶破坏区的围岩选择性会使其扩展受到一定

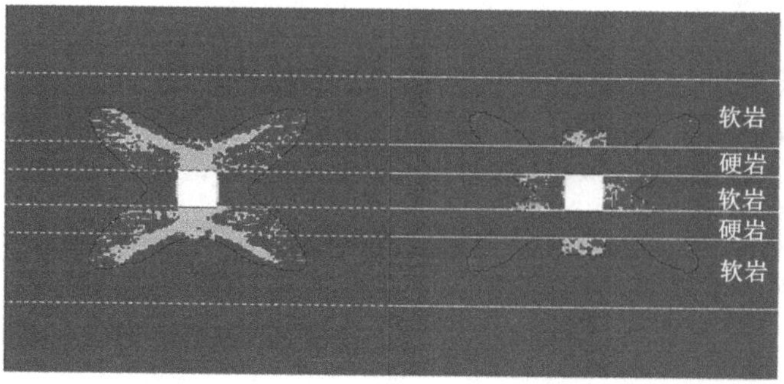

(a) 软岩均质　　(b) 软硬层状相间

图 3-16　层状围岩条件下蝶叶的穿透

影响,但坚硬岩层并不会阻断蝶叶的扩展,蝶叶会越过坚硬岩层在相邻的软弱岩层重新扩展。

3.4.3　判定准则的适用性分析

均值围岩条件获得的蝶形破坏规律,在实际工程岩体的层状围岩环境中仍然适用,只是蝶形破坏区具有围岩选择特性,力学性质不同的岩层中蝶叶的分布扩展规律不同。相比于均质围岩条件的规则形态,在非均质岩层组合岩体中,蝶形破坏区的形态会出现蝶叶缺失及穿透现象。尽管这些破坏区形态与标准蝶形直观上有所差别,但仍然符合蝶形破坏区的数学界定,蝶叶仍为围岩的最大破坏深度,而且位于两个主应力方向的夹角平分线附近,蝶形判定准则在层状围岩环境中仍然适用。

3.5　本章小结

本章以非均匀应力场中巷道围岩塑性区边界方程为基础,研究了圆形巷道围岩塑性区形态演化规律及不同形态对应的数学力学关系,推导出了塑性区形态判定准则,并通过数值模拟研究了不同断面形状及层状围岩条件下判定准则的适用性,得到如下结论。

(1) 获得了非均匀应力场中圆形巷道围岩塑性区形态演化规律:围压比值为 1 时为双向等压条件塑性区形态为圆形,随着围压比值的增大塑性区逐渐由圆形变为椭圆形,当围压比值达到一定之后围岩将出现蝶形塑性区,之后塑性区形态保持不变以蝶形形态扩展。

(2) 以边界方程为基础,在理论上给出了塑性区三种形态的数学力学含义。

圆形形态:在双向等压条件下,塑性区边界为标准的圆形,定义为圆形形态。椭圆形形态:塑性区边界最大半径在纵轴上最小半径在横轴上,边界轮廓特征表现出类似椭圆的性质;以巷道中心为圆心作任意圆与塑性区边界最多有四个交点。蝶形形态:塑性区边界最小半径在横轴上,最大半径在四个象限中,边界轮廓呈现坐标轴处凹陷四个象限内突出类似蝴蝶的形状;以巷道中心为圆心作圆与塑性区边界最多可有八个交点。

(3) 获得了非均匀应力场中圆形巷道围岩塑性区形态判定准则。

(4) 不同断面形状巷道围岩塑性区形态演化规律表现出一致性,围岩应力环境和围岩自身力学参数满足蝶形塑性区产生的条件时,无论巷道断面为何种形状,巷道围岩均会形成蝶形塑性区。巷道围岩蝶形塑性区一旦形成,巷道断面的形状对塑性区的蝶形形态影响不大,圆形条件下得到的巷道围岩蝶形塑性区规律,在非圆形断面条件下依然适用。

(5) 相比于均质围岩条件的蝶形塑性区的规则形态,在层状组合岩体中,蝶形塑性区的形态会出现蝶叶缺失及穿透现象,尽管这些塑性区形态与规则蝶形直观上有所差别,但仍然符合蝶形塑性区的数学界定,蝶叶仍为围岩的最大破坏深度,而且位于两个主应力方向的夹角平分线附近,蝶形判定准则在层状围岩环境中仍然适用。

4 蝶形塑性区的形成机制及蝶叶定向扩展特性

破坏区的形态及分布范围决定了巷道围岩的变形破坏程度，是巷道围岩稳定性分析及控制的关键参量。上一章研究了塑性区形态演化规律并给出形态判定准则，本章将研究蝶形塑性区范围的扩展规律。从塑性区形态演化规律角度分析，在一定应力条件下，蝶形塑性区是继圆形、椭圆形形态之后的塑性区扩展形态，当巷道围岩出现蝶形塑性区后，随着应力的变化塑性区将以蝶形形态扩展。蝶形塑性区的扩展表现为塑性区蝶叶的增大，掌握了蝶叶的扩展规律即可找到蝶形塑性区范围的分布规律。本章从蝶形塑性区的形成机制入手，通过理论分析、数值模拟及与已有岩石力学试验的对比分析研究了蝶形塑性区蝶叶的扩展方向，发现了蝶形塑性区蝶叶定向扩展特性，为巷道围岩稳定性分析提供范围分布的方位判据。

4.1 蝶形塑性区的形成机制及应力条件

4.1.1 圆形巷道周围环向应力场的分布规律

4.1.1.1 环向应力场的莫尔圆三要素

巷道开挖后地下应力场会在巷道周围发生有规律的重新分布，巷道周围不同位置处应力状态各不相同，本章以非均匀应力场中圆孔周围应力解为基础[应力解在式(3-2)中已给出]，探究应力场分布规律与围岩破坏规律的联系，进而揭示巷道围岩塑性区形态的力学本质。巷道周围应力解不能直接反映巷道围岩的破坏规律，单纯研究应力解的分布规律不能达到本章的目的，为了揭示巷道围岩的破坏机制，需要找到能够直接反映岩石破坏的应力参量。本章研究应力场分布规律时结合了岩石的强度准则，采用了在岩石力学领域应用最广泛的摩尔-库仑强度准则，如图 4-1 所示，试图从岩石破坏准则中找到能够直接反映岩石破坏的应力参量。

基于摩尔-库仑强度准则，岩石的破坏是由单元体应力摩尔圆与岩石材料抗剪包络线的相对位置来决定：相交或相切时单元体破坏失效，相离时单元体处于弹性状态。图 4-1 中，摩尔圆的圆心坐标(σ_m，τ_m)、半径大小(r_m)及过原点的切线斜率(k_m)共同决定了摩尔应力圆的性质，以及决定了摩尔圆与一定材料的包络线的相对位置，在一定程度上能够反映单元体应力的破坏能力，称之为摩尔圆三要素。

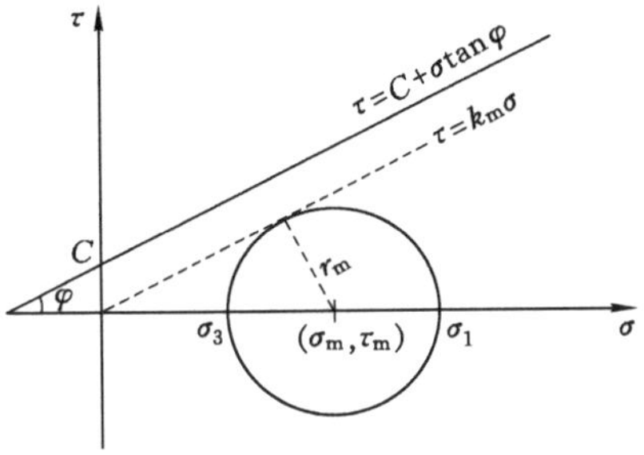

图 4-1　摩尔-库仑强度准则示意图

图 4-1 中 σ_1、σ_3 为单元体最大、最小主应力，C、φ 为岩石材料的黏聚力和内摩擦角。根据弹性力学相关研究成果[177-178]，巷道周边任意一点最大、最小主应力表达式见式(4-1)。

$$\begin{cases} \sigma_1 = \dfrac{\sigma_r + \sigma_\theta}{2} + \dfrac{1}{2}\sqrt{(\sigma_r - \sigma_\theta)^2 + 4\tau_{r\theta}^2} \\ \sigma_3 = \dfrac{\sigma_r + \sigma_\theta}{2} - \dfrac{1}{2}\sqrt{(\sigma_r - \sigma_\theta)^2 + 4\tau_{r\theta}^2} \end{cases} \tag{4-1}$$

不同应力状态导致应力对岩石的破坏能力也有所不同，材料有克服应力所能承受的极限强度，相应的应力也有破坏材料的能力大小。在此，定义应力破坏强度的含义，应力破坏强度表示应力对材料破坏能力的大小。在单一方向上可以用力的大小来衡量力的破坏能力，在摩尔-库仑强度准则条件下，用单一方向上力的大小已不能完全衡量应力的破坏能力。例如，在相同岩石材料条件下某点最大主应力很大，同时最小主应力也很大时，其摩尔圆圆心横坐标大半径小，摩尔圆反而不容易和材料强度包络线相交，该处应力对材料的破坏能力较弱。所以单纯地用主应力的大小来判别某一点应力的破坏力强弱不合理。本章以摩尔圆三要素为应力参量，结合破坏准则，研究了圆形巷道周围应力重新分布的规律。

(1) 摩尔圆圆心坐标

在图 4-1 摩尔-库仑强度准则示意图中，在摩尔圆半径一定的条件下，摩尔圆圆心越接近坐标原点越容易和材料的包络线相交，其应力破坏强度越大。用 σ_m、τ_m 分别表示摩尔圆圆心的横坐标和纵坐标，摩尔圆圆心坐标表达式见式(4-2)。

$$\begin{cases}\sigma_m = \dfrac{\sigma_1 + \sigma_3}{2} \\ \tau_m = 0\end{cases} \tag{4-2}$$

(2) 摩尔圆半径

在图 4 1 摩尔库仑强度准则示意图中，在摩尔圆圆心一定的条件下，摩尔圆半径越大越容易和材料的包络线相交，其应力破坏强度就越大。用 r_m 表示摩尔圆半径，摩尔圆半径表达式见式(4-3)。

$$r_m = \frac{\sigma_1 - \sigma_3}{2} \tag{4-3}$$

(3) 摩尔圆过原点切线斜率

在图 4-1 摩尔-库仑强度准则示意图中，摩尔圆半径一定圆心移动，或是摩尔圆圆心一定改变半径，都将改变摩尔圆过原点切线斜率。在摩尔圆圆心和半径都不固定时，可以结合摩尔圆过原点切线斜率来评估应力破坏强度。用 k_m 表示摩尔圆过原点切线斜率，其表达式见式(4-4)。

$$k_m = \frac{\sigma_1 - \sigma_3}{2\sqrt{\sigma_1\sigma_3}} \tag{4-4}$$

在摩尔-库仑强度准则条件下，摩尔圆三要素直接决定了摩尔圆与材料抗剪切包络线的相对位置，也决定了该处应力的破坏能力。可利用摩尔圆三要素来综合评价应力对材料的破坏能力。

巷道围岩出现的蝶形破坏必然由巷道周围应力场的分布特征来决定。根据上文的分析，本章研究巷道周围应力参量摩尔圆三要素的分布规律，进而来综合评价应力场的破坏强度分布规律。巷道围岩蝶形破坏表现出尖角式不均匀特性，其不均匀的几何分布是相对于巷道的圆形轮廓来衡量，所以，本章对巷道周围应力场分布规律的研究以巷道周围环向为空间布置形式。本章节对蝶形塑性区形成机制的研究仍采用第 2 章中巷道围岩的受力模型(图 2-1)，受力模型关于坐标轴相互对称，只需要研究第一象限内应力场的分布规律，所以本章研究的应力场分布规律极坐标 θ 范围满足：$0 \leqslant \theta \leqslant \pi/2$。

4.1.1.2 摩尔圆圆心坐标分布规律

由式(4-2)得摩尔圆圆心纵坐标始终为 0，只需要研究横坐标，由式(4-1)、式(4-2)得摩尔圆圆心横坐标表达式：

$$\sigma_m(\theta) = -P_3(\eta - 1)\left(\frac{a^2}{r^2}\right)\cos 2\theta + \frac{P_3(1+\eta)}{2} \tag{4-5}$$

在确定的地应力条件下，巷道周围围压一定，P_3 和 η 为常数，函数 $\cos 2\theta$ 在 $0 \leqslant \theta \leqslant \pi/2$ 上单调递减，巷道周围任意半径尺寸的环向 σ_m 在 $0 \leqslant \theta \leqslant \pi/2$ 区间是关

于 θ 的单调递增函数。在任意的应力条件和在巷道周围任意的环向位置，σ_m 在 $0\leqslant\theta\leqslant\pi/2$ 区间都是关于 θ 的单调递增函数。图 4-2 和图 4-3 分别为围压比值一定（$\eta=3$）巷道周围不同半径环向位置上 $\sigma_m(\theta)$ 的分布曲线和巷道周围环向位置一定（$r=3a$）不同围压比值条件下 $\sigma_m(\theta)$ 的分布曲线。式（4-5）中各项都含有公因式 P_3，图中以 P_3 的倍数作为纵坐标。由图可得，在不同的围压比值及环向位置，$\sigma_m(\theta)$ 在 $0\leqslant\theta\leqslant\pi/2$ 区间都是关于 θ 的单调递增函数，与理论分析一致。

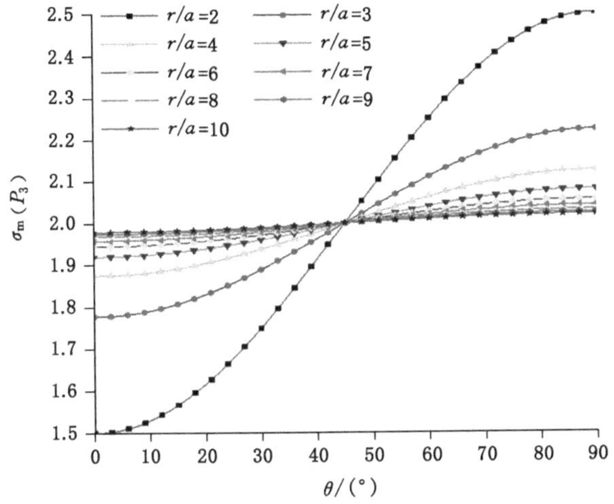

图 4-2　不同环向位置条件下摩尔圆圆心坐标分布规律

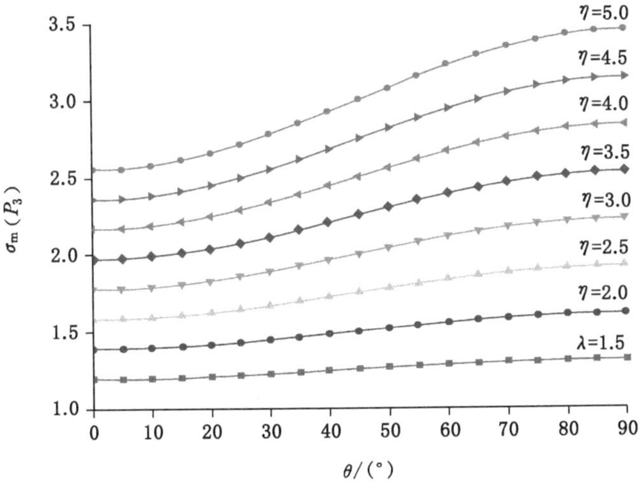

图 4-3　不同围压比值条件下摩尔圆圆心坐标分布规律

4.1.1.3 摩尔圆半径分布规律

由式(3-2)、式(4-1)、式(4-3)得摩尔圆半径表达式：

$$r_{\mathrm{m}}(\theta)=\frac{P_3}{2}\sqrt{A_1\cos^2 2\theta+B_1\cos 2\theta+C_1} \tag{4-6}$$

式中 $A_1=(\eta-1)^2(\frac{24a^6}{r^6}+\frac{12a^4}{r^4})$；

$B_1=2(\eta^2-1)(\frac{3a^6}{r^6}+\frac{2a^4}{r^4}+\frac{a^2}{r^2})$；

$C=-2(\eta^2-4\lambda+1)\frac{a^4}{r^4}+2(\eta-1)^2\frac{a^2}{r^2}+(\eta-1)^2$。

图 4-4 和图 4-5 分别为围压比值一定($\eta=3$)巷道周围不同半径环向位置上 $r_{\mathrm{m}}(\theta)$的分布曲线和巷道周围环向位置一定($r=3a$)不同围压比值条件下 $r_{\mathrm{m}}(\theta)$的分布曲线。由图 4-4 可得，$r_{\mathrm{m}}(\theta)$在 $r/a=2$ 至 $r/a=10$ 的范围内，随着极角的增大，先增大后减小，表现出具有峰值点的凸函数性质。同样，根据图 4-5 可得，不同围压比值条件下，随着极角的增大，$r_{\mathrm{m}}(\theta)$先增大后减小，同样表现为具有峰值点的凸函数性质。式(4-6)中，$A_1>0$，函数 $A_1\cos^2 2\theta+B_1\cos 2\theta+C_1$ 是关于 $\cos 2\theta$ 的开口向上的抛物函数，$\cos 2\theta$ 在$(0,\pi/2)$上单调递减，所以$r_{\mathrm{m}}(\theta)$表现为开口向下的凸函数性质。在任意的应力条件和在巷道周围任意的环向位置，函数 $r_{\mathrm{m}}(\theta)$是在 $0\leqslant\theta\leqslant\pi/2$ 上是关于 θ 的凸函数。

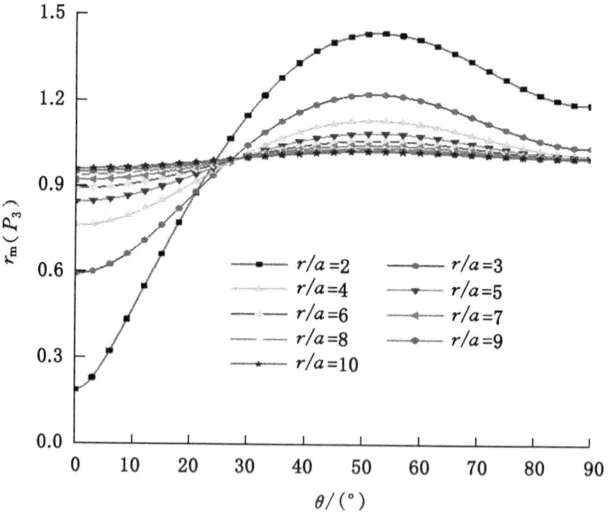

图 4-4 不同环向位置条件下摩尔圆半径分布规律

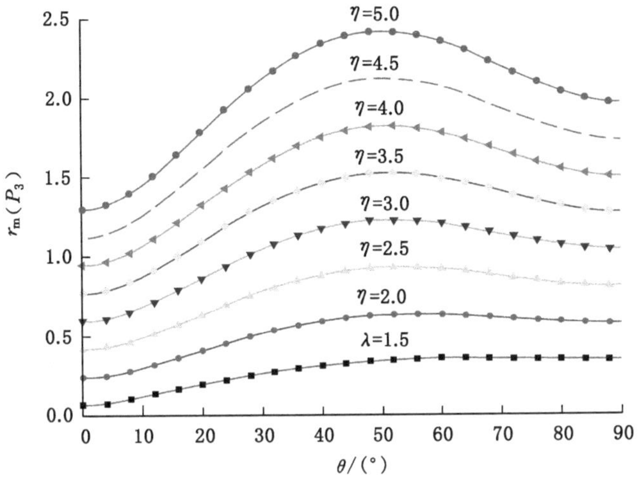

图 4-5 不同围压比值条件下摩尔圆半径分布规律

4.1.1.4 摩尔圆过原点切线斜率分布规律

由式(3-2)、式(4-1)、式(4-4)得摩尔圆过原点切线斜率表达式：

$$k_m(\theta)=\frac{\sqrt{A_2\cos^2 2\theta+B_2\cos 2\theta+C_2}}{\sqrt{A_2\cos^2 2\theta+B_2\cos 2\theta+C_2}} \tag{4-7}$$

式中 $A_2=(\eta-1)^2(-\frac{8a^2}{r^2}+\frac{8a^2}{r^2})$；

$B_2=(\eta^2-1)(-\frac{4a^4}{r^4}-\frac{2a^2}{r^2})$；

$C_2=(\eta-1)^2(-\frac{9a^8}{r^8}+\frac{12a^6}{r^6}-\frac{4a^2}{r^2})+(\eta^2-6\eta+1)\frac{a^4}{r^4}+4\eta$。

图 4-6 和图 4-7 分别为围压比值一定($\eta=3$)巷道周围不同半径环向位置上 $k_m(\theta)$的分布曲线和巷道周围环向位置一定($r=3a$)不同围压比值条件下$k_m(\theta)$的分布曲线。根据图 4-6，在 $r/a=2$ 至 $r/a=10$ 范围内，$k_m(\theta)$先增大后减小，表现出具有峰值点的凸函数性质。同样，根据图 4-7，$k_m(\theta)$先增加后减小，表现出具有峰值点的凸函数性质。在一定应力条件和巷道周围的环向位置，$k_m(\theta)$在 $0\leqslant\theta\leqslant\pi/2$ 上是关于 θ 的凸函数。

4.1.2 蝶形塑性区形成的力学机制

巷道周围应力场在环向方向上具有明显的分布特征，在任意确定的环向位置上，摩尔圆圆心横坐标单调递增，摩尔圆半径及摩尔圆过原点切线斜率先增大

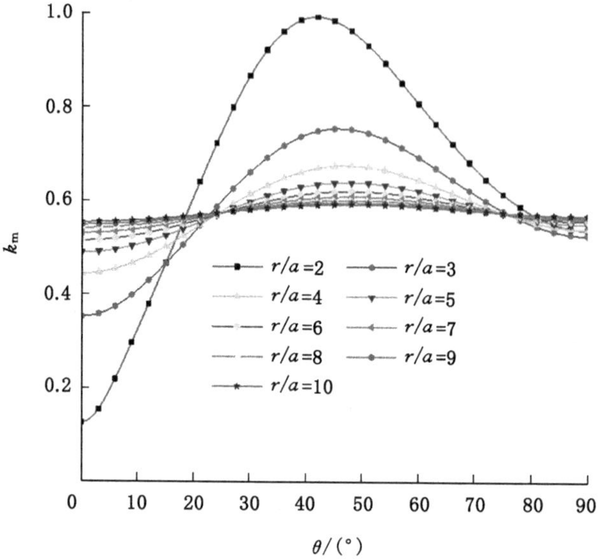

图 4-6　不同环向位置条件下摩尔圆过原点切线斜率分布规律

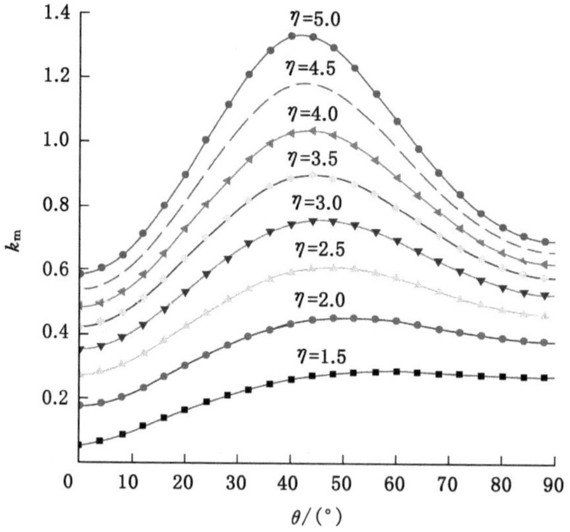

图 4-7　不同围压比值条件下摩尔圆过原点切线斜率分布规律

后减小为存在极大值点的凸函数。巷道周围应力场的这一分布特性决定了巷道围岩的蝶形破坏特征，下面将详细阐述巷道围岩蝶形破坏力学机制。

基于巷道周围应力场摩尔圆三要素的分布规律，首先将应力场在环向上划分为三个区域，如图 4-8 所示。摩尔圆过原点切线斜率 k_m 曲线极大值点对应的方位角记为 θ_{Am}，摩尔圆半径 r_m 曲线极大值点对应的方位角记为 θ_{Cm}，以 r_m 曲线和 k_m 曲线的极大值点为分界线，将巷道周围应力场在环向上划分为 A、B、C 三个区域。

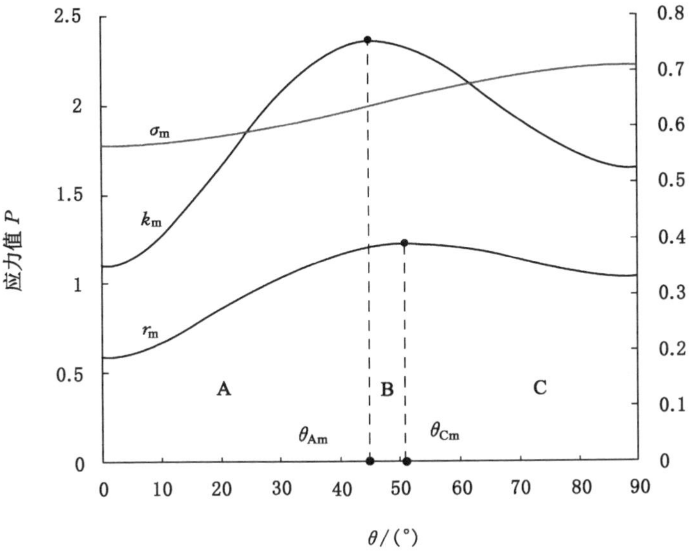

图 4-8　巷道周围应力场环向分区

由图 4-1 摩尔-库仑强度准则示意图可得 r_m/σ_m 是 k_m 相同角度对应的正弦值，与 k_m 单调性一致，由于 σ_m 单调递增，r_m 先单调递增后单调递减，所以 r_m/σ_m 的极大值点必定出现在 r_m 之前，k_m 与 r_m/σ_m 单调性一致，可得：

$$\theta_{Am} < \theta_{Cm} \tag{4-8}$$

至此，以 r_m 曲线和 k_m 曲线的极大值点为分界线，将巷道周围应力场在环向上划分为三个区域：A 区域 $0 \leqslant \theta < \theta_{Am}$，B 区域 $\theta_{Am} \leqslant \theta \leqslant \theta_{Cm}$，C 区域 $\theta_{Cm} < \theta \leqslant \pi/2$。下面详细分析不同区域内应力场的破坏强度特性。

（1）A 区域应力场破坏强度分析

设 A_1、A_2 为 A 区域内相同环向位置上的任意两点，对应的方位角分别为 θ_{A_1} 和 θ_{A_2}，且满足：$\theta_{A_1} < \theta_{A_2}$。基于图 4-8 中摩尔圆三要素的曲线分布规律，在 A 区域中，σ_m 单调递增，故 $\sigma_{mA_1} < \sigma_{mA_2}$；$r_m$ 单调递增，故 $r_{mA_1} < r_{mA_2}$；k_m 单调递增，故 $k_{mA_1} < k_{mA_2}$。得到 A_1、A_2 两处摩尔圆的相对位置示意图，如图 4-9 所示。

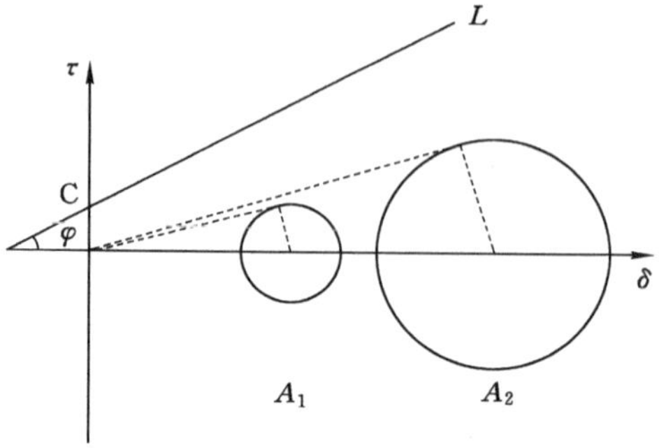

图 4-9　A 区域应力场破坏强度判别示意图

由于岩石材料的黏聚力 C 是恒大于 0 的值，所以任意有可能在 A_1、A_2 处发生破坏的岩石材料，其抗剪包络线 L 与 A_1 处摩尔圆相交时必定与 A_2 处摩尔圆相交，反之岩石材料抗剪包络线 L 与 A_2 处摩尔圆相交时却未必与 A_1 处摩尔圆相交。任何的岩石材料必将优先于在 A_2 处的应力条件下发生破坏，A_2 处的破坏强度始终高于 A_1 处的破坏强度。鉴于 A_1、A_2 为 A 区域内距离孔心相同距离的任意两点，所以在 A 区域内应力场的破坏强度随着方位角的增大而逐渐增强。

(2) C 区域应力场破坏强度分析

设 C_1、C_2 为 C 区域内距离孔心相同距离的任意两点，对应的方位角分别为 θ_{C_1} 和 θ_{C_2}，且满足：$\theta_{C_1} < \theta_{C_2}$。基于图 4-8 中摩尔圆三要素的曲线分布规律，在 C 区域中，σ_m 单调递增，故 $\sigma_{mC_1} < \sigma_{mC_2}$；$r_m$ 单调递减，故 $r_{mC_1} > r_{mC_2}$；k_m 单调递减，故 $k_{mC_1} > k_{mC_2}$。得到 C_1、C_2 两处摩尔圆的相对位置示意图，如图 4-10 所示。

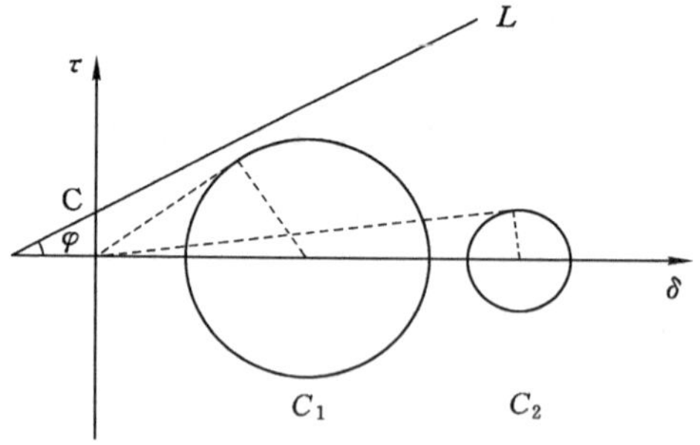

图 4-10　C 应力区域应力破坏强度判别示意图

由于岩石材料的内摩擦角 φ 是恒大于 0 的值，所以任意有可能在 C_1、C_2 处发生破坏的岩石材料，其抗剪包络线与 C_2 处摩尔圆相交时必定与 C_1 处摩尔圆相交，反之岩石材料抗剪包络线与 C_1 处摩尔圆相交时却未必与 C_2 处摩尔圆相交。任何的岩石材料必将优先于在 C_1 处的应力条件下发生破坏，C_1 处的破坏强度始终高于 C_2 处的破坏强度。鉴于 C_1、C_2 为 C 区域内距离巷道中心相同距离的任意两点，所以在 C 区域内应力场的破坏强度随着方位角的增大而逐渐减弱。

(3) B 区域应力场破坏强度分析

设 B_1、B_2 为 B 区域内距离孔心相同距离的任意两点，对应的方位角分别为 θ_{B_1} 和 θ_{B_2}，且满足：$\theta_{B_1}<\theta_{B_2}$。基于图 4-8 中摩尔圆三要素的曲线分布规律，在 B 区域中，σ_m 单调递增，故 $\sigma_{mB_1}<\sigma_{mB_2}$；$r_m$ 单调递增，故 $r_{mB_1}<r_{mB_2}$；k_m 单调递减，故 $k_{mB_1}>k_{mB_2}$。得到 B_1、B_2 两处摩尔圆的相对位置示意图，如 4-11 所示。

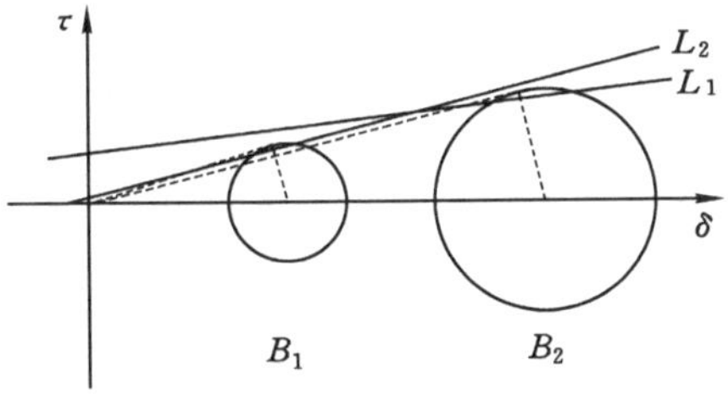

图 4-11　B 应力区域应力破坏强度判别示意图

图 4-11 中 B_1 摩尔圆半径小过原点切线斜率大，B_2 摩尔圆半径大过原点切线斜率小，图示 L_1 性质岩石材料包络线优先与 B_2 处摩尔圆相交，L_2 性质岩石材料与 B_1 摩尔圆优先相交。在这种条件下就不能像 A 区域和 B 区域一样，根据岩石材料的固有普遍属性直接判定出 B_1、B_2 两点的应力破坏强度的相对强弱。

B_1、B_2 两点的应力破坏强度的相对大小由岩石材料抗剪包络线斜率与两处摩尔圆公切线的相对大小决定。当岩石材料的抗剪包络线斜率大于两点摩尔圆公切线斜率时，岩石材料的抗剪包络线优先与 B_1 处摩尔圆相交，B_1 处的应力破坏强度较大；当岩石材料的抗剪包络线斜率小于两点摩尔圆公切线斜率时，岩石材料的抗剪包络线优先与 B_2 处摩尔圆相交，B_2 处的应力破坏强度较大如图 4-12 所示。B 区域内应力对材料破坏的优先级别与材料性质相关。

基于摩尔-库仑准则，在任一材料性质条件下，巷道周围应力破坏强度在 A 区域随极角递增，在 C 区域随极角递减，且应力场摩尔圆三要素均是关于极角的连续函数，所以在本章研究的第一象限范围内，应力破坏强度最强的点一定分布在 B 区域。B 区域内应力对材料破坏的优先级别与材料性质相关，不同材料

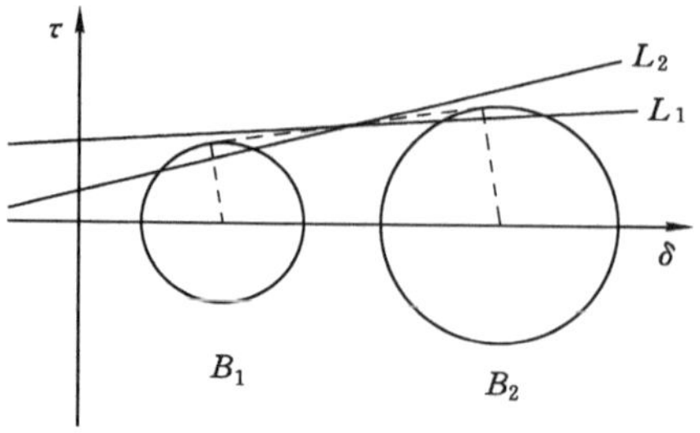

图 4-12　B 区域任意两点应力破坏强度判别准则示意图

性质应力破坏最强的位置不相同，但是一定分布在 B 区域内。定义在离巷道中心距离为 r 的环向位置上破坏力最强的点所对应的极角为应力尖角，用 $\theta_{st}(r)$ 表示，应力尖角是关于距离巷道中心位置的函数，不同环向位置对应不同的应力尖角。应力尖角满足式(4-9)。

$$\theta_{Am}(r) \leqslant \theta_{st}(r) \leqslant \theta_{mCm}(r) \tag{4-9}$$

在确定的区域应力条件下，巷道半径 a、最小围压 P_3 和围压比值 η 均为已知常数，$\theta_{Am}(r)$满足方程：

$$\frac{\partial k_m(r,\theta)}{\partial \theta}=0 \tag{4-10}$$

$\theta_{Cm}(r)$满足方程：

$$\frac{\partial r_m(r,\theta)}{\partial \theta}=0 \tag{4-11}$$

(4) 巷道围岩蝶形塑性区形成的力学机制

在地下非均匀应力场中，圆形巷道周围应力场在巷道周围环向方向上表现出相似的分布特征：摩尔圆圆心 σ_m 随极角单调递增，摩尔圆半径 r_m 随极角先增大后减小呈现出倒 V 形分布，摩尔圆过原点切线斜率 k_m 同样随极角先增大后减小呈现出倒 V 形分布。莫尔圆三要素的这一分布特征，导致在巷道周围环向位置上都存在一个应力破坏强度最大的点，当极角从 0 到 $\pi/2$ 变化时，应力的破坏强度先增大后减小呈现出倒 V 形尖角式分布，应力破坏强度呈现尖角式分布，任何岩石材料均会优先在应力破坏强度大的地方发生破坏(基于摩尔-库仑强度准则)。

图 4-13 为地下巷道蝶形破坏机理示意图。图中实线圆代表巷道边界，虚线圆代表巷道周围任意的环向位置，黑色区域代表这一环向位置上极角从 0 增加到 $\pi/2$ 的应力破坏强度(每一点的应力破坏强度用该极角下巷道中心到黑色区域边界长度表示，极角从 0 增加到 $\pi/2$ 应力的破坏强度先增大后减小，呈倒 V

形尖角式分布);灰色区域代表岩石材料的抗剪强度(以巷道中心到灰色区域边界长度代表岩石材料的抗剪强度,确定的岩石材料其抗剪强度一定,故而灰色区域为圆环,呈均匀分布)。当应力破坏强度大于材料抗剪强度时材料发生破坏,即图中黑色区域超出灰色区域部分所在位置发生破坏。材料在每一个环向位置的应力尖端点附近发生破坏,分布在其两边的一定区域由于应力破坏强度较小围岩仍然处于弹性状态;由图 4-4 和图 4-6 可得,在径向方向上远离巷道中心的环向位置尖端的应力破坏强度逐渐衰减,黑色区超出灰色区部分越来越小,破坏区域越来越小,最后只在应力尖端处发生破坏,最终形成了巷道围岩的蝶形破坏区。

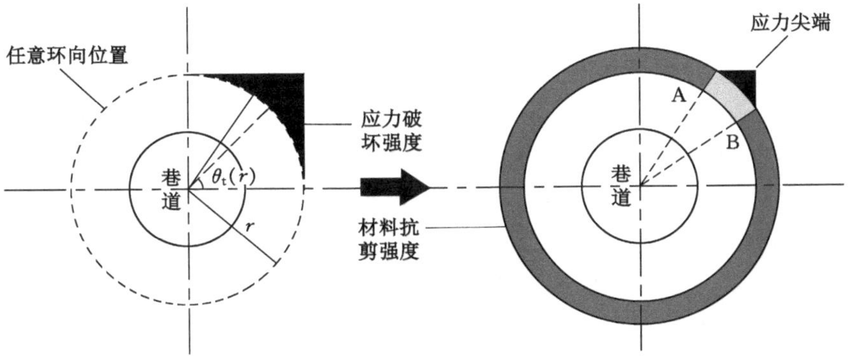

(a) 巷道蝶形破坏机理示意图

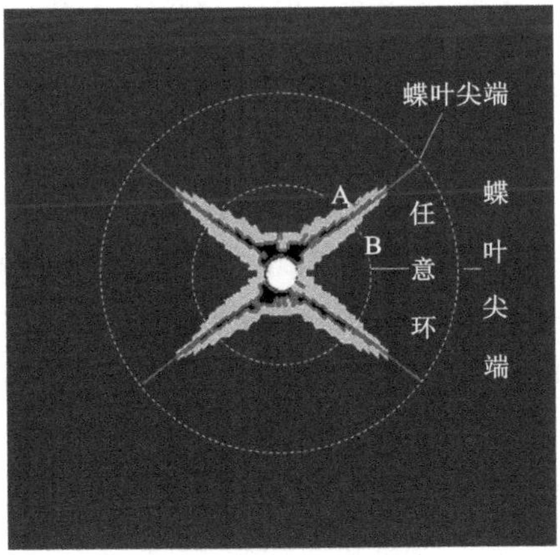

(b) 巷道围岩蝶形破坏图例

图 4-13 巷道围岩蝶形破坏及形成力学机制

4.1.3 蝶形塑性区形成的应力条件

在非均匀应力场中，巷道周围环向位置，当极角从 0 到 $\pi/2$ 变化时，应力的破坏强度先增大后减小，表现出具有峰值点的凸函数性质，应力破坏强度呈现倒 V 形尖角式分布，任何岩石材料均会优先在应力破坏强度大的倒 V 形角部发生破坏，最终形成蝶形塑性区。当应力分布的倒 V 形开口越小时，曲线分布越陡立，尖点破坏强度较周围越大，越容易形成蝶形破坏，围岩塑性区蝶形特征越明显。由图 4-5 与图 4-7 可得，随着围压比值的增大，应力分布的倒 V 形曲线开口越小，曲线分布越陡立，尖点附近较周围其他位置破坏强度差异越大，蝶形破坏特征越明显。同时，随着围压比值的增大，应力曲线向纵坐标方向平移，相当于巷道环向位置应力水平整体提高，在图 4-13 中黑色区域整体向外移，越容易超出灰色圆环（围岩的强度极限），导致材料更容易发生破坏，形成蝶形塑性区。在图 4-12 和图 4-14 中，曲线均为 P_3 的正比例函数，P_3 值的增大不会改变曲线的分布形状，但会改变应力的整体强度，在图 4-13 中应力强度会整体外移，更容易使岩石材料发生破坏，形成蝶形塑性区。P_3 代表了模型的应力水平，围压比值 η 代表了不同方向围压的分布差异，P_3 值越大应力的整体破坏强度越大，材料越容易发生破坏；η 越大会使圆形巷道环向不同位置应力破坏强度的差异越大，蝶形破坏的特征越明显。高应力水平和高围压比值是形成巷道围岩蝶形塑性区的必要应力条件。

圆形巷道围岩塑性区形态演化规律及塑性区形态系数变化规律同样佐证了巷道围岩蝶形塑性区形成的应力条件。随着围压比值的增大，圆形巷道围岩塑性区逐渐由圆形演化为椭圆最后形成蝶形，随着围压比值的增大，蝶形塑性区形态特征越明显；塑性区形态系数随着围压比值的增大，数值逐渐减小，形态系数越小蝶形破坏的形态特征越明显。蝶形塑形区的形成是应力场和围岩力学性质相互作用的结果，在围岩性质一定的情况下，高应力水平和高围压比值是形成巷道围岩蝶形塑性区的必要应力条件。一般煤岩条件下，在埋深在 800 m 以上条件下，围压比值大于 2 即可能出现蝶形塑性区；在埋深在 400 m 以浅条件下，围压比值需达到 3 以上才可能出现蝶形塑性区。随着浅部煤炭资源的枯竭，资源开采不断向深部延伸，在深部开采条件下伴随着高地应力水平，深部条件使巷道围岩更容易产生蝶形破坏。

4.2 蝶叶定向扩展特性

蝶形塑性区主要分布于蝶叶区，确定蝶形塑性区蝶叶的方向及位置对于实际工程中隐患灾害发生位置的确定具有重要的理论意义。蝶形塑性区的分布具有明显的规律性，在均匀介质条件下，蝶形塑性区边界轮廓呈现出边界轮廓坐标轴处凹陷四个象限内突出类似蝴蝶的形状。在已有的文献中已提到了蝶形塑性区蝶叶的方向性特征[191-199]，指出塑性区蝶叶分布在最大、最小主应力的角平分线附近，并会随着主应力的偏转而发生偏转。但是，已有文献对蝶叶方向的确定只是从形态视觉上的描述，只是给出分布范围的估算结果，没有对蝶叶方向进行详细研究。本章定义了蝶叶角的概念，从理论上给出了蝶叶角的判据公式，通过理论研究及数值模拟研究，得到了蝶叶定向扩展的规律，为后文巷道蝶形冒顶风险预判提供了角度方位准则。

4.2.1 理论计算的蝶叶定向分布特征

均质围岩介质条件下蝶形塑性区形态具有严格对称性，边界轮廓呈现出在对称轴处凹陷，在对称轴的四个象限内突出的形态，定义四个象限内突出的部分为塑性区蝶叶，蝶形塑性区边界半径最大处分布在蝶叶区，最大半径线与最大围岩方向夹角为蝶叶角，用 θ_t 表示，蝶叶角可表征塑性区扩展方向，如图 4-14 所示。基于蝶形塑性区的形态特征及形态演化规律，可得蝶形塑性区的范围主要分布于蝶叶区，蝶形塑性区沿着蝶叶角方向扩展，找到了蝶叶角的分布规律即可找到塑性区蝶叶方向扩展规律。

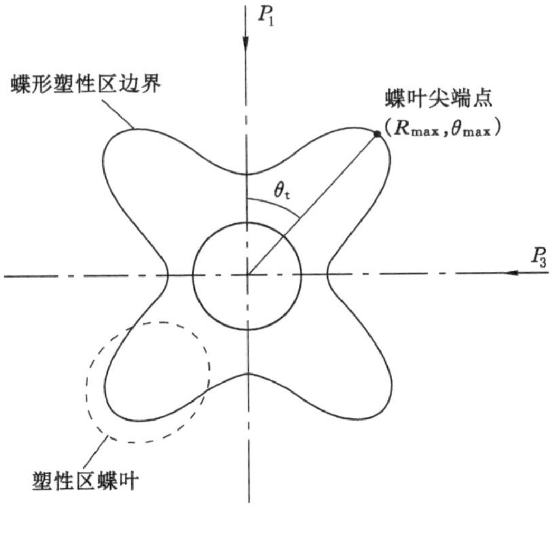

图 4-14 蝶形塑性区非均匀分布及蝶叶区表征示意图

基于巷道围岩蝶形破坏力学机制，巷道围岩蝶形塑性区尖端点为该环向位置的应力尖端点，不同岩石材料在一定的应力场中破坏区的扩展方向始终与环向位置的应力尖角一致。即：

$$\theta_{t}(r)=\theta_{st}(r) \tag{4-12}$$

掌握了应力尖端点在巷道周围的分布规律即掌握了巷道围岩蝶形塑性区的扩展方向。由式(4-9)可知，蝶叶角 $\theta_{t}(r)$ 的值可由 $\theta_{Am}(r)$ 和 $\theta_{Cm}(r)$ 来确定，可以通过研究 $\theta_{Am}(r)$ 和 $\theta_{Cm}(r)$ 的变化规律来确定蝶叶角的扩展规律。根据式(4-10)、式(4-11)可求出任意围压条件下，任意环向位置的 $\theta_{Am}(r)$ 和 $\theta_{Cm}(r)$。式(4-2)中任意一点的径向应力、切向应力及剪切应力都包含 P_3 这个因式，可见最小围压 P_3 只影响 r_m 和 k_m 的大小，不会影响其极值点的位置；同时式(4-1)中有关距离 r 的参量全部都是 r/a 的表达式，所以不需要单独研究巷道半径的影响，直接用 r/a 来表示环向位置到孔心的距离大小；在所有的影响 r_m 和 k_m 极值点位置的因素中，只有围岩比值 η 及距巷道中心距离与巷道半径比值 r/a 起作用，得到蝶叶角的判据式：

$$\theta_{Am}\left(\frac{r}{a},\eta\right)\leqslant\theta_{t}\left(\frac{r}{a},\eta\right)\leqslant\theta_{Cm}\left(\frac{r}{a},\eta\right) \tag{4-13}$$

同时，$\theta_{Am}\left(\frac{r}{a},\eta\right)$满足方程：

$$\frac{\partial k_{m}(\eta,\frac{r}{a},\theta)}{\partial\theta} \tag{4-14}$$

$\theta_{Cm}\left(\frac{r}{a},\eta\right)$满足方程：

$$\frac{\partial r_{m}(\eta,\frac{r}{a},\theta)}{\partial\theta} \tag{4-15}$$

根据式(4-6)、式(4-7)、式(4-14)、式(4-15)即可求出非均匀应力场中任意条件下的 r_m 和 k_m 极值点位置，进而确定蝶叶角的分布。本章研究了围压比值从 2 到 9(在地下可能很少有情况能满足围压比值大于 9 的情况，本章选取参数为在理论存在范围内的数值，目的是尽可能全面地得到蝶叶角分布规律)；距巷道中心距离与巷道半径比值从 2 到 10(在巷道现场可能很少有情况能满足破坏区范围是巷道半径的 10 倍以上的情况，本章选取参数为在理论存在范围内的数值，目的是尽可能全面地得到蝶叶角分布规律)；研究了不同围岩比值下各个环向位置对应的 r_m 和 k_m 极值点位置变化曲线，如图 4-15 所示。

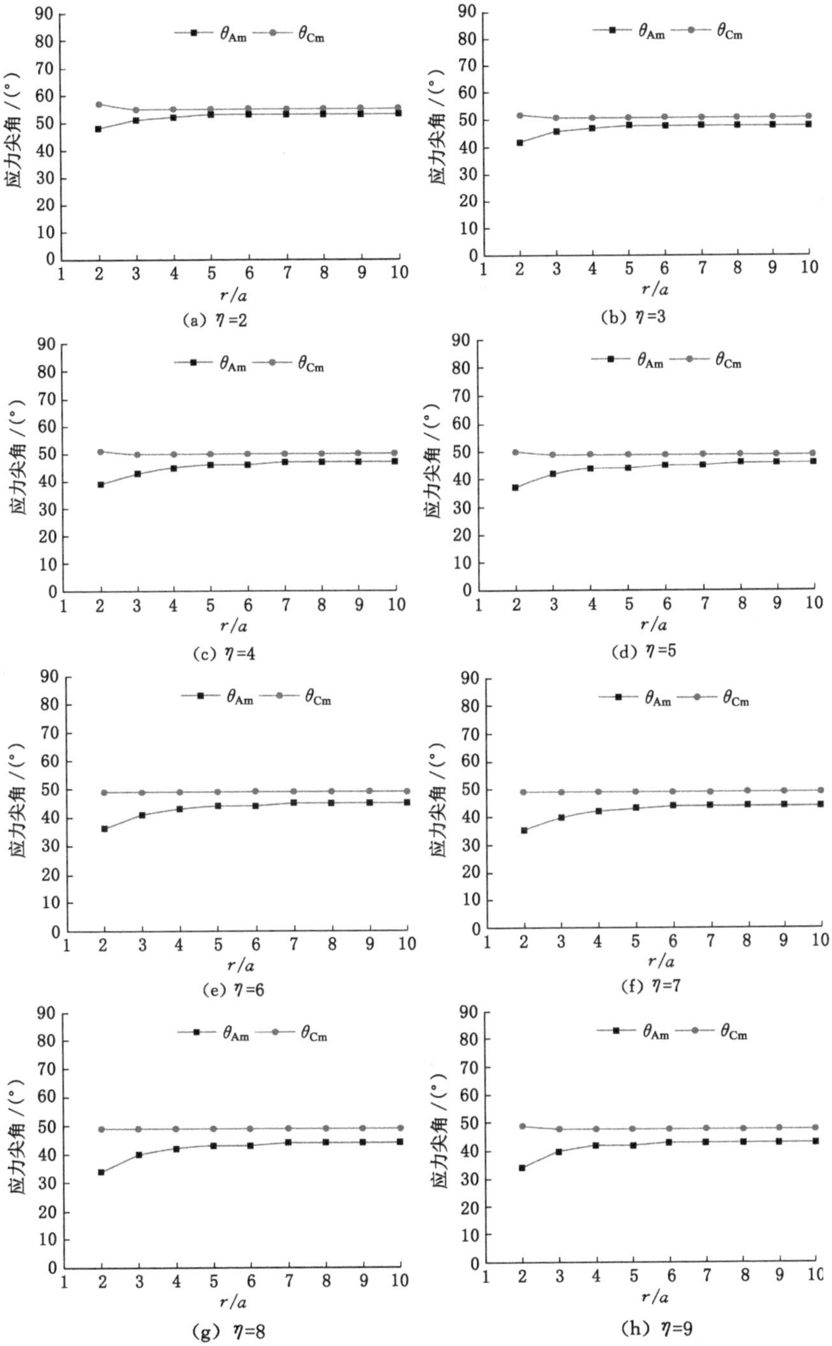

图 4-15　蝶形破坏蝶叶的定向扩展特性

由图 4-15 可得：围岩比值从 2 到 9，当环向位置超过 3 倍巷道半径后，r_m 和 k_m 极值点位置均出现明显的收敛特性。并且，两极值点位置极角差值在 2°～5°，利用式(4-13)夹逼准则确定的尖端角误差最大在 2.5°范围内，围岩比值越小精确度越高，最高可达到 1°范围内，利用式(4-13)来确定尖端扩展的方向具有一定的可靠性。两极值点位置对应极角在 3 倍巷道半径之外表现出明显的收敛特性，由式(4-13)可以得到蝶叶角在 3 倍巷道半径之外将趋于稳定，蝶叶角在巷道周围的分布具有定向性特征，蝶叶角定向后的大小和围岩比值相关，围岩比值为 2 时尖端角为 53°～55°，围岩比值为 9 时，尖端角为 43°～48°。基于蝶叶角判据，影响蝶叶角的因素有围岩比值 η 及距孔心距离与孔径比值 r/a，图 4-15 研究了围压比值从 2 到 9，距巷道中心距离与巷道半径比值从 2 到 10 范围内蝶叶角的变化规律，从其变化趋势可以得到蝶形破坏沿着蝶叶角方向定向扩展，蝶叶角大小在 45°±5°范围内。通过应力尖角的夹逼准则得到了蝶叶角的变化范围，实际的蝶叶角方向变化范围只会比图 4-13 中的范围更小，更能说明当应力环境改变后蝶形塑性区蝶叶角变化范围不大，蝶叶角在很小的范围内变化，蝶形塑性区沿着蝶叶角定向扩展。

基于完全弹性条件下的应力解的分布规律，本章利用 r_m 和 k_m 分布曲线极值点位置通过夹逼准则确定了巷道围岩蝶形破坏蝶叶角判据，研究了蝶叶角的定向特征。岩石材料发生破坏后，破坏单元体进入残余应力阶段，所在区域应力会发生衰减，本章用完全弹性应力来衡量岩石破坏前圆孔周围应力场破坏强度进而预测材料将如何发生破坏扩展。为了证明利用式(4-13)、式(4-14)、式(4-15)确定的圆孔周围应力尖角的可靠性及蝶叶角的定向分布特性，研究了不同条件下通过数值计算得到的蝶叶角(塑性区边界方程的数值计算结果)与蝶叶角判据公式计算结果对比，如图 4-16 所示。由此可得，由塑性区边界方程数值计算得到的蝶叶角都在对应的 r_m 和 k_m 极值点位置之间，证明通过式(4-13)夹逼准则来确定蝶叶角位置是合理的。巷道围岩蝶形塑性区沿着蝶叶角方向定向扩展。

4.2.2 数值模拟计算的蝶叶定向分布结果

通过 FLAC^{3D}数值模拟来研究的巷道围岩破坏规律，影响围岩破坏结果的因素有岩石材料性质、围压条件(最大围压和最小围压)及巷道断面。本章研究了不同岩石材料性质、不同围压条件(通过最小围压及围压比值来反映)、不同巷道断面条件下巷道围岩蝶形塑性区蝶叶角的分布规律。

4.2.2.1 不同岩石材料性质下蝶叶的定向扩展

控制应力场条件一定，采用圆形巷道断面，围压比值和最小围压为固定值，分别取 $\eta=3$ 和 $P_3=20$ MPa，分别取 9 种力学性质不同的岩石材料进行模拟，

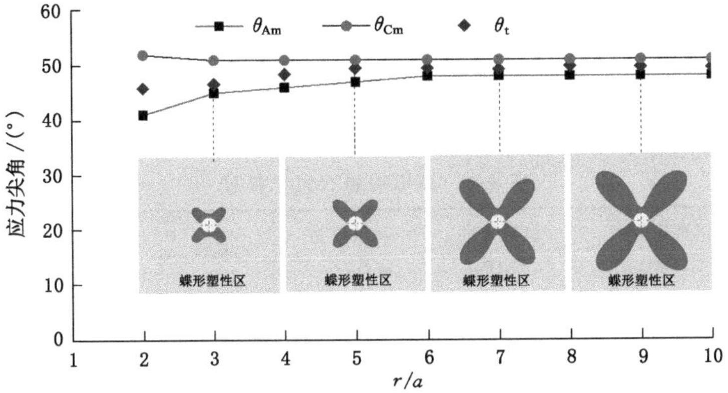

(a) $\eta=3$

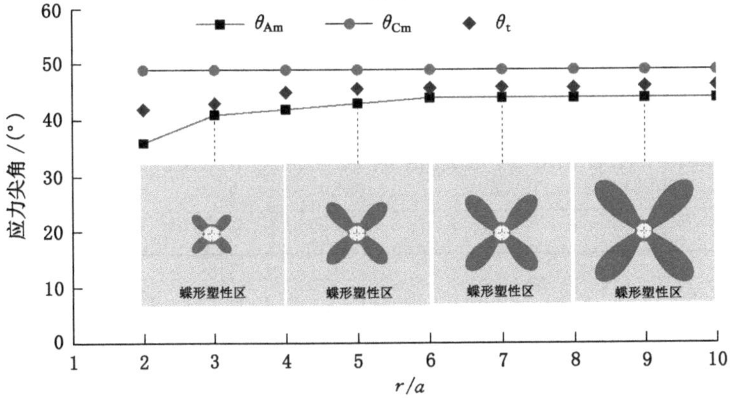

(b) $\eta=6$

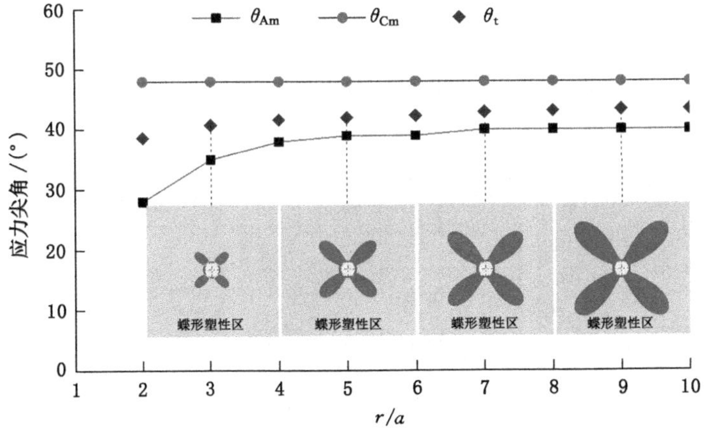

(c) 单轴压缩

图 4-16 巷道围岩蝶形破坏的定向扩展

见表4-1。模拟采用摩尔-库仑强度准则，所选9种岩石材料其强度逐渐增大，在参数选择时参考了常见的岩石力学参数[191-212]。通过研究不同条件下圆孔围岩塑性区形态、塑性区端部到巷道中心距离及蝶叶角来研究岩石材料性质对围岩破坏的影响，模拟所得结果如图4-17所示。

表4-1 模拟的岩石力学参数

岩石编号	抗压强度/MPa	抗拉强度/MPa	弹性模量/GPa	泊松比	黏聚力/MPa	内摩擦角/(°)
1	12.80	0.35	6.0	0.21	4.0	26
2	16.32	0.85	5.5	0.21	4.5	27
3	19.97	1.35	5.0	0.21	5.0	28
4	23.76	1.85	4.5	0.22	5.5	29
5	27.71	2.35	4.0	0.22	6.0	30
6	31.81	2.85	3.5	0.22	6.5	31
7	36.08	3.35	3.0	0.23	7.0	32
8	40.51	3.85	2.5	0.23	7.5	33
9	45.14	4.35	2.0	0.23	8.0	34

图4-17(a)～图4-17(i)中圆形巷道围岩塑性区形态均呈现蝶形分布，靠近巷道的环向塑性区范围较大，远离巷道的环向塑性区范围逐渐减小，最后到塑性区端部成为一个尖点，塑性区尖端点是所在的环向位置应力破坏强度最大的应力尖端的显现结果。塑性区的这一分布特征与圆孔周围应力场破坏强度的分布规律完全一致。9种不同的岩石材料表现出了相似的破坏特征，证明圆形巷道围岩蝶形塑性区的尖端式破坏是由孔周围应力场特有分布规律决定的，是应力场固有属性的显现。

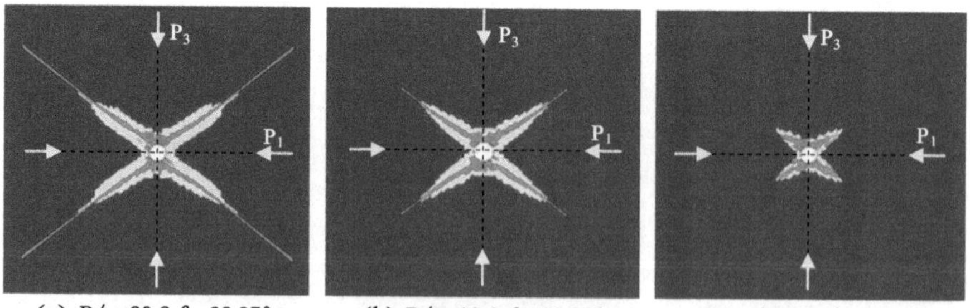

(a) R/a=20.2, θ_t=38.37°　(b) R/a=10.6, θ_t=38.32°　(c) R/a=4.8, θ_t=38.29°

图4-17 不同岩石材料性质的巷道围岩蝶形塑性区蝶叶定向扩展

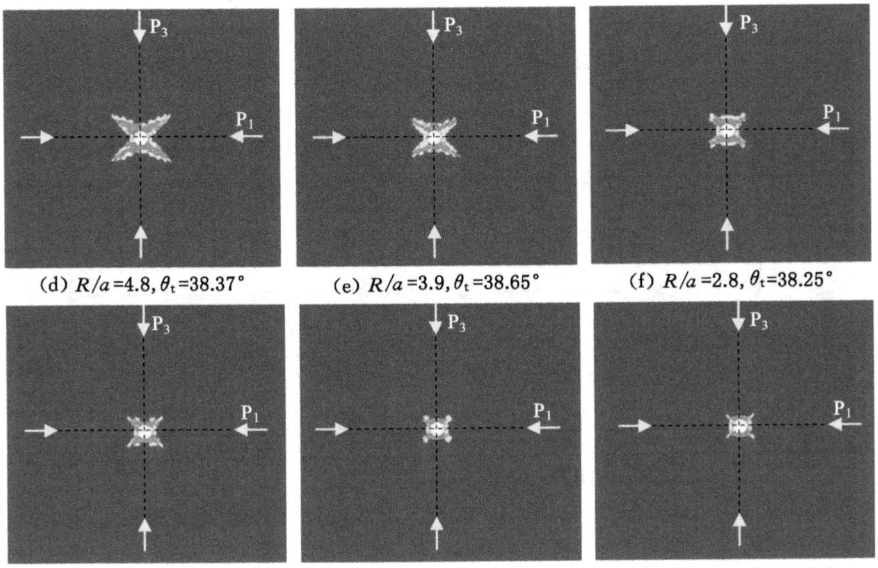

(d) $R/a=4.8, \theta_t=38.37°$　(e) $R/a=3.9, \theta_t=38.65°$　(f) $R/a=2.8, \theta_t=38.25°$

(g) $R/a=2.8, \theta_t=38.34°$　(h) $R/a=2.4, \theta_t=38.43°$　(i) $R/a=2.4, \theta_t=38.32°$

图 4-17　(续)

在模拟的应力条件下,9 种岩石材料均出现蝶形破坏。在岩石强度较大、塑性区范围较小的情况下($R/a=2.4$),塑性区也出现了明显的尖角。图中,塑性区范围从 $R/a=2.4$ 到 $R/a=20.2$,塑性区尖端角基本分布在 38°左右。塑形区出现蝶形破坏后,塑性区尖端扩展方向几乎不再发生变化,塑性区沿着蝶叶方向定向扩展。

4.2.2.2　不同应力水平下蝶叶的定向扩展

保持围压比值和岩石材料性质一定($\eta=3$, 岩石性质见表 4-2),最大围压 P_1 从 10 MPa 逐渐增大到 80 MPa,来研究围岩塑性区的形态及蝶叶角的分布,研究结果如图 4-18 所示。

表 4-2　岩石力学参数表

岩石编号	抗压强度/MPa	抗拉强度/MPa	弹性模量/GPa	泊松比	黏聚力/MPa	内摩擦角/(°)
5	27.71	2.35	4.0	0.22	6.0	30

当垂直应力为 10 MPa 时,塑性区范围最小(2 倍圆孔半径),此时塑性区已经有明显的尖端特征。此后,随着垂直应力的增大,塑性区范围从 2 倍半径增到 20.3 倍半径大小,塑性区尖端方向几乎不变,基本分布在 38°左右。塑性区尖端出现后,塑性区将沿尖端方向定向扩展。应力大小只改变蝶形塑性区范围尺度,不改变蝶叶的扩展方向。

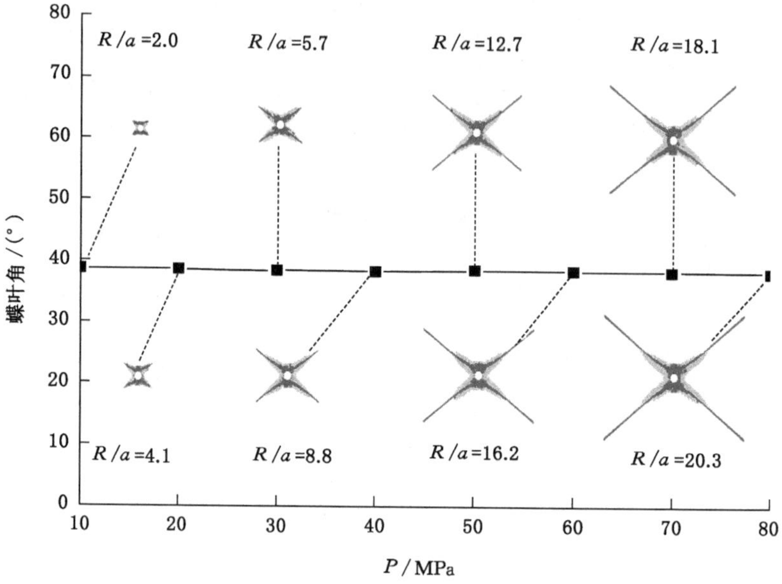

图 4-18　不同应力水平下的蝶叶的定向扩展

4.2.2.3　不同围压比值下蝶叶的定向扩展

圆形巷道围岩的蝶形破坏特征由圆孔周围应力场的分布规律决定，应力尖角直接与围压比值和到巷道中心的距离有关，岩石性质和垂直应力通过影响破坏区在应力场中的分布范围来影响破坏区尖端角的特征。本章模拟了围压比值从 2 到 9，通过配合变化最小围压和围岩性质来变化围岩塑性区的扩展范围，研究了塑性区范围从 2 倍到 10 倍巷道半径范围内，不同围压比值条件下塑性区蝶叶角的分布规律，如图 4-19 所示。由图可得：

(1) 在图 4-19 中，不同围压比值条件下，当塑性区范围超过一定距离后，塑性区均会出现蝶形，之后塑性区将沿蝶叶角方向呈定向扩展。围压比值为 2 时，塑性区范围 R/a 小于 4 时，塑性区轮廓圆滑过渡呈椭圆形分布；在 R/a 大于 4 时，塑性区开始出现尖端，出现尖端后蝶叶呈定向扩展，蝶叶角基本在 38.5°左右。围压比值大于 3 以后，塑性区范围很小时($R/a=2$)就出现了尖端，塑性区出现尖端后蝶叶将定向扩展，图中所示，蝶叶角基本在 38°。围压比值较小时塑性区扩展到较大范围后出现蝶叶，围压比值较大时塑性区扩展到较小范围即可出现蝶叶，塑性区一旦出现蝶叶将沿蝶叶角方向定向扩展，尖端角基本稳定在 38°左右。

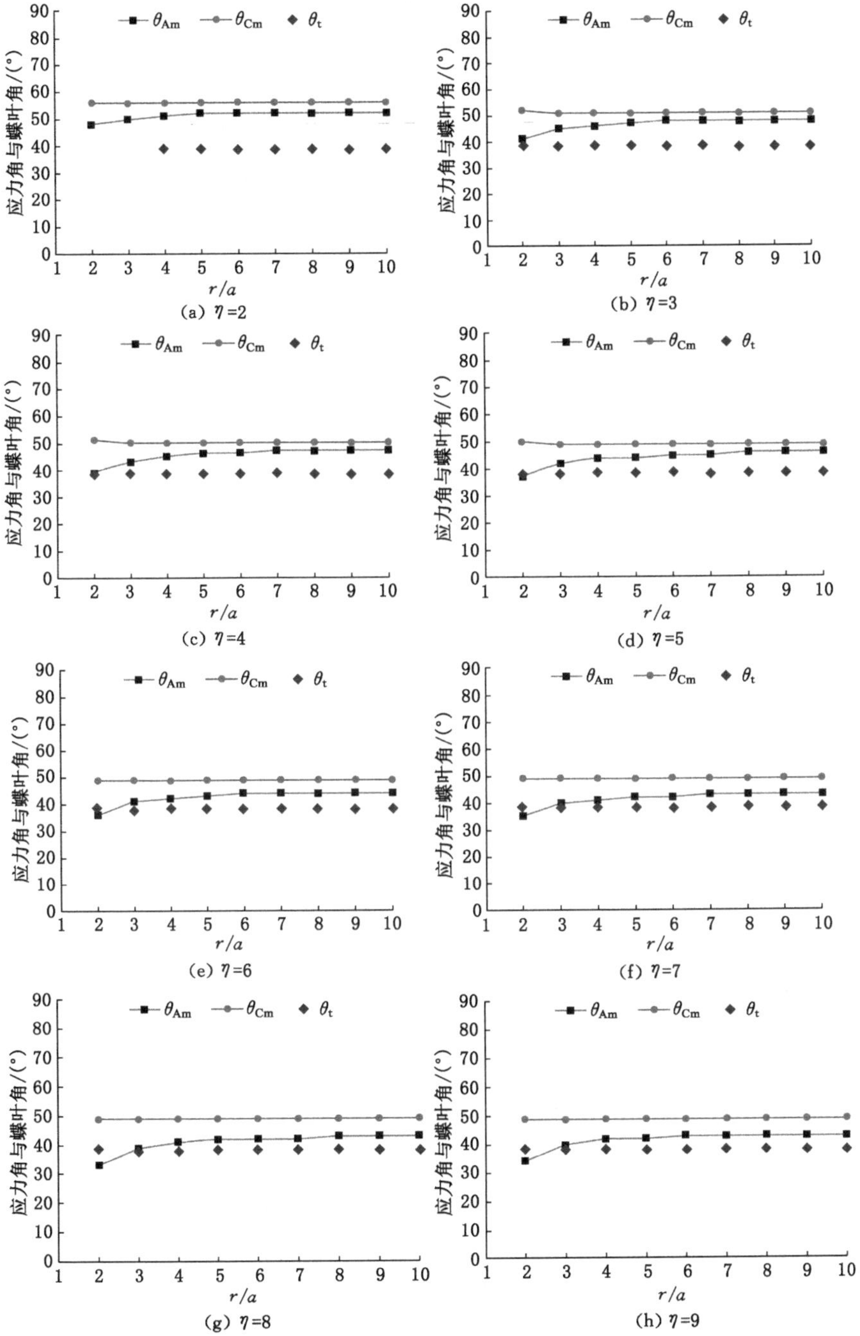

图 4-19　不同围压比值下蝶叶角数值模拟结果与理论计算结果对比

(2) 本章圆孔周围的应力解是以弹性力学为基础,在围岩发生破坏前处于完全弹性状态下计算所得,目的是借助弹性应力场的分布规律来评估围岩将要发生的破坏规律,没有考虑围岩破坏过程中已破坏部分对周围应力场的影响。所以理论计算的应力尖端角和数值模拟计算的塑性区尖端位置必然存在一定偏差。从数值模拟的结果来看,围压比值较小时塑性区尖角和应力尖角相差较大,达到了 10°左右;随着围压比值的增大,两者的误差逐渐减小,可控制到 5°之内。圆形巷道围岩塑性区的定向扩展与周围应力场的定向分布特征一致,蝶叶角在数值上存在一定的偏差但蝶叶定向扩展的规律一致。

上文研究了单轴压缩条件下圆形巷道周围应力场尖角的定向分布规律,单轴受压条件为围压比值趋于无穷大的极限情况,研究极限情况下的蝶叶角分布规律可以更全面地反映蝶叶角分布规律的完整性,结果如图 4-20 所示。单轴压缩条件下,圆形巷道围岩破坏区在很小的范围($R/a=2$)即出现了明显的蝶形塑性区,之后塑性区沿尖端方向定向扩展。单轴压缩条件与围压比值为确定值时蝶形塑性区蝶叶的定向扩展规律完全一致。圆形巷道围岩蝶形塑性区蝶叶定向扩展规律是在非均匀应力场中($\eta>1$)存在的普遍规律,围岩塑性区扩展到一定范围均会出现蝶形塑性区,蝶叶出现后塑性区将沿蝶叶方向定向扩展。围压比值小于 2 时,破坏区需扩展至较大范围(大于 4 倍半径)才会出现破坏区蝶叶,之后沿蝶叶方向定向扩展;围压比值大于 3 以后,破坏区在较小的范围(小于 2 倍半径)内即出现尖端,并沿着蝶叶方向定向扩展。

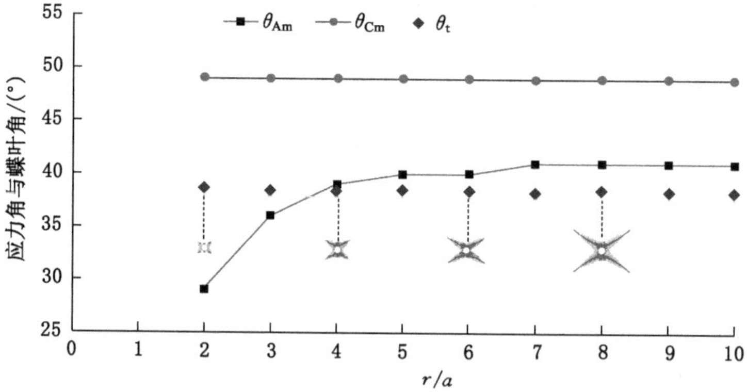

图 4-20 单轴压缩状态下蝶叶角数值模拟结果与理论计算结果

4.2.2.4 不同巷道断面形状下蝶叶的定向扩展

在前面的内容中,采用 FLAC^{3D}数值模拟证明了不同巷道断面形状条件下围岩蝶形塑性区形状的相似性。本节中同样采用 FLAC^{3D}数值模拟研究了巷道断面形状对蝶叶扩展方向的影响。模拟时采用了矩形巷道断面，本章研究了不同宽高比条件下（对于矩形条件下，影响其形状特征的为宽高比）蝶叶角的方向性，具体方案如下：方案一，高 ∶ 宽＝4 m ∶ 4 m；方案二，高 ∶ 宽＝4 m ∶ 8 m；方案三，高 ∶ 宽＝4 m ∶ 12 m。现场生产中，巷道断面宽高比很少有达到 2 ∶ 1 的情况，3 ∶ 1 的情况几乎没有，文中采用这种极限条件的目的是证明规律的普适性。模拟采用了表 4-2 中的岩石力学参数。基于上文的研究结果，围压比值对蝶叶角方向影响不敏感，所以模型采用了单轴受压条件加载，模拟结果如图 4-21 所示。

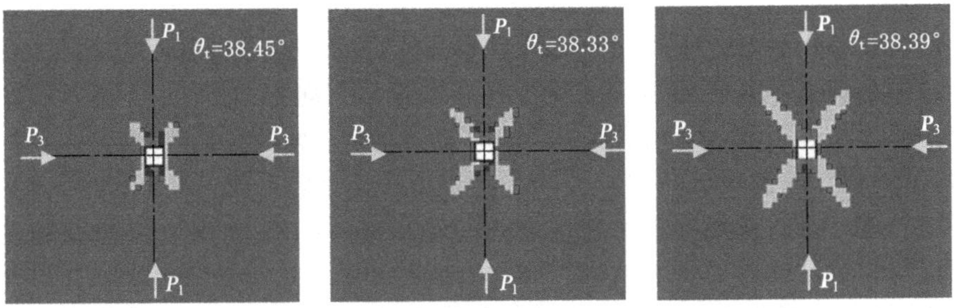

R_{max}=8.6 m　　R_{max}=11.1 m　　R_{max}=14.4 m

(a) 高∶宽=4 m∶4 m

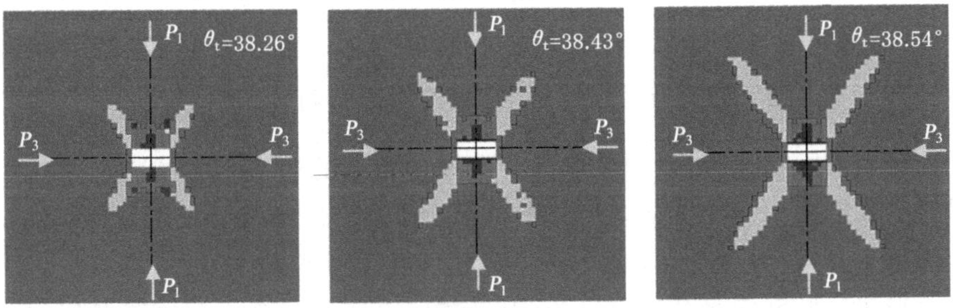

R_{max}=11.9 m　　R_{max}=15.6 m　　R_{max}=19.2 m

(b) 高∶宽=4 m∶8 m

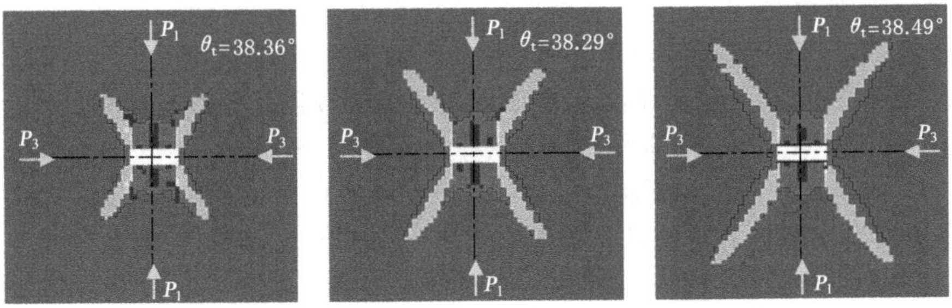

R_{max}=13.6 m　　R_{max}=17.1 m　　R_{max}=22.4 m

(c) 高∶宽=4 m∶12 m

图 4-21　不同形状巷道断面条件下蝶叶的定向扩展模拟结果

由图可得，方案一中的方形巷道断面条件下当围岩出现蝶形塑性区后，巷道围压塑性区将沿着蝶叶方向扩展，蝶叶角度几乎不再改变，基本在 38°左右。方案二、方案三维宽高比不同的矩形形状，虽然随着宽高比的增大巷道顶部塑性区范围有明显增大，但是在巷道角部仍然出现了蝶形塑性区，且当巷道角部出现蝶形塑性区后，角部的蝶叶将沿着蝶叶方向定向扩展，蝶叶与最大围压方向的夹角几乎不变，角度基本保持在 38°左右。

4.2.3 理论与数值模拟计算结果的对比分析

图 4-19 和图 4-20 对比了通过夹逼准则进行的理论计算和数值模拟结果。两种方法均证明了蝶形塑性区出现后将沿蝶叶角方向定向扩展，证明了蝶叶角的定向扩展特性。理论计算结果与数值模拟结果计算的蝶叶角大小有一定差异，数值模拟计算的蝶叶角基本在 38°左右，而理论计算的蝶叶角范围在 45°±5°范围内。理论计算采用夹逼准则确定的是蝶叶角的范围，且理论计算采用的圆孔周围应力解以弹性力学为基础，没有考虑围岩破坏过程中已破坏部分对周围应力场的影响，所以理论计算的蝶叶角和数值模拟计算的蝶叶角位置必然存在一定偏差。本章通过对不同岩石材料、不同围压条件、不同巷道断面条件下的蝶叶角分布规律进行数值模拟研究，得到了各种情况下的蝶叶角基本在 38°左右。

4.2.4 与已有的含孔洞岩石力学试验结果的对比分析

作者查阅文献发现，目前已有许多含预制孔洞的岩石力学试验[214-216]，本章用已有的孔洞岩石力学试验结果与本章理论研究结果进行了对比分析。目前对含孔洞的岩石力学试验主要关注含孔洞岩石试件的强度、试件受力后孔洞周围裂隙的形成扩展规律及其破坏形式，本章选取了四个与本书理论研究相关的岩石力学试验结果进行了对比，主要结合已有文献的研究结果分析了孔洞周围宏观裂隙的扩展模式。

4.2.4.1 Aker 等的压缩含预制孔洞砂岩试样的声发射试验

Aker 等[214]于 2014 年在实验室研究了压缩含预制孔洞砂岩试样的声发射试验。试验方案及试验过程如下：① 试样为直径 50.8 mm、高 127 mm 的砂岩圆柱；② 在试样中间位置预制直径为 5.2 mm 的圆柱形钻孔；③ 在试样表面布置了 12 个测量横波和纵波的传感器；④ 采用三轴加压，围压控制在5 MPa，垂直方向不断加压直至试样完全破坏。试验结果如图 4-22 所示，其中图 4-22(a)为试验后通过 CT 扫描得到的试样宏观裂隙分布，图 4-22(b)为试验后试样的表面裂隙，图 4-22(c)为孔洞附近宏观裂隙分布。由图可得，试样产生的宏观裂纹方向与垂直方向夹角在 45°左右，但是偏向垂直方向(垂直方向为最大主应力方向),是45°左的方向,小于45°。实验中孔洞周围宏观裂纹的扩展形式类似蝶形塑性区的两个蝶叶。

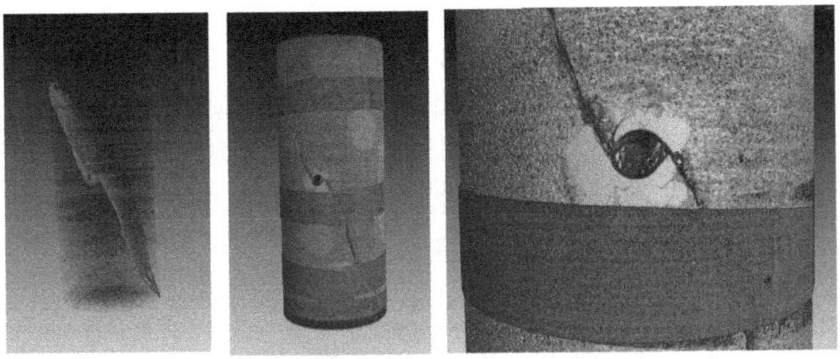

(a) (b) (c)

图 4-22 试验得到的孔周围宏观裂隙分布图[213]

图4-23为试验过程通过声发射捕捉到的震源位置统计图,其中图4-23(a)为试验过程得到的305个事件在二维切面上的位置统计,图4-23(b)和图4-23(c)为地震力矩张量反演图(不是本章研究内容,在此不作过多描述)。由图4-23(a)可得,钻孔周围发生破坏得到的震源位置统计图类似蝶形分布,宏观裂纹沿着蝶叶的方向扩展,直至试样完全破坏。虽然试验中孔洞周围的宏观裂隙与理论分析有一定差异,但是试样出现的宏观裂隙与蝶形塑性区的两个蝶叶相似,裂隙扩展位置也近似沿着蝶叶的方向扩展。

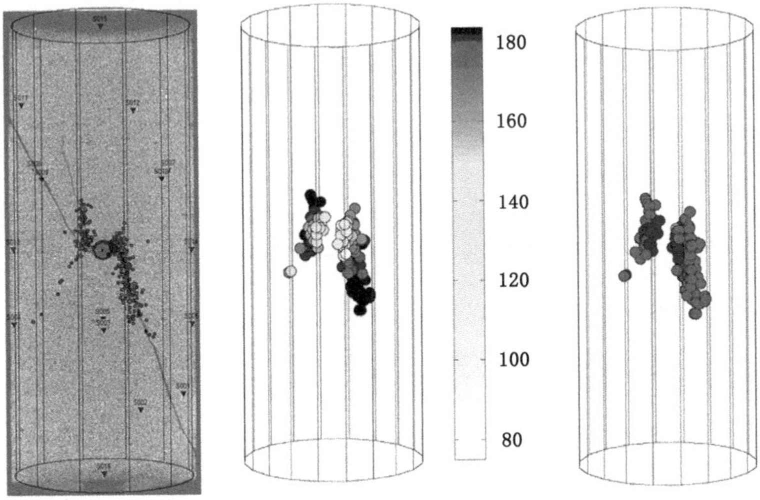

(a) (b) (c)

图 4-23 试验过程通过声发射捕捉的震源位置统计[214]

4.2.4.2　黎崇金等含孔洞大理岩试样裂纹扩展试验

黎崇金、李夕兵、李地元(2017 年 12 月的研究成果)[215]研究了单轴压缩条件下含孔洞大理岩试样的裂纹扩展过程,试验结果如图 4-24 所示。由图可得,不同形状的孔洞试件在单轴压缩条件下得到的最终的宏观裂纹方向与垂直方向夹角几乎一致,基本在 45°左右,但是偏向垂直方向(垂直方向为最大主应力方向),是 45°左的方向,小于 45°。孔洞围岩宏观裂隙出现的形式与蝶形塑性区蝶叶的扩展性质相似。孔洞形状对宏观裂隙的扩展方向影响不大,与本书不同巷道断面形状蝶形破坏形态的相似性研究结果吻合。

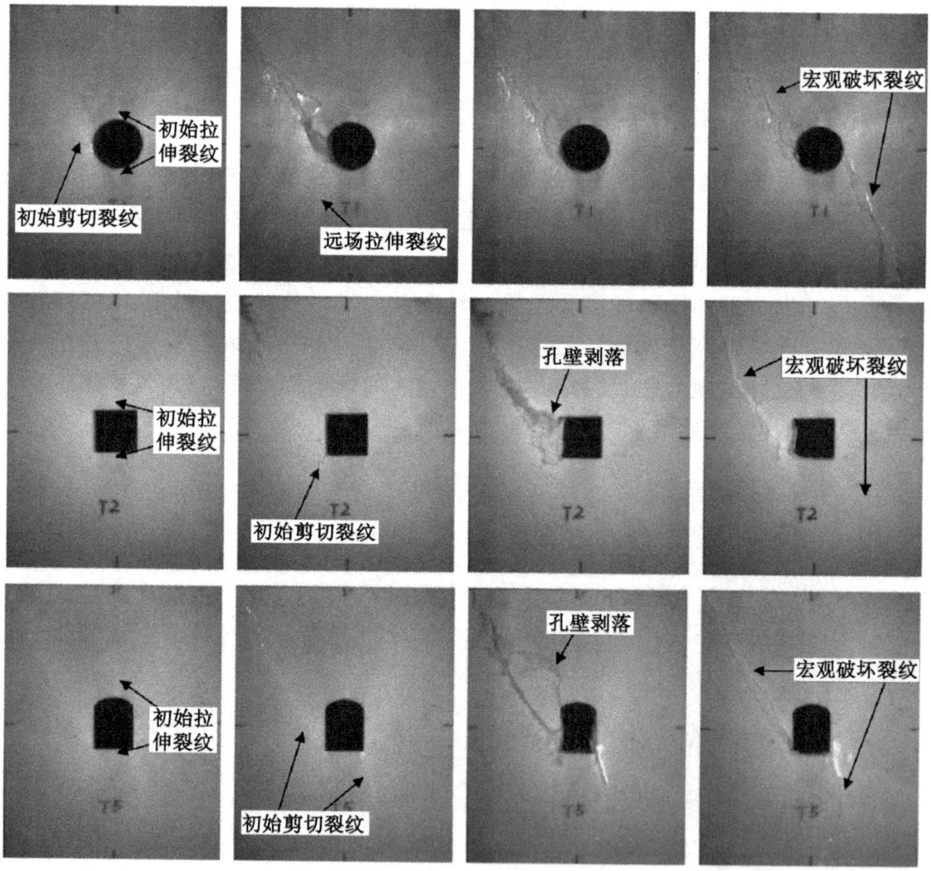

图 4-24　黎崇金、李夕兵、李地元得到的单轴压缩条件下含孔洞大理岩试样的裂纹扩展过程(室内试验结果)[215]

黎崇金、李夕兵、李地元同样研究了双轴压缩条件下含孔洞大理岩试样的裂纹扩展过程，得到双轴压缩条件下含孔洞试样的破坏模式，如图 4-25 所示。由图可得不同形状孔洞的宏观裂隙的方向几乎相同，不同形状孔洞、不同受力水平，孔洞周围的宏观裂隙方向与最大主应力方向几乎相同，基本在 45°附近，但是偏向最大主应力方向，在最大主应力 45°左的方向，两者夹角在 38°到 45°之间。含孔洞试样受压出现的宏观裂隙的模式与本章蝶形塑性区扩展规律的理论研究结果相吻合，蝶形塑性区蝶叶的扩展方向与孔洞形状及受力方式关系不大，当蝶形塑性区形成后，塑性区将沿着蝶叶方向定向扩展。

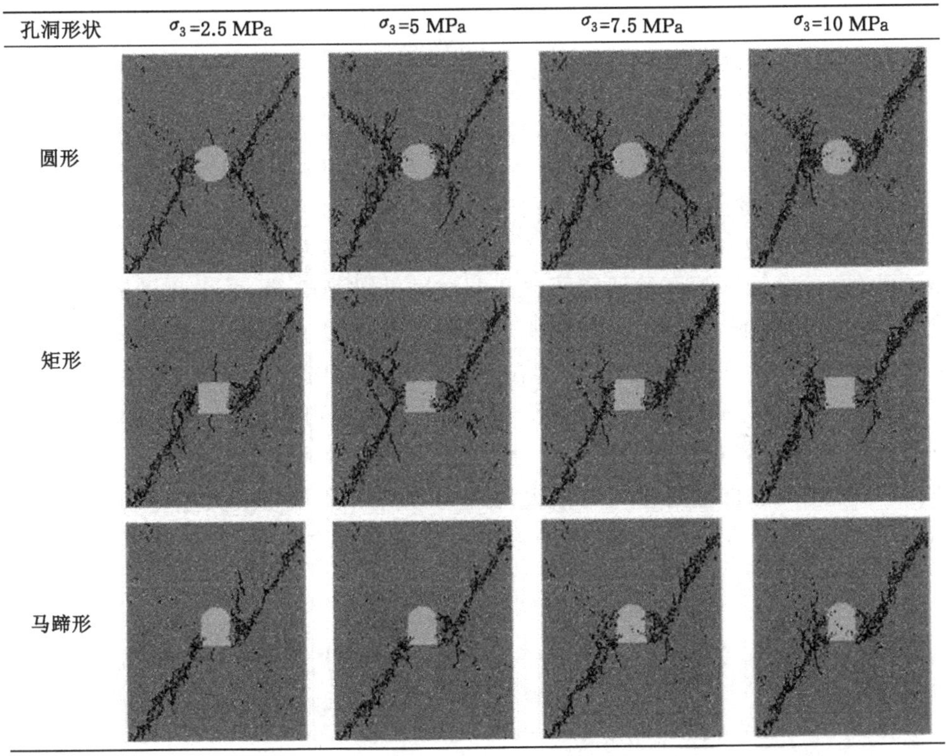

图 4-25　黎崇金、李夕兵、李地元得到的双轴压缩条件下含孔洞试样的破坏模式[215]

4.2.4.3　尹光志等的真三轴条件下钻孔围岩稳定性试验

尹光志等(2018 年 10 月的研究成果)[216]在真三轴条件下研究了孔轴线平行于不同主应力时岩石的破坏情况，得到如下结果(图 4-26 所示为中间主应力平行钻孔轴向结果)，“孔轴线平行于 σ_2 时，预制孔的破坏程度明显较其他 2 组更为剧烈，且蝶形剪切破坏明显；主要破裂面沿钻孔轴线对角线方位，与垂直孔轴线应力近似呈 45°。图中孔轴线平行于 σ_2 时发生蝶形破坏与已有钻孔围岩塑性区研究较为一致。"以上为文献原文描述内容。该文献揭示了在真三轴条件下孔洞围岩的蝶形破坏规律，蝶形破坏形成后破裂面具有明显的方向性。

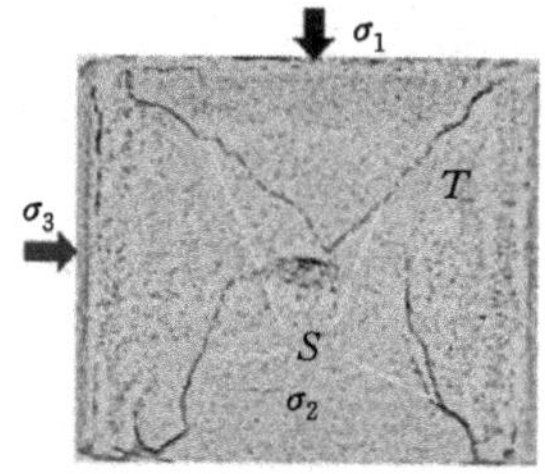

图 4-26　尹光志等得到的含孔砂岩破坏形态[216]

4.2.4.4　张科等含孔洞裂隙岩体力学特性试验

张科等(2019 年 1 月研究成果)[217]采用类岩石模型材料制备含孔洞裂隙模型试件，通过单轴压缩试验研究了含孔洞试件的破坏规律，并采用 RFPA^{2D} 软件进行数值模拟验证，研究结果如图 4-27 所示。本着尊重原著不对原著结果做任何修改的原则，得到图 4-27，图中 β 在文献中指预制裂隙的角度，和本章之后的 β 定义没有任何关系；本章只研究不充填情况。由图可得，孔洞在单轴压缩条件下出现的宏观裂隙具有明显的方向性，与垂直方向夹角在 45°附近，并偏向垂直方向(单轴压缩条件垂直方向为最大主应力方向)，实际与最大主应力方向的夹角小于 45°。RFPA^{2D}软件的模拟结果与试验结果基本一致，所得的裂隙方向特征与本章数值模拟结果吻合。

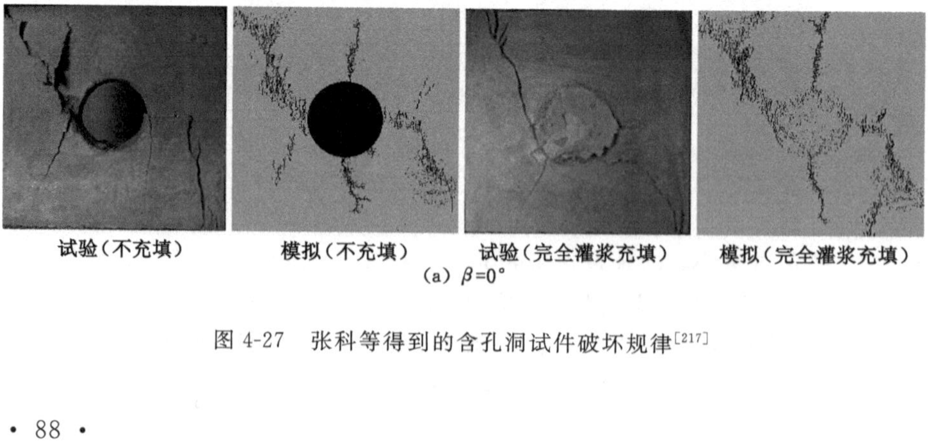

图 4-27　张科等得到的含孔洞试件破坏规律[217]

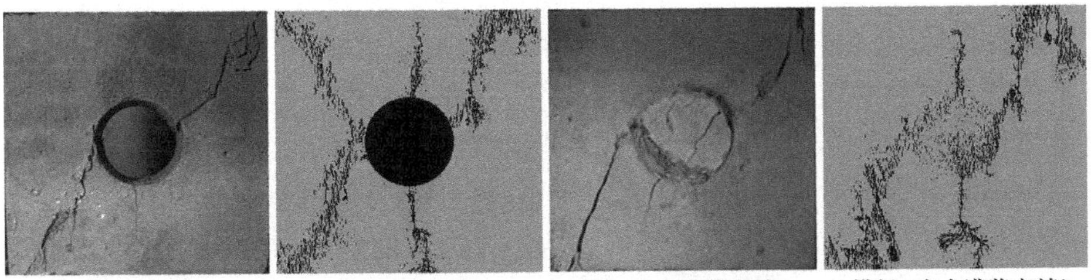

试验（不充填） 模拟（不充填） 试验（完全灌浆充填） 模拟（完全灌浆充填）

(b) β=30°

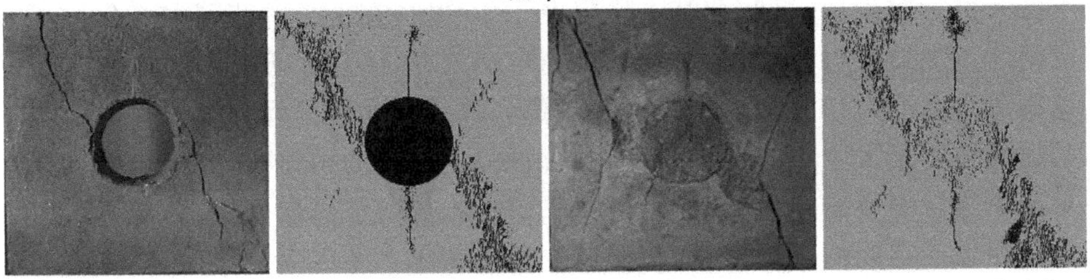

试验（不充填） 模拟（不充填） 试验（完全灌浆充填） 模拟（完全灌浆充填）

(c) β=90°

图 4-27 （续）

4.2.4.5 对比分析结果

以上四个含孔洞岩石力学试验采用试样材料性质完全不同，加载方式也各有所异，但是得到的孔洞周围裂纹扩展形式几乎完全相同，宏观裂纹与最大主应力方向几乎没有太大变化。试验得到的孔洞围岩宏观裂纹扩展模式与蝶形塑性区理论蝶叶的扩展特性相似。通过与已有的含孔洞岩石力学试验结果的对比分析得到，含孔洞试件在加载破坏时，其宏观裂隙具有明显的方向性，其与最大主应力的夹角基本在45°附近，但更偏向最大主应力，两者夹角小于45°。含孔洞试件的岩石力学试验结果与本章数值模拟结果基本吻合。巷道围岩出现蝶形破坏后，破坏区将沿着蝶叶的方向扩展，塑性区蝶叶具有定向特征。本章综合理论分析、数值模拟及岩石力学试验的结果，在煤矿井下一般条件下蝶叶角在38°～45°之间。

4.3 蝶叶方位与巷道围岩稳定性

从塑性区演化规律及蝶形塑性区形成条件来看，蝶形塑性区是圆形、椭圆形形态之后的塑性区扩展形态，蝶形塑性区的出现伴随着其分布范围较大的特点，巷道围岩出现蝶形破坏时会出现围岩变形破坏严重等现象，加大了巷道围岩稳定性控制的难度。根据以上研究内容，蝶形塑性区的分布范围主要集中在蝶叶区，蝶叶区是蝶形塑性区的灾害区域，同时也是实际工程中巷道围岩隐患灾害的发生位置。如果巷道围岩出现了蝶形破坏，且塑性区蝶叶在巷道顶板，可能会引起巷道顶板变形破坏严重，出现顶板大范围下沉，如支护不当会有冒顶的风险。

本章定义了蝶形塑性区蝶叶角的概念，蝶叶角为巷道围岩出现蝶形塑性区后，最大半径位置与最大围压之间的夹角。通过理论分析、数值模拟及与已有岩石力学试验结果对比分析，得到巷道围岩出现明显蝶形塑性区后，塑性区蝶叶将趋于沿一定方向扩展，蝶叶角基本稳定在 38°～45°，在很小的范围内变化。最大围压为巷道围岩受力分析模型中的理论概念，在地下应力场中一般将巷道所在区域的最大主应力作为最大围压的等效量。蝶叶角代表了蝶形塑性区蝶叶位置与巷道区域内最大主应力的夹角。在此说明，巷道受力模型中，巷道轴向的作用力对巷道围岩蝶形破坏影响不大，本章只研究垂直巷道轴向的平面，地下最大主应力是在地下空间的三维矢量，在研究中需要等效投影到垂直巷道轴向的平面内。至此，确定了蝶形塑性区蝶叶方向与实际巷道区域最大主应力方向的对应关系，即蝶叶角为蝶叶最大半径方向与最大主应力方向之间的夹角。根据以上研究可得，当巷道围岩出现蝶形塑性区时，塑性区蝶叶最大半径与最大主应力的夹角几乎不变，基本在 38°～45°。

在实际地下应力场中，在不同条件、不同区域最大主应力的方向各不相同，最大主应力方向发生变化时蝶形塑性区蝶叶方向随主应力旋转相应角度。以巷道断面垂直方向上的塑性区范围为潜在冒落区，潜在冒落区内巷道顶板水平以上的破坏深度为潜在冒落高度，如图 4-28 所示。由图可知，一定应力条件下巷道围岩出现蝶形塑性区后，不同的主应力方向导致的围岩最大破坏深度和潜在冒落区范围不相同。巷道顶板围岩的稳定性与巷道垂直方向上围岩的破坏范围相关，设最大主应力与垂直方向夹角用 α 表示，设蝶叶最大半径方向与垂直方向夹角为蝶叶方位角，用 β 表示，建立了冒顶风险方位判据：

$$\beta = | \alpha - \theta_t | \tag{4-16}$$

式中 θ_t——蝶叶角，是塑性区蝶叶与最大主应力之间的夹角，由以上研究得蝶叶角方向几乎一定，基本在 38°～45°之间；

α——最大主应力方位角，表示最大主应力与竖直方向的夹角；

β——蝶叶方位角，是蝶叶最大半径方向与垂直方向夹角，β 角越小，蝶叶最大半径方向与垂直方向夹角越小，巷道顶板潜在冒落高度越大，巷道冒顶风险越高。

当 β=0°时，蝶叶旋转至巷道顶板正上方，围岩最大破坏深度成为巷道顶板潜在冒落高度，此时潜在冒落高度最大，巷道冒顶风险最高。

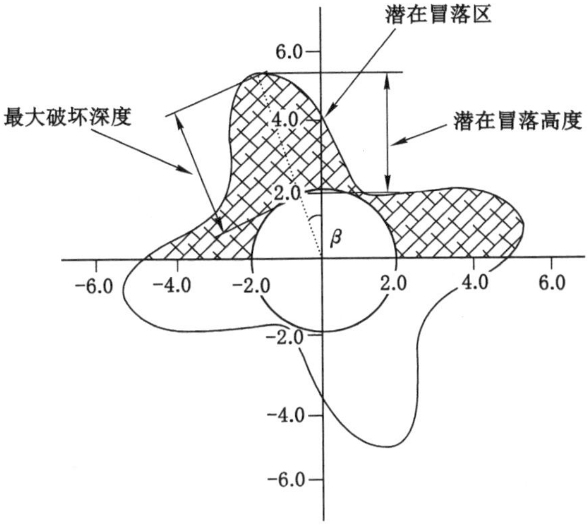

图 4-28 巷道顶板稳定性与围岩蝶形塑性区形态的关系

最大主应力不同的方位角导致蝶形塑性区旋转程度不同，巷道潜在冒落区范围也不相同。当最大主应力方向为垂直方向时，即 $\alpha=0°$时，蝶叶方位角 β 较大，如图 4-29(a)所示，此时，潜在冒落区范围及潜在冒落高度不大，巷道围岩相对易于维护，顶板相对稳定；随着最大主应力方向相对垂直方向的偏转，即 α 的增大，蝶叶方位角 β 逐渐减小，巷道顶板潜在冒落区范围及潜在冒落高度逐渐增大，顶板稳定性逐渐变差，图 4-29(b)所示为 $\alpha=20°$时的结果；当最大主应力方向旋转至一定角度，即 α 旋转至 38°左右时，β 几乎为 0°，此时，巷道顶板上方的潜在冒落区范围最大，围岩最大破坏深度与潜在冒落高度相等，两者达到了最大值，顶板稳定性最差，图 4-29(c)所示为 $\alpha=38.5°$(38°～45°)时的结果；随着 α 的继续增大，围岩最大破坏深度逐渐偏离竖直方向，潜在冒落高度逐渐减小，蝶叶随着最大主应力旋转偏离顶板上方，图 4-29(d)所示为 $\alpha=90°$时的结果。最大主应力为垂直或水平方向时，蝶形塑性区最大破裂深度位于巷道的两肩和底角，巷道顶板上方破坏范围不大，该条件下巷道顶板相对稳定，易于维护；当最大主应力方向偏离垂直或水平方向时，蝶形塑性区最大破裂深度随之发生旋转，随着最大主应力方向与垂直方向夹角的增大，蝶叶方位角逐渐减小，与此同时，巷道顶板上方的围岩破坏范围逐渐增大，巷道顶板稳定性越来越差；当最大主应力偏转约 38°～45°时，蝶形塑性区最大破裂深度位于巷道顶板上方，该条件对巷道顶板稳定最为不利，极易发生冒顶。式(4-16)为巷道蝶形冒顶预判提供了方位判据。

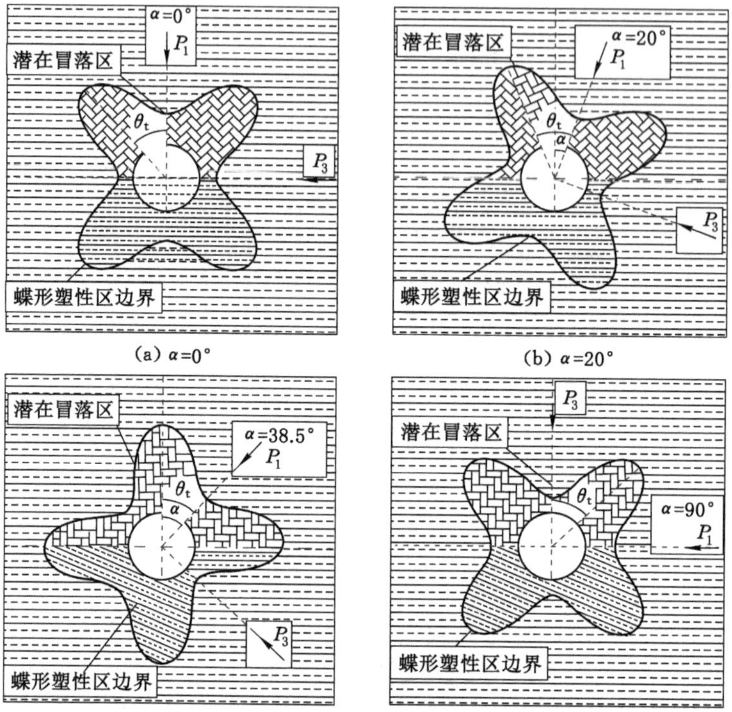

(a) α=0°　(b) α=20°

(c) α=38.5°　(d) α=90°

图 4-29　最大主应力偏转与巷道围岩稳定性关系示意图

在一定应力条件下，巷道围岩形成蝶形塑性区，塑性区蝶叶的方位对巷道围岩稳定性有重要影响，蝶叶方位角 β 代表了蝶叶最大半径方向与垂直方向之间的夹角，蝶叶方位角 β 越小巷道围岩潜在冒落区范围及潜在冒落高度越大，当 $\beta=0°$时，蝶叶旋转至巷道顶板正上方，围岩最大破坏深度成为巷道顶板潜在冒落高度，此时潜在冒落高度最大，巷道冒顶风险最高。同时，蝶叶方位角判据公式基于蝶叶定向扩展特性，建立了蝶叶方位角与最大主应力方向之间的关系，可通过最大主应力方向来预判巷道蝶形冒顶的风险。

4.4　本章小结

本章从蝶形塑性区的形成机制入手，通过理论分析、数值模拟及与已有岩石力学试验的对比分析研究了蝶形塑性区蝶叶的扩展方向，发现了蝶形塑性区蝶叶定向扩展特性，为巷道围岩稳定性分析提供范围分布的方位判据。得到如下结论：

(1) 得到了非均匀应力场中圆形巷道周围环向应力场的分布规律。在地下非均匀应力场中，圆形巷道周围应力场在巷道周围环向方向上表现出相似的分布特征：摩尔圆圆心 σ_m 随极角单调递增，摩尔圆半径 r_m 及摩尔圆过原点切线斜率 k_m 随极角先增大后减小呈现出倒 V 形分布(由于对称性只研究第一象限内的分布规律)。

(2) 非均匀应力场中圆形巷道周围环向应力场的分布规律导致应力的破坏强度在环向位置上呈现先增大后减小的倒 V 形尖角式分布，任何岩石材料均会优先在应力破坏强度大的倒 V 形尖角处发生破坏(基于摩尔-库仑强度准则)，最终形成了蝶形塑性区。

(3) 高应力水平和高围压比值是形成巷道围岩蝶形塑性区的两个必要应力条件。

(4) 蝶形塑性区最大半径线与最大围岩方向夹角为蝶叶角，用 θ_t 表示，在理论上通过夹逼准则获得了蝶叶角计算公式，可通过求解应力函数极值点的位置在理论上确定蝶叶角的大小。

(5) 发现了蝶形塑性区蝶叶定向扩展规律。通过理论计算、数值模拟及与已有岩石力学试验的对比发现，当巷道围岩出现蝶形塑性区后，塑性区将沿着蝶叶方向定向扩展。三种方法得到的蝶叶定向扩展规律一致，在数值上有微小差别，综合三种方法的范围，本章确定蝶叶角方向为 38°～45°。

(6) 建立了巷道蝶形冒顶风险的方位判据。巷道围岩出现蝶形塑性区后，塑性区将沿着蝶叶方向定向扩展，蝶叶方向与最大主应力方向夹角几乎保持一致，为 38°～45°。主应力的方向会影响蝶叶的方位，当蝶叶位于巷道顶板，此时发生蝶形冒顶的风险最高。

5 基于形态判定准则的巷道围岩稳定性量化评估

巷道围岩稳定性的定量化研究对于巷道稳定性分析和控制有重要的理论和现实意义。井下巷道处在千变万化的应力与围岩环境中，找到一个统一的能够衡量巷道围岩稳定性的量化标尺是目前研究的难点。非均匀应力场中巷道围岩塑性区一般表现出圆形、椭圆形、蝶形三种基本形态，不同形态塑性区对应不同的力学特性，将决定巷道围岩处在不同的稳定状态中。本章采用理论分析、数值模拟、现场实例分析的方法，对比研究了三种形态塑性区的力学特性。研究发现，圆形、椭圆形塑性区范围较小、分布均匀，即使在极限应力条件下塑性区范围仍然较小；蝶形塑性区的出现伴随着大尺度、分布不均匀的特性，蝶形破坏会引起巷道围岩变形破坏严重、巷道致灾风险加大。基于塑性区形态的力学特性建立了塑性区形态与巷道围岩稳定性的对应关系："无蝶较稳定，有蝶有风险"。塑性区形态判定准则用数学表达式量化表征了塑性区形态类别，为巷道围岩稳定性的定量研究带来可能。本章建立了一个以判定准则为量化标尺，以塑性区形态特征为划分依据，能够对处在一定应力与围岩环境中的巷道进行定量化的稳定性分析评估的理论方法，并通过现场案例分析验证了理论的可靠性。研究结果将对巷道布置、灾害发生机理分析、支护设计以及井下巷道灾害预警等有理论指导意义。

5.1 塑性区力学特征与巷道围岩稳定性

5.1.1 蝶形塑性区非均匀分布特征

图 5-1 为圆形巷道围岩塑性区三种形态的数值模拟计算结果，由图可得：双向等压条件下巷道围岩塑性区形态为圆形，塑性区均匀地分布在巷道周围，塑性区各向尺寸均相等，如图 5-1(a)所示；围压比值增大后塑性区形态由圆形变为椭圆形，虽然塑性区半径在最大主应力方向处最小，在最小主应力方向处最大，并不是完全沿着巷道均匀分布，但是塑性区轮廓圆滑过渡，塑性区形态整体还是呈

现较均匀的分布状态，如图 5-1(b)所示；随着围压比值的增大，巷道围岩出现了蝶形塑性区，塑性区主要分布在蝶叶部位，巷道顶、底塑性区范围很小，巷道围岩蝶形塑性区在巷道周围分布极不均匀，如图 5-1(c)所示。从形态上看，圆形、椭圆形塑性区分布均匀，蝶形塑性区分布不均匀，塑性区范围主要集中在蝶叶部位，表现出非均匀特征；在采矿工程领域精度要求范围内，通常视塑性区为破坏区来研究地下工程中围岩的稳定性；巷道围岩的不均匀破坏对巷道围岩稳定性有重要影响：均匀破坏时，破坏区内的碎石可以相互制约，不存在向某一区域集中挤压现象，巷道周围变形均匀，巷道相对比较稳定；如果巷道围岩破坏区范围分布不均匀，破坏严重的区域巷道变形严重，破坏严重区域内的碎石相当于软弱体被四周弹性区岩石集中挤压，此时对支护体的作用力加大，当超过支护体承载力时会产生坠落的危险，巷道围岩较不稳定。

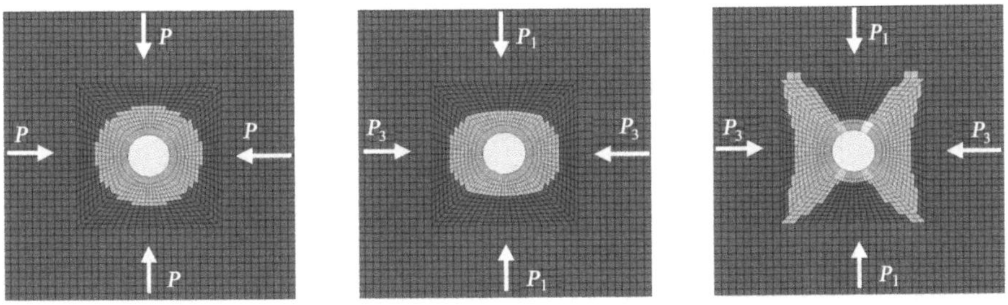

(a) 圆形形态(η=1)　　(b) 椭圆形形态(η=1.3)　　(c) 蝶形形态(η=2.5)

图 5-1　圆形巷道围岩塑性区三种形态的数值模拟结果

5.1.2　蝶形塑性区大尺度特征

5.1.2.1　蝶形塑性区大尺度特征

非均匀应力场中巷道围岩塑性区形态表现为圆形、椭圆形、蝶形；双向等压条件下($\eta=1$)塑性区形态为圆形，双向围压比值较小时(一般煤岩条件下 $1<\eta<2$)塑性区形态为椭圆形，双向围压比值较大时(一般煤岩条件下 $\eta>2$)塑性区形态为蝶形。基于巷道围岩塑性区一般形态及形成条件，本小节研究了不同应力水平条件下三种形态的塑性区尺度，控制每种形态下围压比值一定，分别取圆形 $\eta=1$，椭圆形 $\eta=1.5$，蝶形 $\eta=3$；通过改变最大围压的大小，来对比研究三种形态在不同应力水平条件下的塑性区尺度；塑性区的尺度通过 FLAC^{3D} 数值模拟计算得到，巷道围岩岩石力学性质参考煤岩岩石力学参数($C=3$ MPa，$\varphi=25°$，$R_C=10$ MPa)，最大围压应力值从 10 MPa 增大至 100 MPa(相当于4 000 m 埋深下的应力水平)，得到三种形态塑性区尺度随应力水平的变化曲线，如

图 5-2 所示。在此说明，应力加载到 100 MPa 时，已经为目前开采条件下的极限应力水平，本章采用这种极限条件下的应力水平，目的是证明在理论可能存在的应力条件下普通岩石力学性质的围岩塑性区可能呈现的规律，所得到的塑性区变化规律具有普遍性。为排除巷道大小对塑性区尺度的影响，本章塑性区尺度大小采用塑性区到巷道中心最大距离 R_{max} 与巷道半径 a 的比值来表示，图 5-2的纵坐标为 R_{max}/a。

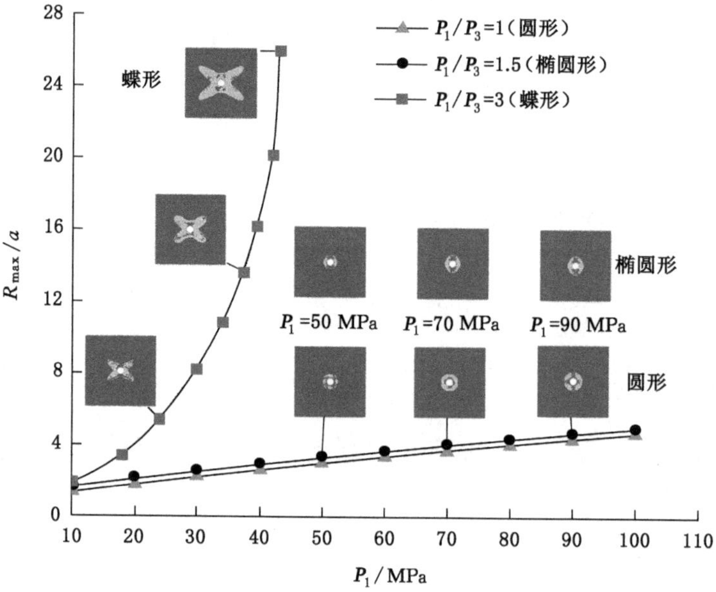

图 5-2　蝶形破坏的大尺度特性曲线

由图 5-2 可得，圆形椭圆形形态在相同的应力水平条件下塑性区尺度相近，尺度较小，塑性区范围分布均匀；应力水平为 10 MPa 时，塑性区范围为 0.3 倍巷道半径；应力水平到 100 MPa 时，塑性区最大半径（塑性区到巷道中心的最大距离）也仅为 5 倍的巷道半径（塑性区范围为 4 倍巷道半径），100 MPa 基本已经达到现有开采深度的极限应力水平[5-6]。在应力水平增大的过程中，蝶形塑性区表现出大尺度特性：塑性区范围主要集中在蝶叶区，应力水平为 10 MPa 时，塑性区范围为 0.8 倍巷道半径；应力水平为 23 MPa 时，塑性区尺寸为 4.5 倍巷道半径，已超过 100 MPa 应力水平下的圆形与椭圆形塑性区尺寸；随着应力水平的增加，塑性区尺寸呈现类似指数形式的增长。

图 5-2 中在最大围压为 10 MPa 时，应力水平刚刚达到围岩的单轴抗压强度，此时圆形、椭圆形、蝶形三种形态塑性区刚刚开始发育，三种形态塑性区范围

尺度几乎相等。之后，随着应力水平的增大，蝶形曲线始终处在圆形、椭圆形曲线上方，在相同应力水平条件下，蝶形塑性区的尺寸普遍大于圆形及椭圆形塑性区的尺寸，蝶形塑性区表现出大尺度特征。图中应力条件已取到目前煤矿开采条件下几乎不可能达到的极限水平 100 MPa，围岩参数选取普通煤岩强度参数，在这样的条件下圆形、椭圆形塑性区的范围依然不会太大，而蝶形塑性区在应力水平为 23 MPa 时最大半径已经超过圆形及椭圆形在 100 MPa 时的塑性区尺度。可以得到，蝶形塑性区具有大尺度特征，在一般煤矿井下条件，巷道围岩出现圆形及椭圆形塑性区时，其范围尺度不会太大。均匀围压条件下，巷道围岩不容易被破坏，塑性区尺度较小；偏围压（双向围压值偏差较大）条件下，巷道围岩更容易被破坏，巷道围岩塑性区范围较大。

通过对比分析得到以下结果：① 相同应力水平下蝶形破坏尺度远大于圆形、椭圆形，表现出大尺度特征；② 从尺度曲线的发展趋势来看，圆形、椭圆形塑性区尺度扩展缓慢，在极大应力水平 100 MPa 条件下（相当于 4 000 m 埋深水平），塑性区尺度仍然很小，这种计算结果还是采用强度不高的煤岩力学参数（抗压强度为 10 MPa）条件下求得的，强度更高的岩石计算的尺度会更小，可以推论在地下一般条件下巷道围岩圆形、椭圆形塑性区尺度范围很有限；③ 蝶形破坏在应力水平较低的情况下即出现大范围破坏，当应力水平达到一定值后塑性区范围会迅速增大。

5.1.2.2 *在巷道围岩稳定性中的工程意义*

圆形、椭圆形塑性区分布均匀，且范围尺度较小，均匀分布的塑性区可相互约束，在实际巷道围岩中表现为变形破坏范围小，巷道围岩较稳定。巷道围岩出现圆形或椭圆形破坏时，破坏区范围一般不会超出支护体长度，巷道围岩变形量小对支护体延伸率要求不高，普通支护即可保证巷道围岩的稳定。

蝶形塑性区分布不均匀，塑性区主要集中在蝶叶部，且范围较大，在实际巷道中表现为蝶叶区变形破坏大，四周弹性区变形小，形成了非均匀变形破坏。一方面，蝶叶区破坏范围大，需要支护体承载更大的破碎岩体；另一方面，蝶叶区内的破碎岩石相当于软弱体受到周围弹性岩石集中挤压，使得支护体受力增大。蝶形塑性区出现后，对支护体的长度、强度及延伸率要求更高，更难以控制，如果蝶叶出现在顶板如支护不当将有冒顶的风险。

5.1.3 蝶形塑性区的应力敏感性特征

基于巷道围岩蝶形破坏的形成条件（高应力水平，高围压比值）及形态演化规律（随着围压比值由 1 增大，塑性区形态由圆形变为椭圆形然后变为蝶形），在最大围压方向加载或在最小围压方向卸荷均会引起围压比值的增大，给蝶形塑性区的扩展创造了条件。地下应力场的变化，如果其等效结果相当于在最大围压方向加载或是在最小围压方向卸荷，将可能诱发围岩破坏区的扩展。下面将详细阐述在巷道围岩最大围压方向加载和在最小围压方向卸荷两种情况下围岩塑性区的应力敏感性规律。本小节的研究采用了矩形断面，断面尺寸为宽、高分别为 5 m、4 m，围岩力学性质仍采用煤岩力学参数（$C=3$ MPa，$\varphi=25°$，$R_C=10$ MPa），研究的应力水平参考 800 m 埋深的 20 MPa。为了得到较全面的塑性区对应力的敏感性规律，书中采用了理论范围内可能的应力值，有些应力条件下达到的塑性区尺度可能在现场巷道中很难达到，但是对认识全面完整的规律有重要作用。

5.1.3.1　最大围压方向加载蝶形破坏的敏感性

控制区域最小围压 P_3 一定，为 20 MPa，区域最大围压从 20 MPa 逐渐增大，分别计算各种应力条件下巷道围岩塑性区的分布，并统计每种应力状态下塑性区的最大半径 R_{max}，得最大围压方向加载时巷道围岩塑性区扩展图，如图 5-3 所示。计算结果为各个应力状态下的塑性区形态，如果考虑加载路径，塑性区范围会变得更大。由图可知：

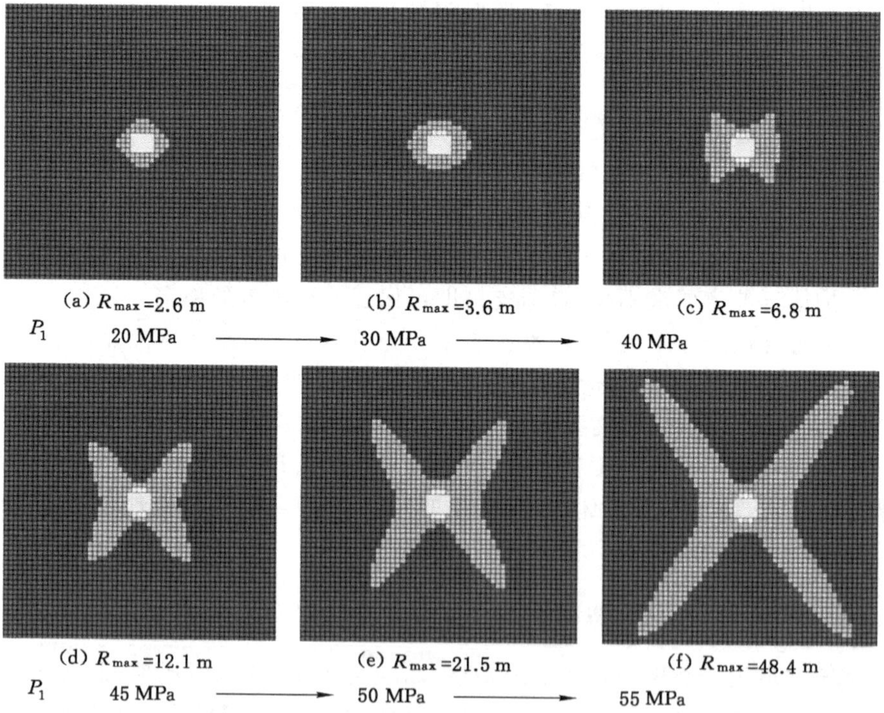

图 5-3　最大围压方向加载时巷道围岩塑性区扩展图

(1) 最大围压方向加载时矩形巷道围岩塑性区范围不断扩大,塑性区形态也有所改变:最大围压为 20 MPa 时,巷道围岩结构受双向等压作用,塑性区为圆形形态,塑性区整体分布范围较小,矩形巷道两帮塑性区范围相对较大,深度达到 0.6 m。随着最大围压的增大,围岩塑性区范围在不断扩大,围岩破坏向巷道角部转移,塑性区由椭圆形转化为蝶形;随着最大围压的继续增大,围岩塑性区形态几乎不再发生变化,范围大小会不断增大如图 5-3(d)~图 5-3(f)所示。

(2) 最大围压加载前期,塑性区为圆形或椭圆形,塑性区范围较小,单位应力改变引起的塑性区范围变化率较小,对应力变化不敏感,定义不敏感行为为迟钝,如图 5-3(a)~图 5-3(c)所示,应力增加 10 MPa,塑性区最大半径仅仅扩展 3.2 m;最大围压加载到一定值后,围岩出现蝶形破坏,塑性区范围较大,且单位应力改变引起的塑性区范围变化较大,对应力变化敏感,如图 5-3(d)~图 5-3(f)所示。应力增加 5 MPa,塑性区最大半径扩展了 26.9 m。为了得到较全面的塑性区对应力的敏感性规律,书中采用了理论范围内可能的应力值,有些应力条件下达到的塑性区尺度可能在现场巷道中很难达到,但是对认识全面完整的塑性区应力敏感性规律有重要作用。

(3) 最大围压较小时,围岩塑性区小且应力响应迟钝,围岩结构稳定;最大围压较大时,围岩出现蝶形破坏,围岩塑性区范围增大,且应力响应敏感,围岩结构稳定性变差,应力改变时会引发塑性区范围激增。以最大围压为 x 轴,以统计的各个应力状态下塑性区的最大半径为 y 轴,建立了围岩塑性区最大半径随最大围压变化曲线,如图 5-4 所示。

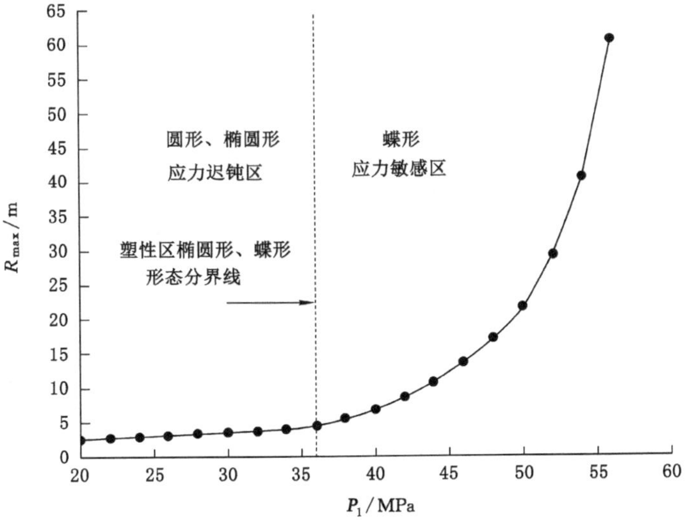

图 5-4 最大围压方向加载时的蝶形塑性区敏感响应曲线

由图可知：随着最大围压的增大，曲线呈增长趋势，且曲线斜率也逐渐增大，塑性区最大半径经历缓慢增长阶段到加速增长阶段直至达到无穷大。曲线斜率代表了围岩的应力敏感性特征，即单位应力改变引起的塑性区尺寸变化。根据曲线的变化趋势，将最大围压划分为两种不同的加载区：应力迟钝区，围岩塑性区形态为圆形或椭圆形，围岩塑性区范围小，对应力变化迟钝，围岩结构稳定；蝶形敏感区，围岩塑性区形态出现蝶形，塑性区范围大，曲线斜率大，塑性区对应力变化敏感。在最大围压方向加载，初始阶段巷道围岩塑性区为圆形或椭圆形形态，塑性区范围小，曲线斜率几乎为 0，塑性区对应力变化迟钝；当最大围压增大到一定值后，围岩出现蝶形塑性区，塑性区范围大，曲线斜率逐渐增大，塑性区对应力变化敏感。应力加载越大围岩塑性区范围越大，对应力变化越敏感。

5.1.3.2　最小围压方向卸荷的蝶形破坏敏感性

依据区域最大围压加载的研究方法，控制最大围压一定，为 20 MPa，区域应力场最小围压从 20 MPa 逐渐减小，分别模拟计算各种应力条件下巷道围岩塑性区的分布并统计每种应力状态下塑性区的最大半径尺寸 R_{max}，得最小围压方向卸荷时巷道围岩塑性区扩展图，如图 5-5 所示。由图可知：

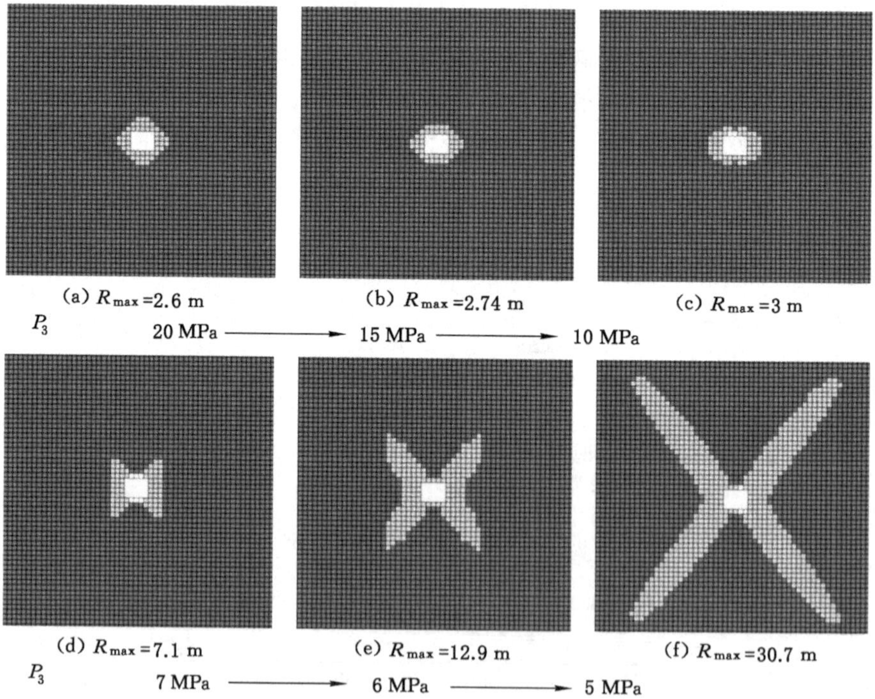

图 5-5　最小围压方向卸荷时巷道围岩塑性区扩展图

(1) 最小围压方向卸荷时，围岩塑性区扩展规律与最大围压方向加载时相似；随着最小围压的减小，巷道围岩塑性区范围在不断扩大，围岩破坏由帮部转向角部；随着最小围压的继续减小，围岩出现蝶形塑性区，围岩塑性区形态分布几乎不再发生变化，塑性区范围如图 5-5(d)～图 5-5(f)所示。

(2) 最小围压卸载前期，塑性区范围较小，为椭圆形形态，单位应力的变化引起的塑性区范围变化很小，塑性区对应力变化较迟钝，如图 5-5(a)～图 5-5(c)所示，区域最小围压减小 5 MPa，塑性区最大半径增大 0.26 m；卸载后期塑性区范围变大，围岩出现蝶形破坏，单位应力变化引起的塑性区范围变化很大，塑性区对应力变化敏感，如图 5-5(d)～图 5-5(f)所示。区域围压减小 1 MPa，塑性区最大半径增大 17.8 m。为了得到较全面的塑性区对应力的敏感性规律，书中采用了理论范围内可能的应力值，有些应力条件下达到的塑性区尺度可能在现场巷道中很难达到，但是对认识全面完整的塑性区应力敏感性规律有重要作用。

(3) 与最大围压方向加载时相比，最小围压方向卸荷时单位应力变化引起的塑性区扩展更加剧烈，较最大围压方向加载情况塑性区对应力更加敏感。在最小围压方向卸荷到一定程度，围岩出现蝶形破坏，围岩塑性区范围增大，且对应力变化敏感，围岩结构稳定性变差，应力改变时会引起塑性区大范围增大。

以最小围压为 x 轴，以统计的各个应力状态下塑性区的最大半径为 y 轴，建立了围岩塑性区最大半径随最小围压变化的蝶形对应力的敏感性分析曲线，如图 5-6 所示。由图可知：

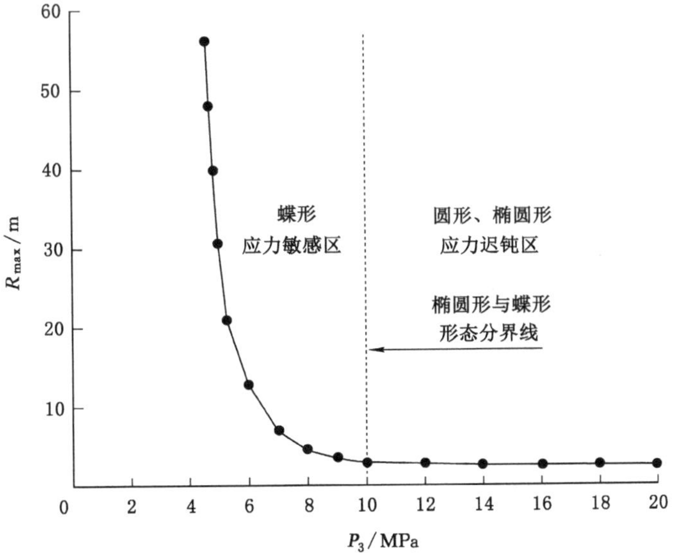

图 5-6 最小围压方向卸荷时的蝶形塑性区敏感响应曲线

(1) 最小围压方向卸荷时与最大围压方向加载时蝶形破坏敏感响应曲线变化趋势一致，随着最小围压的减小，曲线呈现增长趋势，且曲线斜率也逐渐增大，塑性区最大半径对应力变化的敏感性经历缓慢增长阶段到加速增长阶段直至达到无穷大。

(2) 根据曲线的变化趋势，将最小围压同样划分为圆形、椭圆形应力迟钝区和蝶形应力敏感区。最小围压水平处在应力迟钝区时，塑性区形态表现为圆形或椭圆形，塑性区范围小，对应力变化迟钝，巷道围岩稳定；最小围压水平处在蝶形敏感区时，塑性区形态出现蝶形，塑性区范围大，对应力变化敏感，应力的变化会引发塑性区的较大尺度增大；随着最小围压的继续卸荷，塑性区对应力改变越发敏感。

在最大围压方向加载或在最小围压方向卸荷，均会引起围压比值的增大，为蝶形破坏的生成及扩展创造了条件。在模型双向等压的基础上分别在最大围压方向加载或在最小围压方向卸荷，围岩塑性区对应力变化的敏感性经历了无蝶应力迟钝区到蝶形敏感区，加载或卸荷到一定程度会出现蝶形塑性区，如图 5-7 所示。应力迟钝区内，巷道围岩塑性区为圆形或椭圆形，塑性区尺度小，且对应力变化迟钝，即使有大的应力扰动，塑性区扩展范围有限；蝶形敏感区内，巷道围岩塑性区为蝶形形态，塑性区尺度较大，且对应力响应敏感，应力扰动会引起塑性区的较大范围扩展。

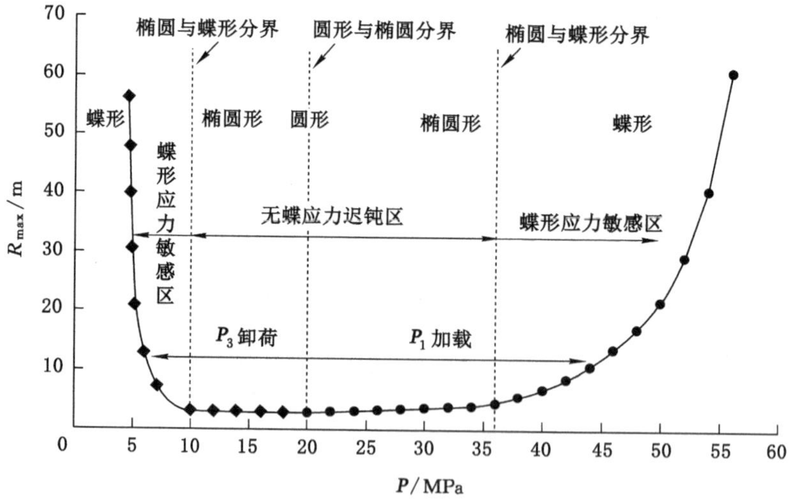

图 5-7　巷道围岩塑性区对应力变化的敏感性曲线及分区

5.1.3.3　在巷道稳定性中的工程意义

由于受到地下采掘工程活动及地质活动的影响,如顶板周期来压、工作面前方移动支承压力、基本顶断裂等影响,巷道围岩处在不断变化的应力环境中。特别是回采巷道,距离工作面较近,受到采动应力干扰后巷道围岩应力场会发生变化。地下应力场的变化,如果其等效结果相当于在最大围压方向加载或是在最小围压方向卸荷,将可能诱发围岩破坏区的扩展。圆形、椭圆形破坏区对应力变化较迟钝,出现应力干扰后,破坏区扩展范围很小,图 5-7 中无蝶应力迟钝区内塑性区变化曲线几乎水平;出现蝶形破坏后,破坏区对应力变化较敏感,如图 5-7 中的蝶形应力敏感区,随着塑性区范围的增大,曲线斜率不断增大,破坏区对应力变化越发敏感。破坏区受到应力干扰而发生扩展时,其造成的影响有以下四个方面:① 造成破坏区范围增大,对支护体的承载力要求加大;② 破坏区范围增大,岩石碎胀变形增大,对支护体施加岩体变形力;③ 破坏区范围增大,可能会超过支护体长度,使支护体锚固段处在巷道围岩破坏区内,使支护失效;④ 破坏区扩展过程有部分弹性能释放,对支护体造成冲击力,影响支护的稳定性。蝶形破坏的出现增大了巷道冒顶的风险性。

5.1.4　塑性区形态与巷道围岩的稳定性

在一定应力条件下,巷道围岩会出现三种理论意义上破坏形态:圆形、椭圆形、蝶形。圆形、椭圆形破坏区范围较小,破坏区分布均匀,对应力变化不敏感;巷道围岩破坏区形态是圆形或椭圆形时,巷道围岩变形量小,巷道围岩结构稳定,巷道发生冒顶的风险较小。蝶形破坏区破坏范围较大,且破坏区分布不均匀,对应力变化敏感;巷道围岩出现蝶形破坏时,巷道变形破坏严重,在最大围压方向加载或在最小围压方向卸荷会引起蝶形破坏较大尺度的扩展,需要支护的范围增大,且对支护体造成一定的冲击力,增大了巷道冒顶的风险。圆形、椭圆形破坏是巷道围岩比较稳定的破坏形态,采取普通常规的支护形式即可保证巷道的稳定性;蝶形破坏是巷道围岩不稳定的破坏形态,蝶形破坏的出现会引发巷道围岩出现大变形,对支护体强度、长度、延伸率有更高要求,需要采取特殊的支护措施来保证巷道的稳定性,如果支护不当可能出现巷道冒顶灾害。出现圆形、椭圆形塑性区时巷道围岩稳定,发生灾害的风险较小;出现蝶形塑性区时巷道围岩不稳定,需要加强支护。

在此需要说明的是,不是说巷道围岩没有出现蝶形塑性区时就绝对无灾害,而是说巷道围岩没有出现蝶形塑性区时,巷道围岩变形破坏小,围岩结构稳定,只要采取一般支护形式即可保证巷道的安全稳定;另外,巷道出现蝶形破坏时也不是一定会发生灾害,而是说巷道围岩出现蝶形破坏时巷道围岩变形破坏较严重，需要采取特殊支护措施来保证巷道围岩的安全，否则巷道围岩有冒顶灾害风险。在煤矿井下一般围岩条件下，在一定应力环境中，巷道围岩塑性区形态不是蝶形时，巷道围岩变形破坏小，围岩结构稳定，只要采取一般支护形式即可保证巷道的安全稳定；巷道围岩出现蝶形破坏时，巷道围岩变形破坏严重，有冒顶风险，可用图 5-8 来表示。

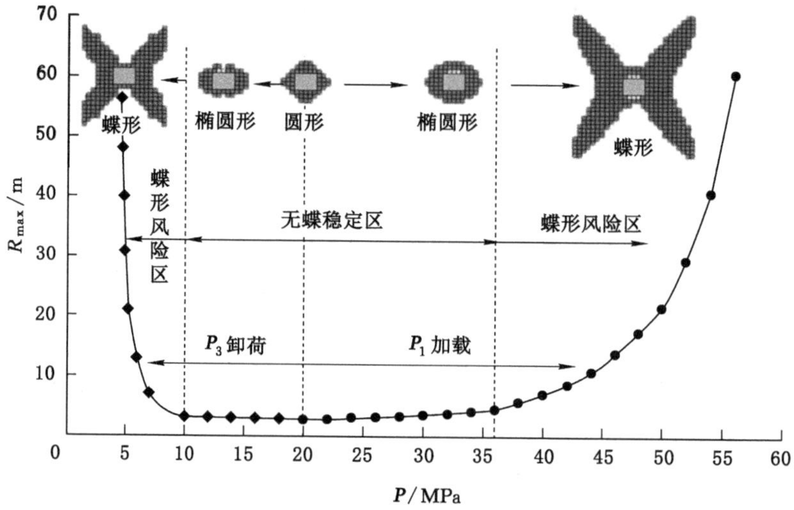

图 5-8　塑性区形态与巷道围岩稳定性

图 5-8 是在 20 MPa 应力水平下（800 m 埋深），在最大主应力方向加载（控制最小围压为 20 MPa）、在最小主应力方向卸荷（控制最大围压为 20 MPa）得到的塑性区最大半径 R_{max} 与应力 P 变化关系曲线，围岩岩性选取煤岩性质，用以说明塑性区形态与巷道围岩稳定性的关系。图中，在双向围压相等（最大围压＝最小围压＝20 MPa）时，巷道围岩塑性区为圆形（巷道断面采用矩形断面，塑性区圆形指的是相对断面形状的均匀分布形态），围岩塑性区范围较小。向左最小主应力卸荷、向右最大主应力加载，巷道围岩塑性区形态逐渐由圆形变为椭圆形，塑性区范围仍然很小。在出现蝶形之前，巷道围岩塑性区范围都很小，最大半径曲线斜率几乎为 0，塑性区对应力变化不敏感，巷道围压结构稳定，采取普通支护即可保证巷道围岩的稳定性，称这一以圆形椭圆形破坏形态为主的应力区间为无蝶稳定区。随着最小围压继续卸荷、最大围压继续加载，巷道围岩塑性区形态开始出现蝶形形态，围岩塑性区范围变大，曲线斜率增大，塑性区对应力变化变得越发敏感，此时巷道围岩变形破坏严重，支护不当会有冒顶风险，巷道围岩结构处于不稳定状态，称这一以蝶形

破坏形态为主的应力区间为蝶形风险区。图 5-8 概括了塑性区形态与巷道围岩的稳定性的定性关系，在巷道围岩未出现蝶形塑性区时，巷道围岩变形破坏较小，采取支护即可保证巷道围岩的稳定性。当巷道围岩出现蝶形塑性区后，巷道围岩变形破坏严重且对应力变化敏感，需要引起重视，对巷道围岩进行加强支护，支护不当可能有冒顶的风险。

不是所有的巷道围岩都会产生蝶形破坏，事实上，大多数的巷道围岩破坏形态都不是蝶形，图 5-8 中，在 800 m 埋深(20 MPa 应力水平)条件下，最小围压小于 10 MPa 或最大围压大于 36 MPa 以后才会出现蝶形破坏，在实际地应力条件下，随着埋深的增大侧压系数趋近于 1[144-147]，应力条件能达到蝶形破坏条件的情况很少，即在绝大多数条件下巷道围岩塑性区为圆形、椭圆形形态；只有在特殊的应力和围岩条件下巷道才会产生蝶形破坏，但蝶形破坏与巷道工程灾害具有更紧密的联系，出现蝶形塑性区会使巷道围岩变形破坏严重，如果蝶叶旋转至巷道顶板会有冒顶的风险，需要引起重视，对巷道围岩进行加强支护。

5.2　回采巷道蝶形冒顶机理

高应力和高围压比值是蝶形塑性区形成的两个必要条件，在煤矿生产中采掘空间造成原岩应力重新分布，在采掘空间周围的局部区域内会出现最大、最小主应力相差悬殊的情况[157-159]，形成高偏应力环境，为蝶形塑性区的形成孕育了条件。回采巷道处在原岩应力场与采动应力场的叠加应力场中，巷道围岩往往变形破坏严重，维护困难，容易出现大变形，支护不当可能出现巷道冒顶。本章之所以选择回采巷道来揭示巷道蝶形冒顶机理，是因为回采巷道周围应力场分布规律性明显，同时也是生产现场中容易发生灾害的一类巷道。以回采巷道为典型事例揭示高偏应力环境中巷道蝶形冒顶机理，可以为其他地点、其他地质环境中巷道围岩发生蝶形冒顶机理提供理论参考。

随着开采技术及机械化程度的提高，煤矿开采强度不断加大，目前我国很多煤矿为了解决高强度开采带来的瓦斯问题，回采巷道采用双巷或三巷布置，在上一个工作面开采后回采巷道没有报废被留作下一个工作面回采时的专用回风巷道。留巷由于受到采动应力场的影响，往往变形破坏严重，易出现非对称大变形甚至会出现冒顶灾害。针对回采巷道这一变形破坏较严重的典型巷道，本章从回采巷道周围应力场分布规律入手，研究了回采巷道围岩蝶形破坏的形成发展规律，分析了回采巷道蝶形破坏形成后围岩出现的大变形及冒顶机理，揭示了回采巷道围岩出现冒顶灾害的根源。

5.2.1 回采巷道周围应力场分布规律

5.2.1.1 采场周围高偏应力场形成机制

巷道围岩的冒顶灾害由巷道围岩受力发生变形破坏所导致，所以要研究这些灾害的致灾机理首先要分析巷道围岩的应力场分布规律。针对目前回采巷道应用较多的双巷布置形式，本章研究了针对留巷的采场侧方高偏应力场分布规律，如图 5-9 所示。双巷中靠近工作面的运输巷道随着工作面的推进而逐渐报废，距离工作面较远位置的巷道被保留下来作为下一个工作面回采时的专用回风巷道，其采场工作面布置如图 5-9(a)所示。工作面回采后，原来实体部分被采空，采空区四周应力场重新分布。回采工作面前方应力的分布规律目前已得到了充分研究，工作面前方支承压力的分布特征已通过理论及现场实测得到验证[170-172]，本章对采场侧方高偏应力场分布规律的研究借鉴了已有的工作面前方应力场分布规律的研究成果。

基于已有的工作面前方支承压力分布规律的研究成果，得到工作面煤壁前方高偏应力场的分布规律，如图 5-9(b)所示。在工作面煤壁前方，垂直应力逐渐增大，达到峰值点后逐渐减小，最后趋向于原岩应力；水平应力在工作面煤壁自由面处大小为零，沿着煤壁前方逐渐增大，最后趋向于原岩应力。在工作面前方，如果将垂直应力视为最大主应力，水平应力视为最小主应力，围压比值 η 的分布规律如图所示，围压比值将从极限平衡的峰值点逐渐减小最后趋近于 1(这一结果只是对采场侧方应力的宏观描述，可能并不是十分准确，具体数值变化将在后文结合现场具体工程条件通过数值模拟来反演)。根据已有的研究成果，工作面前方支承压力系数 K(垂直应力与原岩应力比值)可达到3～5[20]，所以工作面前方围压比值最高将在 5 以上。在工作面前方围压比值较大，双向应力偏差较大，形成了高偏应力区域(高偏应力在第 2 章定义，表示双向应力偏差较大，双向应力比值大于 2 的受力状态)。

工作面回采后，原来实体部分被采空，采空区四周应力场重新分布，根据对称原理，采空区四周应力场分布规律相似。采空区侧方的应力分布规律可根据工作面煤壁前方应力分布结果获得，如图 5-9(c)所示。在采空区侧方，垂直应力逐渐增大，达到峰值点后逐渐减小，最后趋向于原岩应力；水平应力在采空区侧方煤壁自由面处大小为零，沿着煤壁前方逐渐增大，最后趋向于原岩应力。在采空区侧方，如果将垂直应力视为最大主应力，水平应力视为最小主应力，围压比值 η 的分布规律如图所示，围压比值与垂直应力的分布趋势一致，先增大，达到峰值点后逐渐减小最后趋近于 1(这一结果只是对采场侧方应力的宏观描述，可能并不是十分准确，具体数值变化将结合现场具体工程条件通过数值模拟来反演）。在采空区侧方，围压比值最高甚至可达到 5 以上，双向应力偏差较大，形成了高偏应力区域。

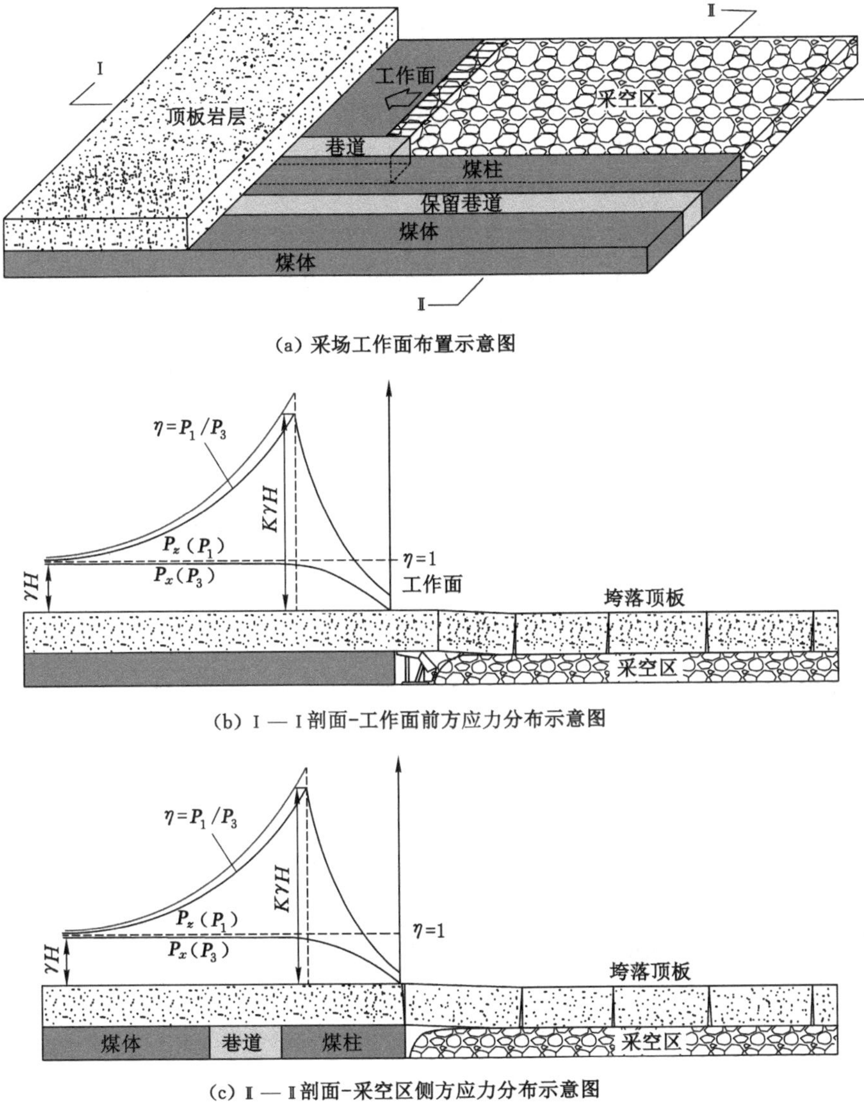

(a) 采场工作面布置示意图

(b) Ⅰ—Ⅰ剖面-工作面前方应力分布示意图

(c) Ⅱ—Ⅱ剖面-采空区侧方应力分布示意图

图 5-9　采场周围高偏应力场分布规律示意图

本章节给出的采场周围高偏应力场分布规律只是阐述了偏应力的宏观分布规律，不同的采掘工程布置、不同的围岩条件、不同的地应力条件下，采场周围的偏应力分布都会有所差异，本书结合具体的地质工程条件采用 FLAC3D 数值模拟软件研究具体采场具体巷道的应力场分布规律。根据已有的研究成果[20]，支承压力最大值将在工作面前方 30～50 m 范围内达到。煤矿生产中双巷或三巷布置的回风专用巷道在采空区侧方保留，处在采空区侧方高偏应力影响范围内，留巷的不同位置直接关系到巷道围压所受的高偏应力状态。前文研究得到，围压比值的不同将决定巷道围岩破坏区形态，巷道围岩将表现出不同的破坏规律。

5.2.1.2　采场周围主应力场方向分布规律

随着采煤工作面的推进，地下实体煤被采出，采场顶板直接顶垮落充填至采场空间区域，形成采空区；采空区上方坚硬岩层构成的基本顶随着工作面的推进，在一定长度范围内发生断裂，断裂后的巨大岩块发生铰接扭转，在紧靠采空区侧方的断裂岩块扭转后不能平复，在采空区侧方倾斜方向形成巨大推力，如图 5-10 所示；采空区侧方倾斜方向巨大的推力将影响巷道围岩的区域应力场，巷道围岩区域应力场将存在剪应力 P_{zx}，如图 5-10 所示，巷道围岩区域主应力场发生偏转，如图 5-11 所示。本章节只阐述宏观规律，具体的主应力场偏转角度可以根据具体的巷道环境通过数值计算的方法来求得，本章结合现场具体条件，通过 FLAC3D 数值模拟软件求得特定巷道特定采掘条件下主应力的偏转角度。

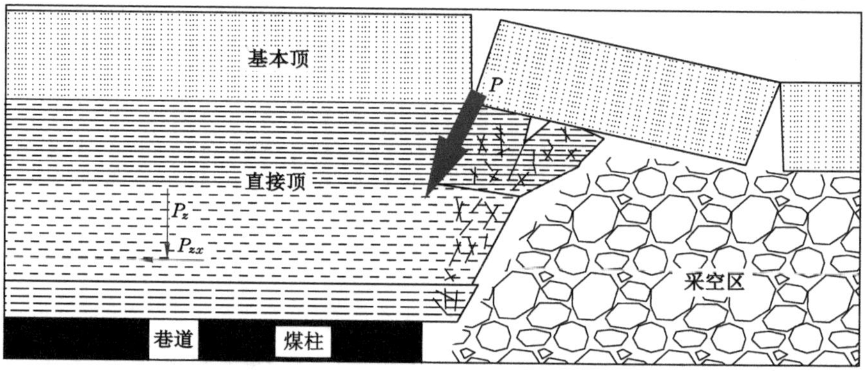

图 5-10　采空区周围主应力场旋转机制示意图

根据第 3 章中巷道围岩蝶形破坏的蝶叶定向扩展特征（蝶叶与最大主应力夹角一定，基本分布在 38.5°），当主应力方向发生旋转后，巷道围岩蝶形破坏区将随着主应力的旋转而发生偏转，如图 5-11 所示。巷道围岩破坏严重区域、灾害隐患区域将随着主应力的旋转而分布在巷道的不同位置，分布在顶板将产生巷道冒顶隐患。

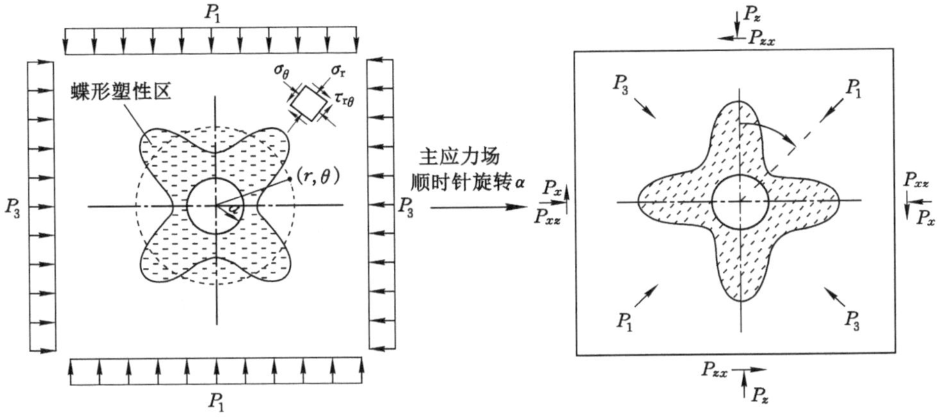

图 5-11 巷道围岩蝶形塑性区随主应力旋转机制

采空区周围由于应力场重新分布，在侧方一定范围内形成高偏应力区域，回采保留巷道可能处于高偏应力区内，为巷道围岩蝶形破坏的形成提供了应力条件。高偏应力区受到采空区一侧直接顶断裂、铰接转动而产生的倾斜应力作用，导致主应力场方向发生一定程度的旋转，造成巷道围岩破坏区在巷道周围不同位置的分布，加之巷道围岩不同岩层岩性的差异性赋存，最终导致回采巷道表现出不同规律的变形破坏，如果蝶叶旋转至巷道顶板，将有冒顶的风险。

5.2.2 高偏应力环境中巷道围岩蝶形冒顶机理

巷道围岩出现蝶形塑性区后，会对巷道围岩稳定性产生以下几方面影响：① 巷道围岩破坏区范围分布不均匀，破坏严重的区域巷道变形严重，破坏严重区域内的碎石相当于软弱体被四周弹性区岩石集中挤压，此时对支护体的作用力加大，当超过支护体承载力时会产生坠落的危险；② 蝶形塑性区主要集中在蝶叶部，且范围较大，需要支护体承载更大的破碎岩体；③ 蝶形塑性区出现后，对支护体的长度、强度及延伸率要求更高，更难以控制，蝶叶出现在顶板时如支护不当将有冒顶的风险。同时，蝶形破坏具有应力敏感性特征，由于受到地下采掘工程活动及地质活动的影响，如顶板周期来压、工作面前方移动支承压力、基本顶断裂等影响，巷道围岩处在不断变化的应力环境中，受到采动应力等干扰后巷道围岩应力场会发生变化。地下应力场的变化，如果其等效结果相当于在最大围压方向加载或是在最小围压方向卸荷，将可能诱发围岩破坏区的扩展。出现蝶形破坏后，破坏区对应力变化较敏感，破坏区受到应力干扰而发生扩展时，其造成的影响有以下四个：① 造成破坏区范围增大，对支护体的承载力要求加大；② 破坏区范围增大，岩石碎胀变形增大，对支护体施加岩体变形力；③ 破坏区范围增大，可能会超过支护体长度，使支护体锚固段处在巷道围岩破坏区内，使支护失效；④ 破坏区扩展过程有部分弹性能释放，对支护体造成冲击力，影响支护的稳定性。以上四个影响说明，蝶形破坏的出现增大了巷道冒顶的风险性。

采空区周围形成的高偏应力场为回采巷道围岩形成蝶形破坏创造了应力条件。由于采煤工作面与回采巷道之间煤柱留设的差异，回采巷道围岩主应力场会发生不同程度的偏转，基于蝶形破坏蝶叶的定向性原理，蝶形塑性区蝶叶随着主应力场的偏转而发生不同程度的旋转，蝶叶方位角越来越小，当 $\beta=0°$时，蝶叶旋转至巷道顶板正上方，围岩最大破坏深度成为巷道顶板潜在冒落高度，此时潜在冒落高度最大，巷道冒顶风险最高，如图 5-12 所示。基于蝶形塑性区的力学特性，顶板蝶叶内岩石遭到严重破坏，同时伴有巨大膨胀压力和强烈变形，当锚杆(索)不能承受蝶叶内围岩重量时，巷道便发生蝶形冒顶。

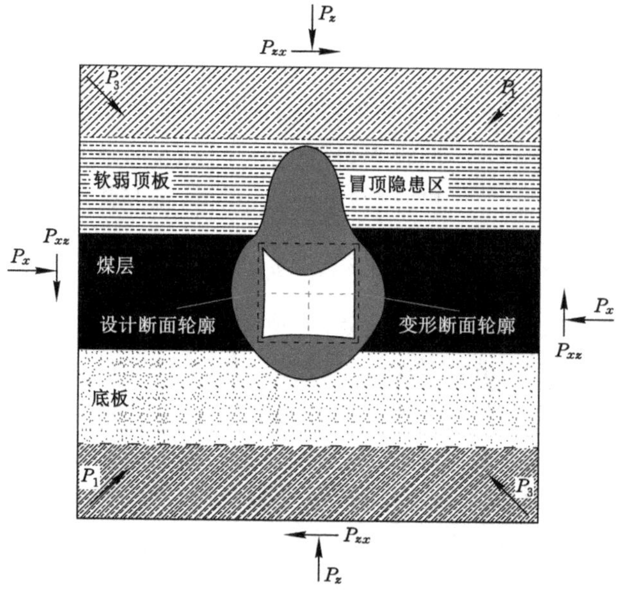

图 5-12　巷道蝶形冒顶机理示意图

之所以选择回采巷道来揭示巷道蝶形冒顶机理，是由于回采巷道周围高偏应力场分布规律性明显，同时也是生产现场中容易发生灾害的一类巷道。以回采巷道为典型事例揭示高偏应力环境中巷道蝶形冒顶机理，可以为其他地点、其他地质环境中巷道围岩发生蝶形冒顶机理提供理论参考。我国每年巷道工程量巨大，井下巷道可能处在各种各样的应力环境下，尤其是在采掘空间、地质构造带附近，这些区域会出现最大、最小主应力差值增大，巷道围岩将处于在高偏应力环境下，为巷道围岩蝶形塑性区的形成提供了条件。巷道围岩形成蝶形塑性区后对巷道围岩稳定性有重要影响，其力学特征导致蝶形塑性区的致灾性质，同时由于区域主应力场方向的偏转，蝶叶会旋转至巷道顶板附近，导致巷道潜在冒落区范围及潜在冒落区高度加大，对巷道支护控制的要求提高，如果支护不当可能出现巷道蝶形冒顶。

5.2.3 巷道围岩稳定性分析方法

本章将煤矿井下巷道围岩的受力结构抽象为孔洞围岩受力模型，将地下复杂应力场用区域最大主应力、区域最小主应力及围压比值来变换表示，通过研究不同形态塑性区的力学性质，建立了巷道围岩塑性区形态与巷道围岩稳定性的对应关系，最后将巷道围岩稳定性用塑性区形态系数来定量表征。通过塑性区判定准则判别巷道围岩所处的塑性区形态，进而对巷道围岩的稳定性进行提前预估。据此，本章建立了基于塑性区形态判定准则的巷道围岩稳定性分析预判方法，其原理和流程如图 5-13 所示。

(1) 区域应力场评估

高围压比值是巷道围岩蝶形塑性区形成的必要条件[13-15]。在实际煤矿井下，由于采掘工程影响及地质构造带的影响，会造成区域最大、最小主应力相差悬殊，形成高偏应力场环境，为巷道围岩形成蝶形塑性区创造了应力条件。基于巷道围岩的蝶形塑性区形成机制及应力条件，对巷道围岩所处应力场进行分析评估，主要研究指标为区域最大主应力、区域最小主应力及围压比值。根据巷道围岩蝶形塑性区的应力条件，初步判断应力场是否具有蝶形破坏的形成条件，初步确定巷道围岩破坏区可能的形态。

(2) 围岩地质力学参数评估

煤矿井下围岩并非均匀介质，围岩呈层状赋存，本章建立的塑性区形态判定准则在均匀介质条件下得到，在对实际井下巷道围岩稳定性进行分析时，为保证巷道安全采取保守做法，在巷道临近层选取岩性最弱的岩层进行判定分析。巷道围岩地质力学评估主要掌握巷道邻近各岩层的物理力学性质，主要研究指标为岩石黏聚力、内摩擦角、抗压强度等，找到巷道邻近层对巷道围岩稳定性起关键作用的岩层中强度最弱的岩层作为判定分析的研究对象。

(3) 形态判定确定巷道围岩的稳定性

根据掌握的各岩层岩石力学性质及巷道周围应力条件，对所选岩层进行塑性区形态判定。如果判定围岩没有出现蝶形塑性区，因为所选岩层为最弱岩层，认为

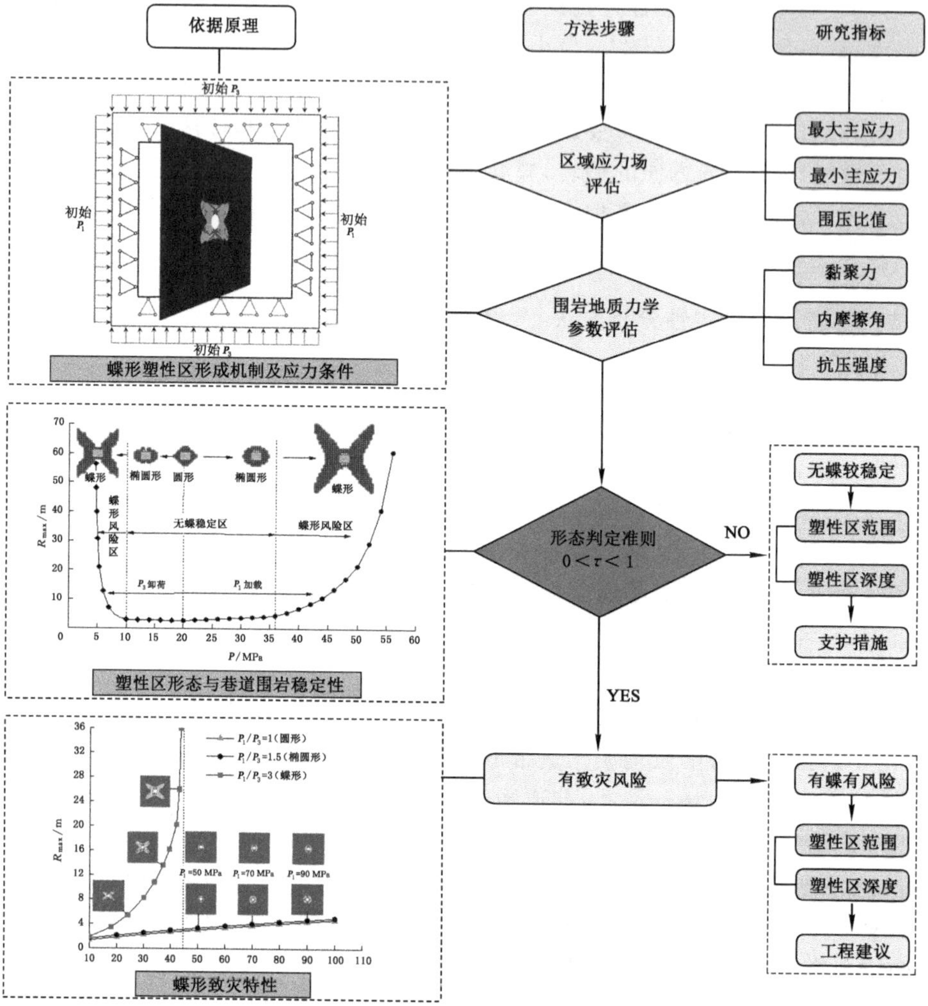

图 5-13　基于塑性区形态判定准则的巷道围岩稳定性分析方法

巷道围岩不会出现蝶形塑性区，巷道围岩稳定性较好，巷道发生灾害的风险较低。然后结合相关技术手段确定巷道周围破坏区的准确范围和深度，对巷道围岩进行定量支护设计。如果所选岩层判定结果为蝶形，表示在该岩层力学性质的均质条件下巷道围岩出现了蝶形塑性区，该区域塑性区将具有蝶形塑性区特征，塑性区范围大、分布不均匀，对应力变化敏感，应力扰动可能引起塑性区的明显扩展，对巷道围岩稳定性造成威胁。此时要引起重视，要着重研究在该围岩条件下巷道围岩的塑性区范围、深度、分布区域及敏感性，及时采取相应的灾害防治措施。

5.2.4 适用意义

煤矿井下地质力学环境复杂，尤其在受到采动影响及地质构造影响后巷道围岩将处在高偏应力环境中，为巷道围岩蝶形塑性区的形成孕育了条件，增加了巷道围岩灾害发生的风险，这也是回采巷道及构造带附近巷道经常出现巷道变形破坏严重、事故频发的原因。基于塑性区形态判定准则的巷道围岩稳定性分析方法是对巷道围岩破坏区的力学性质做出的评估预判，是对巷道围岩稳定性的宏观把握，为巷道围岩稳定性控制提供参考，对于实际巷道工程有重要的理论指导意义。

（1）巷道布置位置选择

在巷道开挖前，基于地应力及围岩条件测试结果，提前预测判定在设计位置巷道开挖后围岩的形态，通过对围岩塑性区形态的判定以对巷道围岩稳定性有一个宏观把控。巷道位置尽量选择在开挖后围岩塑性区为圆形或椭圆形的应力围岩环境中，尽量避免布置在巷道开挖后围岩塑性区为蝶形的应力围岩环境中。

（2）支护建议

巷道围岩出现蝶形破坏后，破坏区伴随大尺度、非均匀分布，对巷道围岩稳定性构成威胁，此时要引起重视。蝶叶是蝶形塑性区分布的主要区域，蝶叶方向一定范围内是支护的关键位置，要选择强度及延伸率更优的支护材料对该隐患区域加强支护。蝶叶方位是塑性区发育扩展的方向，在支护时支护体尽量不要与蝶叶方位平行，防止蝶叶扩展超出锚固范围导致支护体失效。

同一条巷道，对不同的区域进行蝶形冒顶隐患分析，确定巷道围岩发生冒顶的风险性，冒顶风险较低区域采用普通支护，冒顶风险较高区域加强支护，对同一条巷道围岩进行差别化支护，在一定程度上为解决“大范围过度支护以及小范围支护强度不够”的现场支护困境[28]提供了参考方法。

（3）巷道灾害预警指导

通过巷道围岩稳定性量化分析，提前掌握巷道围岩稳定性，为巷道顶板灾害预警提供有针对性的监测区域。灾害风险较高的区域确定为需要重点监测预警的区域，避免在冒顶风险较低的区域预警造成资源浪费。

（4）分析巷道灾害发生过程

巷道围岩稳定性量化分析方法是基于巷道灾害发生机理提出的，其对巷道围岩稳定性的分析过程，同时也是对巷道灾害发生过程的分析。现场发生巷道灾害时，可基于巷道围岩稳定性量化分析方法对灾害进行分析判断，找到灾害发生的原因，为巷道稳定性控制及冒顶灾害防治提供参考。

基于塑性区形态判定准则的巷道围岩稳定性分析方法通过对巷道围岩破坏区形态的判定来量化分析巷道围岩的稳定性。应用理论方法，对一定应力环境中的巷道围岩塑性区形态进行判定分析，提前掌握巷道围岩的稳定状况。在巷道布置时尽量避开产生蝶形的位置，如果巷道围岩出现蝶形破坏应及时采取措施加强支护，避免灾害的发生。巷道围岩稳定性量化分析方法对于巷道布置、灾害发生机理分析、支护设计以及井下巷道灾害预警等有理论指导意义。

5.3 大变形回采巷道蝶形冒顶实例分析

保德矿开采强度大，为解决高强度开采矿井的瓦斯问题，保德矿回采巷道采用“三巷式”布置方式，其中两条巷道要保留至下一区段开采回风所用。留巷在未受到工作面采动影响前巷道围岩变形破坏小，巷道围岩稳定；受到工作面采动影响后变形破坏严重，出现了顶、底不均匀大变形，巷道维护困难，发生了巷道冒顶事故。

本节结合保德矿现场实际工程地质条件，采用 $FLAC^{3D}$ 数值模拟软件，模拟反演了在特定采掘工程条件下巷道周围应力场的分布规律；根据应力场反演结果对比分析了受工作面采动影响前后巷道围岩的破坏规律，基于巷道蝶形冒顶隐患分析方法对巷道围岩进行了冒顶隐患评估分析，揭示了保德矿回采巷道受采动影响后发生冒顶的物理过程。

5.3.1 现场工程概况

5.3.1.1 工程背景

保德矿隶属神东煤炭公司，位于山西省保德县桥头镇境内，井田东西倾向宽 5.7 km，南北走向长 14.0 km，井田面积为 55.9 km^2，可采煤层分别为 8$^\#$、10$^\#$、11$^\#$ 和 13$^\#$ 四层，改扩建为后年生产能力为 1 200 万 t。

为解决高强度开采矿井的瓦斯问题，保德矿回采巷道采用“三巷式”布置方式，其中两条巷道要保留用于下区段开采回风所用。本章研究巷道为受 81305 采煤工作面影响并保留作为下一区段工作面回采时的专用回风巷，81306 工作面 1 号回风巷和 2 号回风巷巷道布置情况如图 5-14 所示。81305 采煤工作面长度为 240 m，埋深为 400～600 m，煤层平均厚度为 6.47 m，下区段工作面 2 号回风平巷与 81305 采煤工作面之间煤柱尺寸为 25 m，下区段工作面 2 号回风平巷与下区段工作面 1 号回风平巷间煤柱宽度为 12 m。巷道位于煤层中并沿煤层底板掘进，巷道高度为 3 700 mm，巷道宽度为 4 500 mm。

5.3.1.2 现场巷道变形破坏情况

保德矿 81306 回风巷道在受 81305 采煤工作面采动影响前巷道围岩变形量较小，巷道围岩稳定；当受到采煤工作面回采影响后，巷道变形破坏严重，顶板下

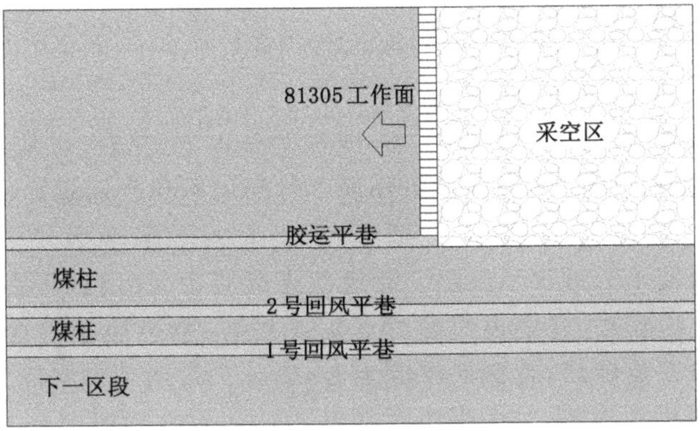

图 5-14　保德矿工作面回采巷道“三巷式”布置方式

沉量大、底鼓严重、两帮变形明显，同时伴随有大量的锚索破断失效现象，严重影响了采煤工作面的顺利推进。保德矿提高了巷道的支护强度，为了保障顶板安全，在顶板多次补打高强度的锚索，并采用了围岩注浆，但是对于巷道围岩变形的控制效果依然不理想，围岩变形依然很大，仍然发生了冒顶，现场巷道围岩变形破坏情况如图 5-15 所示。

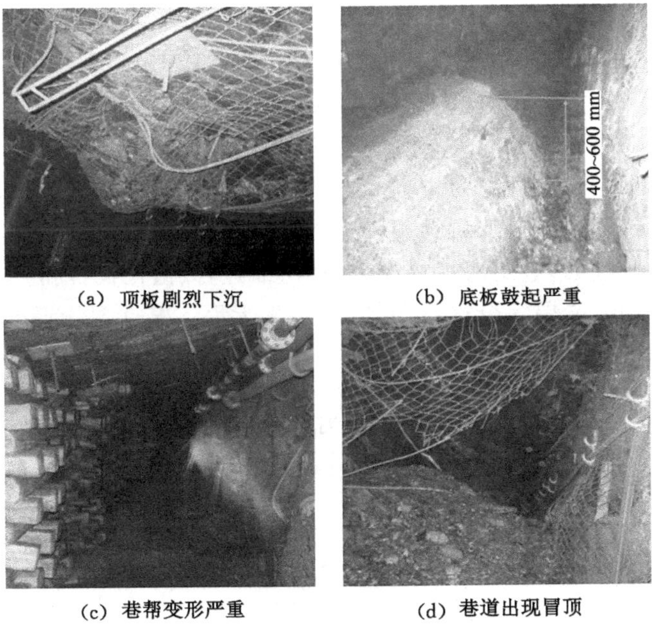

(a) 顶板剧烈下沉　(b) 底板鼓起严重

(c) 巷帮变形严重　(d) 巷道出现冒顶

图 5-15　现场巷道变形破坏情况

5.3.2 数值模拟方法

5.3.2.1 几何模型

81305采煤工作面长度为240 m，埋深为400 m左右，煤层厚度为3.7～9.2 m，平均厚度6.47 m，与下区段工作面2号回风平巷之间煤柱尺寸为25 m，2号回风平巷与1号回风平巷间煤柱宽度为12 m，岩层倾角为3°～7°，平均倾角为5°，煤层倾角较小为近水平煤层。巷道位于煤层中，煤层顶板多为泥岩、砂质泥岩，局部为粗粒砂岩，直接顶厚度为5.5 m左右；巷道底板主要为泥岩、细砾岩、粗粒长石和石英砂岩，直接底厚度为2～4 m。按照现场实际的地质条件建立FLAC^{3D}数值模拟模型，其中煤层厚度为6.5 m，直接顶厚度为5.5 m，直接底厚度为4 m，基本顶留设50 m，基本底留设34 m，模型尺寸长×宽×高分别为700 m×400 m×100 m，如图5-16所示。

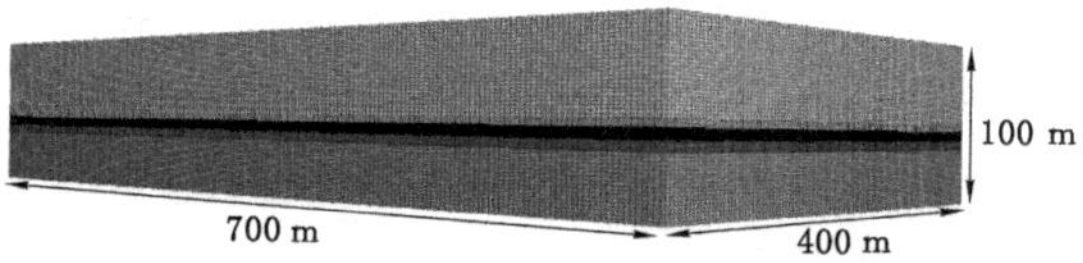

图5-16 数值模拟几何尺寸立体图

模型中巷道宽度为4.5 m，高度为3.7 m，2号回风巷距离上一工作面的煤柱宽25 m，两个回风巷间的煤柱宽12 m。为减小边界效应，模型开挖区四周各自留设50 m实体煤，设置工作面推进600 m，巷道开挖长度为600 m，如图5-17所示。

5.3.2.2 模型参量

该矿主采8$^{\#}$煤层，埋深为400 m左右，煤层厚度为3.7～9.2 m，平均厚度为6.47 m，巷道位于煤层中，煤层顶板多为泥岩、砂质泥岩，局部为粗粒砂岩，直接顶厚度为5.5 m左右；巷道底板主要为泥岩、细砾岩、粗粒长石和石英砂岩，直接底厚度为2～4 m，岩层综合柱状图如图5-18所示。根据现场调研得到数值模拟岩石力学参数，见表5-1。

表5-1 岩石力学参数

岩性	密度 /(kg·m^{-3})	抗拉强度 /MPa	体积模量 /GPa	剪切模量 /GPa	黏聚力 /MPa	内摩擦角 /(°)
粗粒砂岩	2 700	7.53	10.2	9.0	9.4	35
泥岩	2 200	1.61	5.4	4.8	3.0	26.1
煤	1 400	0.75	2.4	1.77	2.6	24.2
中细砂岩	2 500	6.75	8.32	8.75	8.3	33.8

图 5-17　数值模拟模型采掘布置图

柱状	厚度/m	顶板类型	岩石名称	岩性特征
	9.0	基本顶	粗粒砂岩	灰白色，成分以石英为主，分选差
	5.5	直接顶	砂质泥岩 泥岩	灰色及深灰色，局部发育
	6.5	煤层	煤	黑色，含夹矸普遍发育
	2.0	直接底	泥岩 中细砂岩	灰色，半坚硬

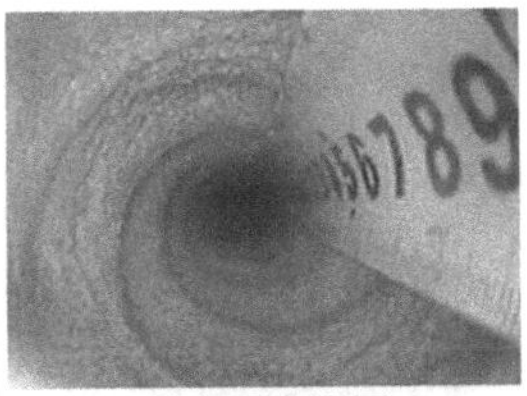

基本顶窥视图

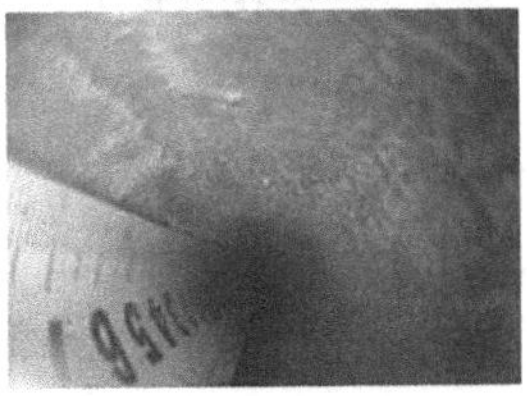

直接顶窥视图

图 5-18　岩层综合柱状图

5.3.2.3　边界条件

保德矿地应力测量结果表明，主采煤层区域地应力场水平应力大于垂直应力，400 m 埋深条件下最大水平应力值达到 10.82 MPa，垂直应力按照 400 m 埋深计算，约为 10 MPa。综合以上结果确定了模型边界的应力条件：以煤层底板为基准，水平方向通过 initial 命令施加应力 10.82 MPa，考虑岩石自重沿竖直方向以 0.025 MPa/m 应力梯度变化，同时采用固定位移约束边界；竖直方向施加应力 10 MPa，考虑岩石自重竖直方向以 0.025 MPa/m 应力梯度变化，同时模型下边界采用固定位移约束边界，模型上边界自由采用 apply 命令施加应力补偿上覆岩层重力。

5.3.2.4　模拟过程

由于 81305 工作面的采空，改变了采空区周围一定范围的应力分布，影响了回风巷道的区域应力场，造成巷道围岩特定的破坏状态，即原岩应力与 81305 工作面采动应力共同决定了巷道区域应力场。本章数值模拟的研究过程为：模型按边界条件加载没有任何开挖达到初始平衡，此时模拟原岩应力，为平衡状态 1；仅开挖 81305 工作面，推进 600 m 计算达到平衡，此时模拟巷道受原岩应力与 81305 工作面采动应力叠加应力，为平衡状态 2，分析回采巷道周围应力场分布规律为平衡状态 2 条件下巷道位置应力场的分布规律；在平衡状态 2 条件下同时开挖两条巷道并计算达到平衡，模拟巷道在采动后特定应力场中围岩的破坏规律，为平衡状态 3。

5.3.3　数值模拟结果分析

5.3.3.1　采空区侧方应力场分布规律

为了可以相互对比，考虑到模型的对称性，本章研究应力分布规律及巷道围岩破坏规律时选择了距开采线 100 m、200 m、300 m 的 3 个不同位置对采空区侧方应力场分布规律及巷道围岩破坏规律进行研究，如图 5-19 所示。根据上述数值模拟过程，得到了回采巷道受 81305 工作面采动影响后其侧方应力场的分布规律，如图 5-20 和图 5-21 所示，分别为应力大小分布规律和应力方向分布规律。

(1) 应力场大小分布规律

由图 5-20 可得，纵向方向不同位置，距离开采线 300 m 时应力值相对较大，但是采空区侧方主应力总体分布规律完全相同：由采空区边缘向煤柱侧方随着距离的增大，最大主应力先增大，达到峰值后逐渐减小，而后在距离约 60 m 之后开始稳定在一定应力值附近(12 MPa)，相对原岩应力(10.82 MPa)有所增大；最小主应力趋势基本一致，同样先增大后逐渐趋向于一定应力值(8.5 MPa)，比原岩应力(10 MPa)略小，且峰值点与原岩应力数值差别较小；由于最小主应力在采空区边

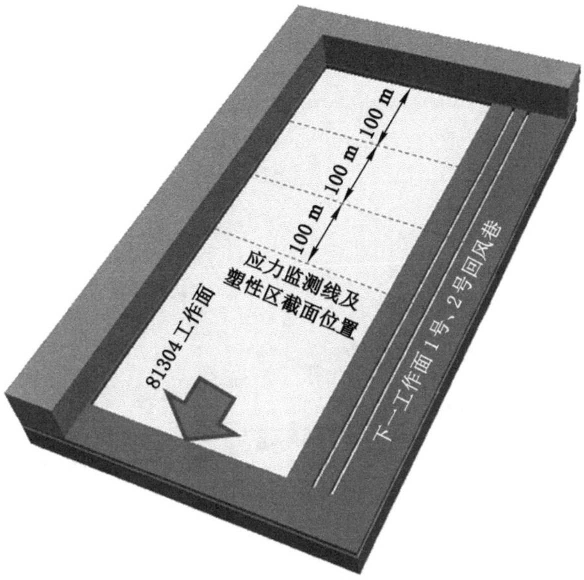

图 5-19 应力监测线及破坏区截面位置示意图

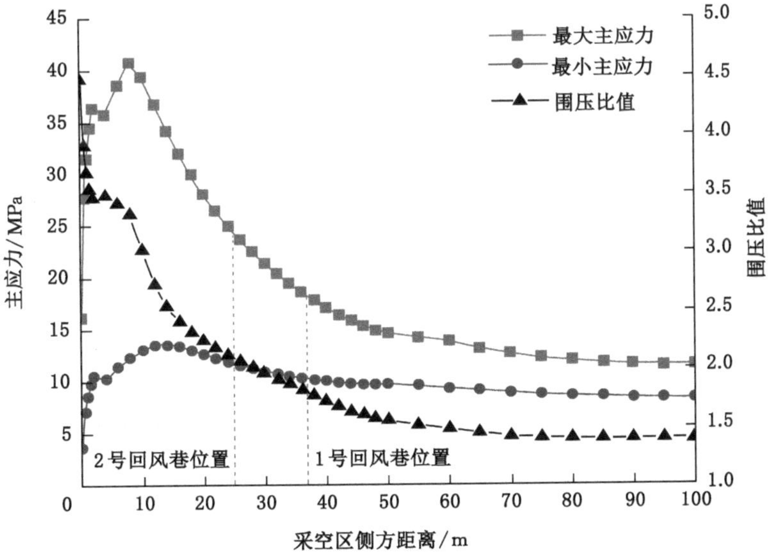

(a) 距开挖起始线100 m

图 5-20 采空区侧方主应力分布曲线

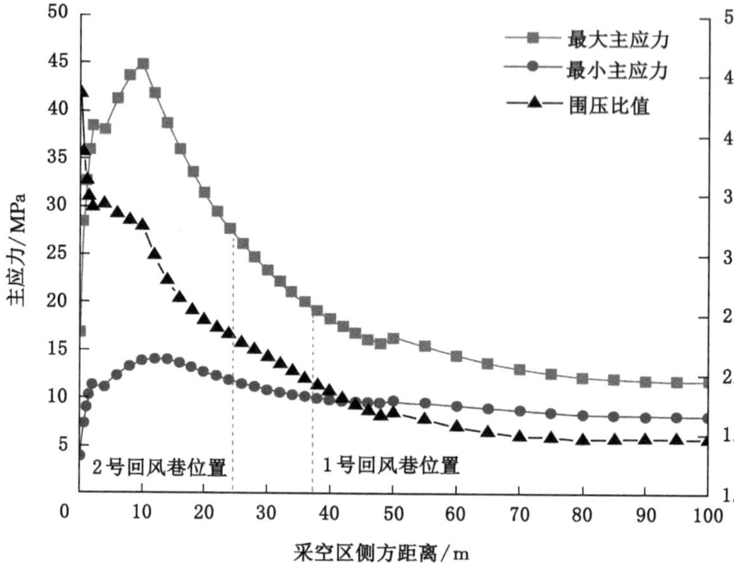

(b) 距开挖起始线200 m

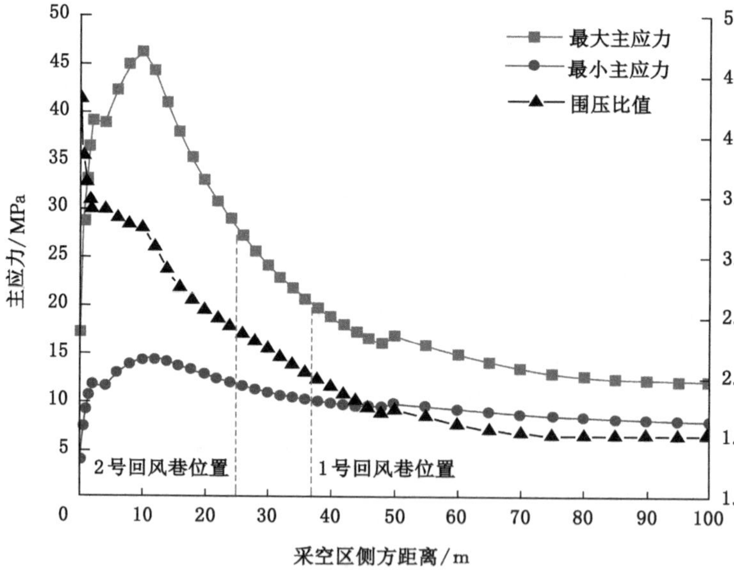

(c) 距开挖起始线300 m

图 5-20 (续)

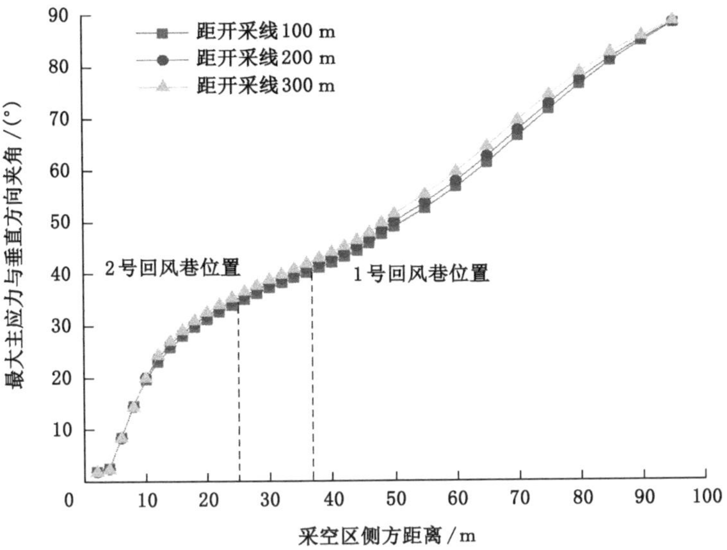

图 5-21 采空区侧方主应力方向分布曲线

缘附近数值极小，导致围压比值在采空区边缘附近变化较剧烈，随着距离的增大，围压比值变化曲线逐渐平缓，在最大围岩的峰值点处围压比值处于较高水平，之后随着最大主应力的减小围压比值逐渐减小，最后趋向于某一稳定值(1.41)，较原岩应力状态下的围压比值增大。三个不同的纵向位置，得到的采空区侧方应力场分布规律几乎完全一致，不同之处在于靠近开采线的采空区侧方应力水平较采空区中部位置侧方应力水平稍低，但差别不大，图中距开采线 100 m 位置最大主应力峰值为 40 MPa 左右，距开采线 200 m 位置最大主应力峰值为 45 MPa 左右，距开采线 300 m 位置最大主应力峰值为 46 MPa 左右，最小主应力基本都在 15 MPa 左右。在采空区侧方形成了高偏应力环境，越是靠近采空区煤壁，最大最小主应力相差越大，围压比值越高。采动影响后，采空区侧方形成了高偏应力场区域，为布置在其中的巷道孕育了形成蝶形塑性区的应力条件。

(2) 最大主应力方向分布规律

图 5-21 为应力提取线相同位置处最大主应力与垂直方向夹角分布曲线。由图可得，纵向方向不同位置，采空区侧方主应力方向分布规律完全相同，三条主应力方向分布曲线几乎完全重合，得到采空区侧方最大主应力方向分布规律：采空区边缘处煤壁为自由面，最大主应力为垂直方向，所以最大主应力与垂直方向夹角几乎为 0；相比 81305 工作面开采前的模型初始状态 1(模型加载时水平

应力 10.82 MPa 为最大主应力方向，垂直应力 10 MPa 为最小主应力方向)，最大主应力方向相当于旋转了 90°；随着采空区侧方距离的增大，最大主应力方向与垂直方向夹角逐渐增大，主应力偏转角度随着远离采空区而逐渐减小；到采空区侧方距离 100 m 时，最大主应力与垂直方向夹角接近 90°，基本回到初始状态，水平方向为最大主应力方向。采空区边缘主应力偏转角度最大，随着采空区侧方距离的增大，主应力偏转角度逐渐减小，直至达到原岩应力状态。从采空区边缘到距离采空区 100 m 以外，最大主应力与垂直方向夹角从 0°变为 90°。采动影响后，采空区侧方最大主应力的方向发生了偏转，为布置在其中的巷道围岩塑性区旋转创造了条件。

(3) 巷道位置应力场特征分析

研究巷道为在 81305 采空区侧方为下一工作面服务的 1 号、2 号回风巷道，2 号回风巷道距离采空区侧方位置为 25 m，1 号回风巷道距离采空区侧方位置为 37 m，如图 5-20 至图 5-21 中虚线所标注位置。由图可得，2 号回风巷处在高偏应力区内，三处应力分布曲线图 5-20 中 2 号回风巷所在位置围压比值均在 2 以上：图 5-20(a)中围压比值为 2.1，图 5-20(b)中围压比值为 2.3，图 5-20(c)中围岩比值为 2.4；1 号回风巷道处在偏应力回降区，但是应力值在高偏应力附近：图 5-20(a)中围岩比值为 1.6，图 5-20(b)中围压比为 1.7，图 5-20(c)中围压比为 1.8。1 号、2 号回风巷道所在位置主应力与垂直方向夹角接近，2 号回风巷道主应力与垂直方向夹角为 38°左右，1 号回风巷道所在位置主应力与垂直方向夹角为 41°左右。1 号、2 号回风巷道所在位置围压比值较高，尤其 2 号回风巷围压比值最高达 2.4，且两个巷道位置处最大主应力与垂直方向夹角属于冒顶风险较高的角度。下文在分析巷道围岩破坏特征时将结合应力场分布特征作详细分析。

5.3.3.2 采动影响前后巷道围岩破坏特征对比分析

在初始平衡条件下开挖 81305 工作面模拟采动应力场环境，平衡后开挖两条巷道，模拟巷道在特定应力场中围岩的破坏规律，为平衡状态 3。模型平衡状态 3 得到的巷道围岩塑性区分布如图 5-22 所示，图 5-22(a)、图 5-22(b)、图 5-22(c)分别为研究应力场规律时选取的距开采线 100 m、200 m、300 m 的三个位置的巷道围岩塑性区分布图。巷道掘进期间工作面 81305 未进行开采，本章取原岩应力(垂直应力 10 MPa，水平应力为 10.82 MPa)为巷道掘进期间的应力状态，通过数值模拟计算了掘进时巷道围岩的塑性区。下面将详细比较采动影响前后巷道围岩破坏特征。

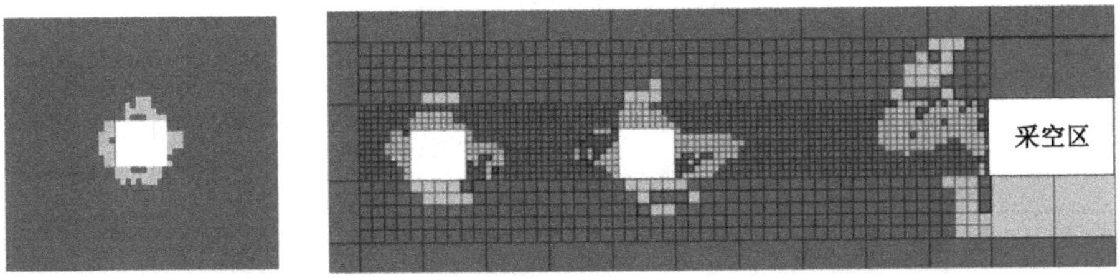

采动前(τ=10.4)椭圆形　　采动后(1号 τ=0.344;2号 τ=0.208)蝶形

(a) 距离开挖起始线 100 m

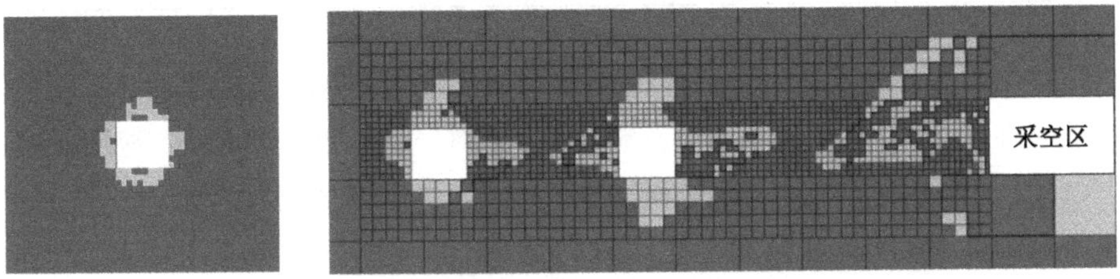

采动前(τ=10.4)椭圆形　　采动后(1号 τ=0.268;2号 τ=0.171)蝶形

(b) 距离开挖起始线 200 m

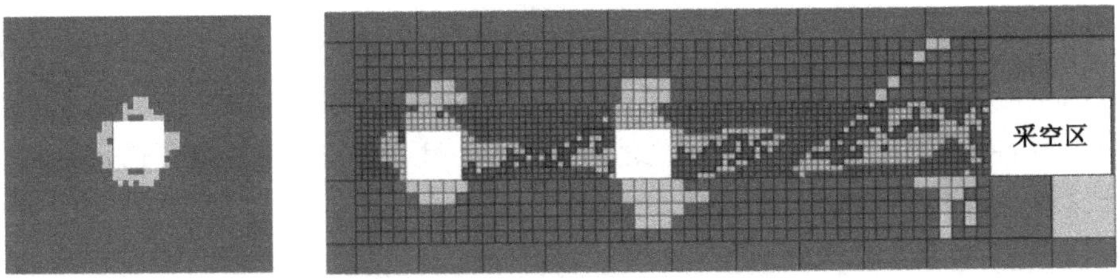

采动前(τ=10.4)椭圆形　　采动后(1号 τ=0.272;2号 τ=0.156)蝶形

(c) 距离开挖起始线 300 m

图 5-22　两条回风巷采动影响前后塑性区云图

(1) 采动影响前后塑性区形态判定分析

由图 5-22 可得,1 号、2 号回风巷在未受到工作面采动影响时,巷道围岩塑性区为椭圆形,受到采动影响后围岩均出现了明显的经过旋转的蝶形塑性区,图中 2 号回风巷道围岩蝶形破坏范围较大,蝶形形态特征明显;1 号回风巷道围岩破坏区范围较小,蝶形特征较 2 号不太明显。三处研究位置巷道围岩破坏规律完全一致,破坏范围有微小差别:距离开采线较近的位置,巷道围岩破坏范围较小,如图 5-22(a)所示;距离采空区中线位置较近的位置,巷道围岩破坏范围较大,如图 5-22(b)、图 5-22(c)所示。根据巷道围岩应力条件及围岩条件,本章利用判定准则以煤岩为判定对象,对巷道围岩采动影响前后进行了塑性区形态判定,判定结果见表 5-2。

表 5-2　塑性区形态判定

到开采线距离/m	掘进期间				采动后 1 号回风巷				采动后 2 号回风巷			
	P_1/MPa	P_3/MPa	τ	形态	P_1/MPa	P_3/MPa	τ	形态	P_1/MPa	P_3/MPa	τ	形态
100	10.82	10	10.4	椭圆	18.61	10.27	0.344	蝶形	25.02	11.81	0.208	蝶形
200	10.82	10	10.4	椭圆	20.09	10.21	0.268	蝶形	27.74	11.96	0.171	蝶形
300	10.82	10	10.4	椭圆	19.63	9.94	0.272	蝶形	28.83	11.94	0.156	蝶形

判定结果显示，巷道围岩塑性区未受采动影响前为椭圆形，受采动影响后巷道围压塑性区为蝶形。未受采动影响前，巷道围岩塑性区呈椭圆形，塑性区范围较小，巷道围岩稳定；当受到工作面采动影响后，巷道围岩塑性区形态呈现蝶形，塑性区范围较大，且随着最大主应力方向偏转，蝶叶位于巷道正上方位置，导致巷道顶板变形破坏大，冒顶风险高。

（2）蝶叶方位判定分析

2 号回风巷道位置最大主应力与垂直方向夹角为 38°左右；1 号回风巷道位置最大主应力与垂直方向夹角为 41°左右。根据蝶叶方位判据公式，基于蝶叶定向扩展特征，蝶叶角在 38°～45°之间，所以 1 号、2 号回风巷围岩形成的蝶形塑性区蝶叶方位角在 0°左右，塑性区蝶叶正好在巷道顶板上方，此时巷道发生蝶形冒顶的风险最大。现场顶、底板及两帮变形较大，数值模拟结果与现场巷道围岩破坏情况吻合。

5.3.4　大变形回采巷道蝶形冒顶隐患分析

通过对比分析采动影响前后巷道围岩应力场及塑性区形态特征，揭示了保德矿回采巷道围岩受采动影响出现非对称大变形甚至发生冒顶的力学机理。采空区侧方一定范围内形成了高偏应力环境，巷道处在高偏应力场中，围岩形成了蝶形塑性区；蝶形塑性区具有非均匀、大尺度、应力敏感的特征，使巷道围岩变形破坏严重，出现了非对称大变形，巷道冒顶风险加大；采空区侧方不同位置主应力场方向不同，蝶形塑性区蝶叶会随着最大主应力方向的偏转而旋转，本书研究的保德矿回采巷道所处位置正好是最大主应力与垂直方向夹角在 38°～45°之间，塑性区蝶叶方位角在 0°附近，蝶叶处在巷道顶板正上方，巷道蝶形冒顶风险达到最高等级。此时巷道围岩变形破坏严重，支护不当会有发生冒顶的风险。

5.4　近距离煤层采空区下巷道蝶形冒顶实例分析

本节选取国投某矿“近距离煤层内错式布置”的掘进巷道作为现场案例进行巷道围岩稳定性分析。该矿现开采的3-5煤层煤厚18 m，与上覆2号煤层间距为4.4 m，2号煤层采完后在其煤柱下的3-5煤层内错布置巷道。原始巷道布置方案相对煤柱水平错距15 m，结果巷道在掘进期间变形破坏严重，出现了顶板下沉、片帮等现象，甚至发生了一起冒顶事故。之后调整了巷道位置，错距变为40 m后，巷道围岩稳定性良好，变形破坏不大，较易维护。

本节针对以上不同位置巷道围岩变形破坏特征，结合现场实际工程地质条件，采用FLAC^{3D}数值模拟软件，模拟反演了某矿近距离煤层采空区下特定采掘工程条件下巷道周围应力场分布规律，对比研究了两处位置应力场特征及巷道围岩变形破坏特征，基于巷道蝶形冒顶隐患分析方法对两处位置巷道进行了冒顶隐患分析，揭示了原始方案巷道变形破坏严重发生冒顶的机制。

5.4.1　现场工程概况

5.4.1.1　工程背景

某矿坐落在山西省大同市，在所在煤田中部靠东的区域，现开采煤层为3-5煤层，其埋深为400 m，平均厚度为18 m。其上方2号煤层两个工作面已经开采完成，与3-5煤层平均间距为4.4 m。2号煤层平均厚度为3.0 m，煤层倾角较小。3-5煤层首采工作面回采巷道布置在2号煤层采空区下方，原始巷道布置方案相对煤柱水平错距15 m，结果巷道在掘进期间变形破坏严重，出现了大范围的非均匀顶板下沉及煤壁片帮现象，巷道顶板多处钢带变形、锚杆(索)被拉断，曾发生一起冒顶事故。之后调整了巷道位置，内错距离变为40 m后，巷道围岩稳定性良好，变形破坏不大，较易维护，采掘工程布置如图5-23所示。

5.4.1.2　现场巷道变形破坏情况

针对原始布置方案巷道围岩变形破坏严重、维护困难的情况，作者到现场进行了调研观测。发现现场巷道出现了严重的非均匀变形破坏，如图5-24所示，其中顶板及煤柱侧帮部变形破坏严重，巷道顶板多处钢带变形，锚杆(索)被拉断，远离煤柱侧巷帮相对情况较好，部分地段也出现了较严重的底鼓。原布置方案巷道破坏严重维护极其困难，矿方只好调整巷道位置，继续远离煤柱侧25 m，相当于内错40 m，之后巷道围岩变形破坏较小，巷道围岩稳定。下文将针对以上不同位置巷道围岩表现出的不同变形破坏特征，结合现场实际工程地质条件来研究两处位置巷道周围应力场的分布规律，以揭示两处位置巷道围岩变形破

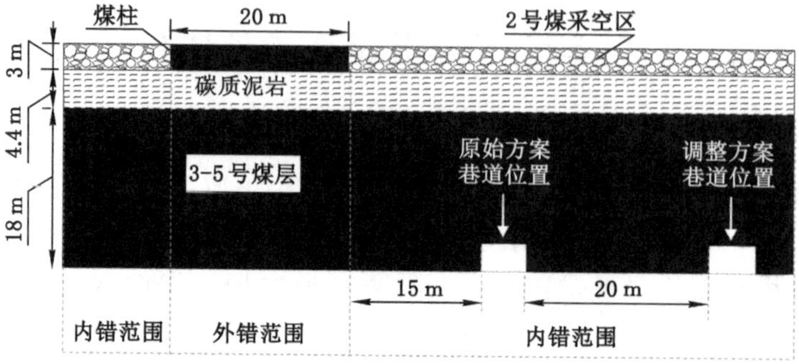

图 5-23　采掘工程布置图

坏差异的根本原因。

(a) 煤柱侧帮部变形大　(b) 顶板变形破坏严重　(c) 锚杆（索）破断

图 5-24　现场巷道变形破坏情况

5.4.2　数值模拟方法

5.4.2.1　几何模型

研究巷道位于 3-5 煤层中，3-5 煤层上方为 2 号煤 10201 和 10202 两个工作面采空区，采空区工作面长 180 m，模型在纵向推进 480 m 来进行研究（根据有关研究内容[216-219]，纵向长度达到一定值后采空区周围应力场将趋于稳定，此时推进方向不同长度对采空区应力分布规律影响不大。本章主要研究的是煤柱侧方的应力分布及巷道围岩塑性区规律，综合考虑计算机运算量，最后确定在纵向推进 480 m 来进行研究），两个采空区之间的煤柱为 20 m，为减小边界效应，模型开挖区四周各自留设 60 m 实体煤；模型尺寸长×宽×高为 500 m×600 m×200 m。研究巷道原始方案布置在上方煤层采空区间煤柱内错 15 m 处，调整方案后在原来位置基础上巷道右移 25 m（相当于内错距离 40 m）。巷道高度为 3 700 mm，巷道宽度为 5 700 mm。数值模拟几何尺寸如图 5-25 所示。

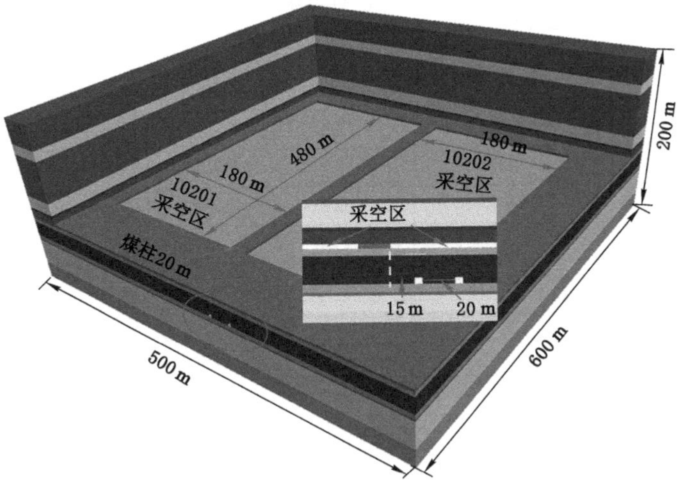

图 5-25 数值模拟几何尺寸立体图

5.4.2.2 模型参量

研究巷道布置在 3-5 煤层，巷道沿底掘进。3-5 煤层厚 18 m，煤层上方为 4.5 m的碳质泥岩，再往上为 2 号煤层(平均厚度为 3 m)，2 号煤层顶板为 K3 灰岩、细砂岩、中粒砂岩。3-5 煤层底板为碎屑岩、7 号煤、泥岩，岩层综合柱状图如图 5-26 所示。根据现场调研结果得到数值模拟岩石力学参数，见表 5-3。

地层	层厚/m	柱状 1:200	层号	岩石名称	岩性描述
太原组	0~9.00 8.28		1	K3灰岩、粉砂岩	深灰、灰黑色粉砂岩，砂质泥岩，含植物化石碎片
	0.10~4.38 3.00		2	2煤	全区赋存，含夹矸 1~3层
	0.79~6.67 4.35		3	高岭岩、高岭质泥岩	灰、灰褐色高岭石及高岭质泥岩，砂状断口及贝壳状断口
	15.72~26.77 17.93		4	5煤(3-5煤)	全区发育，煤层稳定，结构复杂，含有5~10层夹矸，夹矸为高岭质泥岩及碳质泥岩为本区主要可采煤层
	0.60~8.84 3.35		5	高岭岩、砂质泥岩	顶部为高岭质泥岩及砂质泥岩，局部夹不稳定的6号煤层，中部为一套灰白色的碎屑岩，中夹极不稳定的7号煤层，下部为黑色色粉砂岩及砂质泥岩，含菱铁质结核
	0~2.57 1.11		6	6煤	
	1.70~9.59 4.63		7	碎屑岩	
	0~3.92 1.72		8	7煤	
	16.18~28.29 20.96		9	粉砂岩及砂质泥岩	

图 5-26 岩层综合柱状图

表 5-3　岩石力学参数

岩性	厚度/m	DEN 密度/(kg·m^{-3})	体积模量/GPa	剪切模量/GPa	内聚力/MPa	内摩擦角/(°)
碎屑岩	45	2 560	11.1	8.9	3.72	37.57
中粒粗岩	12	2 600	11.7	9	6	38
砂质泥岩	51	2 500	10.2	8.4	3.72	36.4
山 4 号煤	1.8	1 400	3.48	0.78	1.43	34.5
中粒粗岩	15	2 600	11.7	9	6	38
细砂岩	2.5	2 620	12.2	10	6.2	39
K3 灰岩	8	2 700	14	10.7	6.4	39.4
2 号煤	3	1 400	3.48	0.78	1.43	34.5
碳质泥岩	4.5	2 340	9	8	5.5	36
3-5 号煤	18	1 620	5.4	1.96	1.6	35
碎屑岩	5.6	2 560	11.1	8.9	3.72	37.57
7 号煤	1.7	1 400	3.48	0.78	1.43	34.5
泥岩	20	2 500	12.2	8.4	3.72	38
8 号煤	4	1 400	3.48	0.78	1.43	34.5
高岭质岩	8	2 100	8.2	7.6	5.5	35

5.4.2.3　边界条件

根据该矿地应力测量结果，该矿地应力场水平构造应力不明显，垂直、水平应力数值相差不大。垂直应力按照 400 m 埋深计算，约为 10 MPa。综合以上结果确定了模型边界的应力条件：以煤层底板为基准，通过 Initial 命令水平方向和垂直方向均施加应力 10 MPa，考虑岩石自重沿竖直方向以 0.025 MPa/m 应力梯度变化；水平方向采用固定位移约束边界，竖直方向模型下边界采用固定位移约束边界，模型上边界自由采用 apply 命令施加应力。

5.4.2.4　模拟过程

由于 2 号煤层 10201 工作面及 10202 工作面的采空，改变了周围一定范围的应力分布，对布置在下方的巷道的区域应力场造成了影响，即原岩应力与 10201 工作面及 10202 工作面的采动应力共同决定了巷道区域应力场。本章数值模拟的研究过程为：模型按边界条件加载没有任何开挖达到初始平衡，此时模拟原岩应力，为平衡状态 1；仅开挖 10201 工作面及 10202 工作面并充填采空区，推进 480 m 计算达到平衡，此时模拟巷道受原岩应力与 10201 工作面及 10202 工作面采动应力叠加应力，为平衡状态 2，分析巷道周围应力场分布规律为平衡状态 2 条件下巷道位置应力场的分布规律；在平衡状态 2 条件下开挖两条巷道计算达到平衡，模拟巷道在特定应力场中围岩的破坏规律，为平衡状态 3。

5.4.3 数值模拟结果分析

5.4.3.1 采空区下煤柱侧方应力场分布规律

为了对比研究，且考虑到模型的对称性，本章在巷道所在水平面以巷道开挖处为起始位置选择了距离采空区边界线(投影)80 m、160 m、240 m 三处位置进行采空区下煤柱侧方应力分布规律及巷道围岩塑性区形态规律的研究，如图 5-27所示。根据上述数值模拟过程，得到了采空区下煤柱侧方巷道水平位置受 10201 工作面及 10202 工作面两个采空区影响的应力场分布规律，如图 5-28 和图 5-29 所示，分别为主应力大小分布规律和主应力方向分布规律。

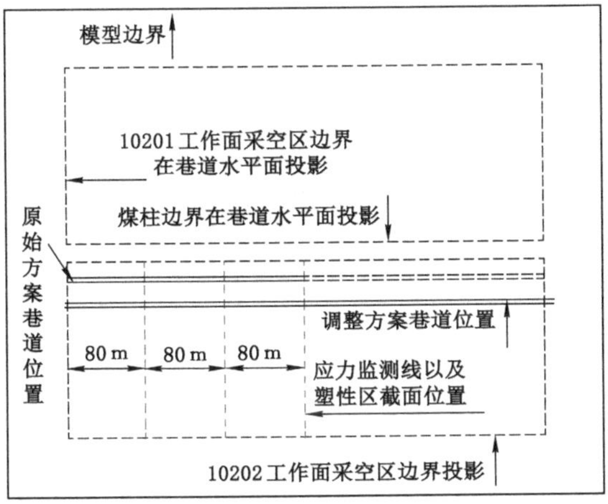

图 5-27 巷道所在水平面的应力监测线及塑性区截面位置示意图

(1) 应力场大小分布规律

由图 5-28 可得，采空区下煤柱侧方不同的监测位置主应力在数值上有微小差异，但是分布规律完全一致：随着距离煤柱边缘水平距离的增大，最大、最小主应力均逐渐减小，最后趋于稳定；最小主应力在距离煤柱边缘 20 m 之后，应力值基本稳定在 2.1 MPa 左右；最大主应力在距离煤柱边缘 40 m 之后趋于稳定，应力值基本稳定在 6.3 MPa 左右；围压比值先增大达到峰值后开始减小，最后趋于稳定；围压比值的峰值点位置基本出现在距离煤柱边缘 15 m 到 20 m 附近，数值最高达到 3.6 左右，之后围压比值开始下降，达到 50 m 之后趋于稳定，基本稳定在 2.8 左右。在采空区下煤柱侧方最大、最小主应力相差悬殊，形成了高偏应力环境，为布置在其中的巷道孕育了形成蝶形塑性区的应力条件。

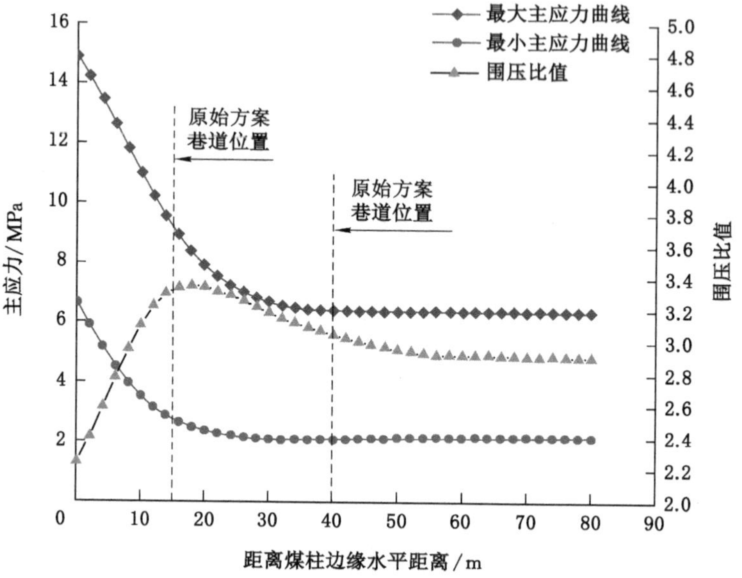

(a) 距10202采空区边界线（投影）80 m

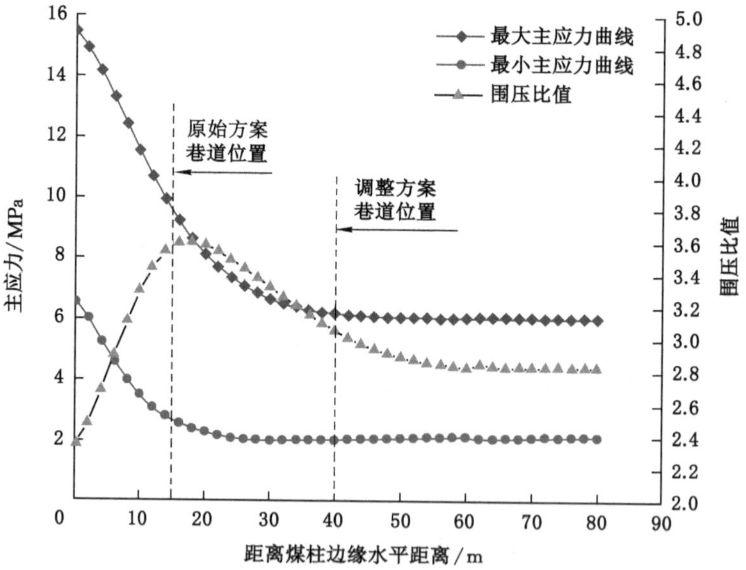

(b) 距10202采空区边界线（投影）160 m

图 5-28　采空区下煤柱侧方主应力分布曲线

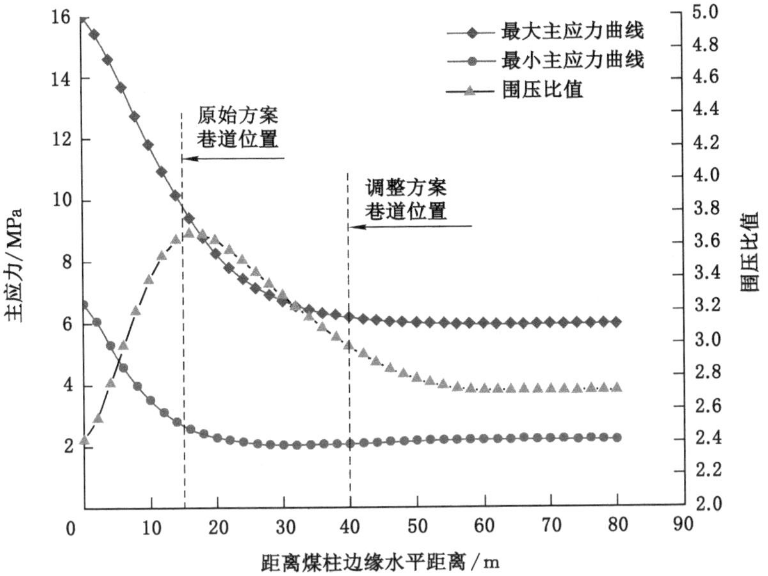

(c) 距10202采空区边界线(投影)240 m

图 5-28 (续)

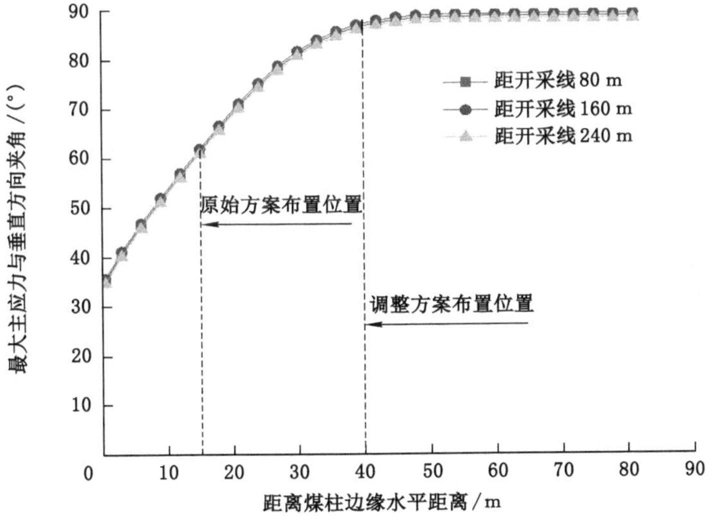

图 5-29 采空区下煤柱侧方主应力方向变化曲线

（2）应力场方向变化规律

由图 5-29 可得，采空区下煤柱侧方三处监测位置的主应力方向曲线几乎重合，主应力方向分布规律完全一致：随着距离煤柱边缘距离的增大，主应力方向与垂直方向夹角逐渐增大，最后稳定在 90°附近。由于上覆 10201 工作面及 10202 工作面两个工作面采空后，在两个工作面之间的 20 m 煤柱形成应力集中，并通过煤柱向底板扩散，靠近煤柱边缘垂直应力较大，最大主应力方向接近垂直方向；随着距离煤柱边缘距离的增大，逐渐进入 10202 采空区下方，由于上方工作面开采卸压作用导致垂直应力减小，最大主应力方向逐渐变为水平方向。距煤柱边缘 0 m 时最大主应力与垂直方向的夹角为 35°，此后夹角随受到煤柱应力扩散作用影响的弱化而逐渐减小，距煤柱水平 15 m 时最大主应力与垂直方向的夹角为 62°，距煤柱水平 40 m 时最大主应力与垂直方向夹角接近 90°，距离煤柱边缘水平距离 40 m 以后，主应力方向区域稳定，与垂直方向夹角在 90°附近，此时由于上方工作面开采卸压作用导致垂直应力减小，最大主应力方向为水平方向。

（3）巷道布置位置应力场特征分析

研究的巷道所在位置分别为内错 15 m 及内错 40 m，如图 5-28 和图 5-29 中虚线所标注的原始方案巷道位置和调整方案巷道位置。由图 5-28 可得，原始方案巷道位置正好处在围压比值的峰值点附近，处在采空区下煤柱侧方偏应力最高的地方，该位置巷道围岩可能形成蝶形破坏，对巷道围岩稳定性形成威胁，下文将详细讨论；调整方案巷道位置处在应力稳定区，最大、最小主应力都趋于稳定，围压比值也降落到较低的水平，该位置巷道围岩可能不会形成蝶形塑性区，巷道围岩稳定，下文将详细讨论。由图 5-29 可得，原始方案巷道位置处最大主应力与垂直方向夹角在 62°左右，距煤柱水平 40 m 时最大主应力与垂直方向夹角接近 90°，如果两处均形成蝶形塑性区，显然原始方案巷道围岩蝶叶方向更接近巷道顶板正上方，冒顶风险更大，下文在分析巷道围岩破坏特征时将结合应力场分布特征作详细分析。

5.4.3.2 不同布置位置巷道围岩破坏特征对比分析

根据模拟过程，在平衡状态 2 条件下开挖两条巷道计算达到平衡，模拟巷道在特定应力场中围岩的破坏规律，为平衡状态 3。由于两条巷道之间距离较远，巷道之间的应力干扰程度较小，所以本章在模拟过程中将两条巷道同时开挖，来对比分析不同位置处巷道围岩的破坏特征，得到的巷道围岩塑性区分布如图 5-30 所示。

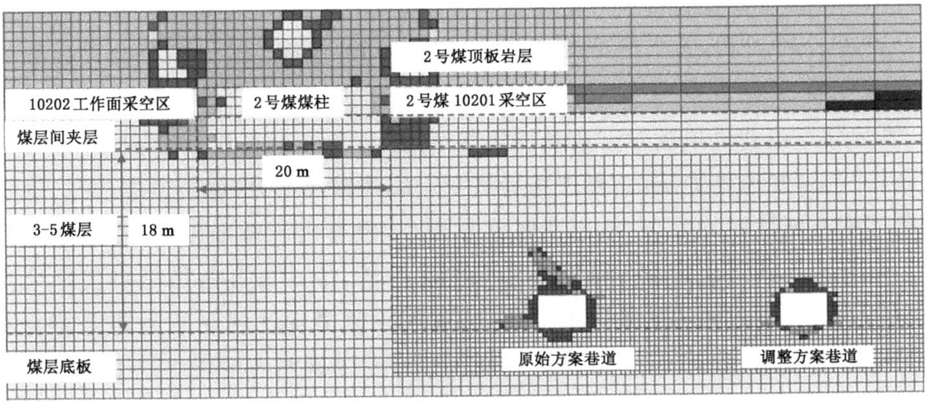

(a) 距 10202 采空区边界线(投影)80 m

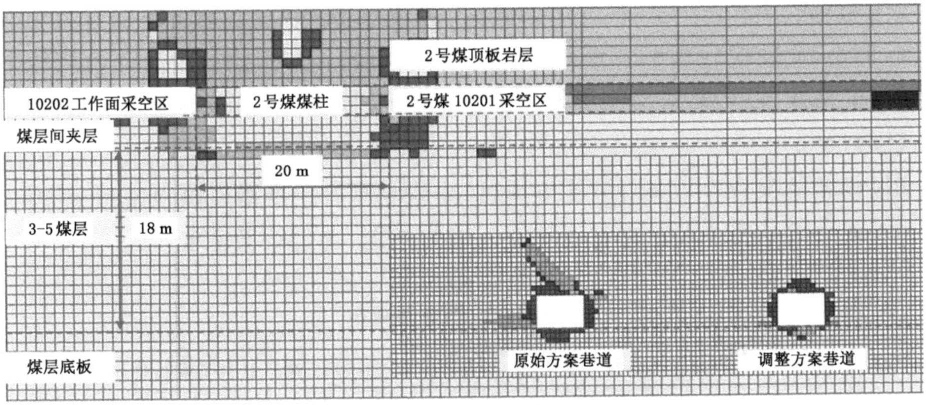

(b) 距 10202 采空区边界线(投影)160 m

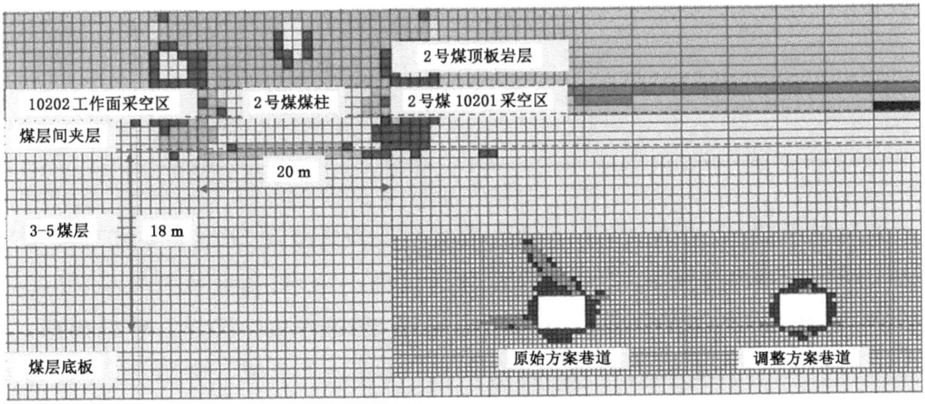

(c) 距 10202 采空区边界线(投影)240 m

图 5-30　两个布置方案巷道围岩巷塑性区云图

(1) 不同位置处巷道围岩塑性区形态判定分析

由图 5-30 可得,采空区下煤柱侧方三处不同的截面位置巷道围岩的破坏规律基本一致:原始方案内错 15 m 的巷道围岩出现了蝶形破坏,塑性区范围较大,蝶叶分布在巷道顶板附近及煤柱侧巷帮附近,造成巷道顶板及煤柱侧巷帮变形破坏严重,巷道维护困难,和现场巷道变形破坏情况吻合;调整方案内错 40 m 的巷道围岩塑性区均匀分布,塑性区范围较小,没有出现蝶形破坏,巷道围岩稳定。结合两处巷道位置应力场的分布规律来分析,原始方案巷道围岩正好处在采空区下煤柱侧方围压比值峰值点附近,围压比值最高达到 3.6,为巷道围岩蝶形塑性区的形成创造了应力条件,模拟结果显示,该处巷道围岩出现了明显的蝶形塑性区,塑性区范围较大;调整方案巷道位置处在围压比值降落平稳区内,围压比值相对较小在 2.8 左右(虽然在数值上 2.8 已经很大,达到了高偏应力定义范围,但是,此处应力水平较低,最小主应力值在 2.1 MPa 左右,没有达到蝶形塑性区的形成条件:高应力水平及高围压比值),巷道围岩没有形成蝶形塑性区,巷道围岩稳定。

根据巷道围岩应力条件及围岩条件,本章利用判定准则以煤岩为判定对象,对巷道围岩采动影响前后进行了塑性区形态判定,判定结果见表 5-4。

表 5-4 塑性区形态判定

到开采线距离/m	原始巷道布置方案				调整巷道布置方案			
	P_1/MPa	P_3/MPa	τ	形态	P_1/MPa	P_3/MPa	τ	形态
80	9.53	2.89	0.179	蝶形	6.35	2.11	1.55	椭圆
160	9.24	2.60	0.164	蝶形	6.14	2.04	2.29	椭圆
240	9.42	2.56	0.146	蝶形	6.11	2.09	2.85	椭圆

判定结果显示,调整方案后巷道围岩塑性区为椭圆形,原始方案巷道围压塑性区为蝶形。调整方案后,巷道围岩塑性区呈椭圆形,塑性区范围较小,巷道围岩稳定;原始方案巷道处在高偏应力环境中,巷道围岩塑性区形态呈现蝶形,塑性区范围较大,且随着最大主应力方向偏转,蝶叶位于巷道上方附近,导致巷道变形破坏大,冒顶风险较高。

(2) 蝶叶方位判定分析

鉴于原始方案位置巷道围岩出现了蝶形塑性区,调整方案后巷道围岩没有出现蝶形塑性区，塑性区分布均匀形态呈现椭圆形，本章只对原始方案巷道围岩性呈蝶形塑性区的情况进行蝶叶方位的判定分析。根据采空区下煤柱侧最大主应力的分布规律，原始方案巷所在位置最大主应力与垂直方向夹角在62°左右，根据蝶叶方位判据公式，基于蝶叶定向扩展特征，蝶叶角在38°～45°之间，所以原始方案巷道围岩形成的蝶形塑性区蝶叶方位角在17°～24°之间，与数值模拟的巷道围岩塑性区蝶叶方位角基本吻合，塑性区蝶叶在巷道顶板正上方附近，此时巷道发生蝶形冒顶的风险较大。

5.4.4 近距离煤层采空区下巷道蝶形冒顶隐患分析

通过对比分析采空区下煤柱侧方不同位置巷道围岩应力场分布规律及塑性区形态特征，揭示了巷道围岩受上方采空区影响出现非对称变形甚至发生巷道冒顶的力学机理。近距离煤层采空区下煤柱侧方受煤柱及上方采空区影响，一定范围内形成了高偏应力环境，原始方案巷道处在高偏应力场中，围岩形成了蝶形塑性区；蝶形塑性区具有非均匀、大尺度、应力敏感特征，使巷道围岩变形破坏严重，出现了非对称变形，巷道冒顶风险加大；煤柱侧方不同位置主应力场方向不同，蝶形塑性区蝶叶会随着最大主应力方向的偏转而旋转，文中研究的原始方案巷道所处位置最大主应力与垂直方向夹角为62°左右，蝶叶方位角在17°～24°之间，塑性区蝶叶在巷道顶板正上方附近，巷道蝶形冒顶风险较高。巷道围岩变形破坏严重，支护不当会有发生冒顶的风险。

5.5 本章小结

（1）与圆形、椭圆形形态相比，蝶形塑性区出现后，伴随大尺度、非均匀分布特征，增大了对巷道围岩支护体的要求，增加了巷道围岩致灾的风险，巷道围岩出现蝶形破坏后需要引起警觉并采取相应的灾害预防措施。

（2）建立了一个以判定准则为量化标尺，以塑性区形态特征为划分依据，能够对处在一定应力与围岩环境中的巷道进行定量化的稳定性分析评估的理论方法。地下的开采活动造成应力场重新分布，在采空区周围会形成高偏应力场，为蝶形塑性区的形成孕育了条件。应用塑性区形态判定准则对一定应力环境中的巷道围岩塑性区形态进行判定分析，提前掌握巷道围岩的稳定性。在巷道布置时尽量避开产生蝶形的位置，如果巷道围岩出现蝶形破坏应及时采取措施加强支护。

（3）应用巷道蝶形冒顶隐患分析方法对两个巷道冒顶现场进行了实例分析，采用数值模拟手段研究了采动影响下巷道围岩应力场的分布规律及巷道围岩的破坏规律，揭示了采动应力影响下巷道围岩变形失稳的力学机制。两个现场实例工程条件不同，保德矿回采巷道在采空区侧方，某矿掘进巷道在采空区下方，但是巷道围岩变形失稳的机理完全相同：由于开采空间存在，应力场在采空区周围重新分布，导致周围局部范围内形成高偏应力环境，巷道所处位置正好在高偏应力区内，巷道围岩产生了蝶形破坏，破坏区范围大、分布不均匀，且随着主应力场发生旋转，使蝶叶偏转至巷道上方附近，顶板变形破坏严重，维护困难，发生蝶形冒顶风险高，此时支护不当可能引发巷道冒顶。

（4）高偏应力场为蝶形塑性区的形成孕育了条件，增加了巷道围岩蝶形冒顶的风险，应用塑性区形态判定准则及蝶叶方位判据，对一定应力环境中的巷道围岩塑性区形态及蝶叶方位进行判定分析，提前掌握巷道围岩的稳定性。在巷道布置时尽量避开产生蝶形的位置，如果巷道围岩出现蝶形破坏应及时采取措施加强支护。基于塑性区形态判定准则的巷道围岩稳定性分析方法对于研究高偏应力场中巷道布置及围岩稳定性分析有较好的应用效果。

6　基于形态系数的巷道冲击风险性量化评估

巷道冲击地压的发生伴随围岩的大范围破坏与大量弹性能的瞬间释放，严重威胁矿井的安全生产。巷道穿越地下复杂的地质环境，建立有效的冲击风险量化评估方法是冲击地压预测预防的基础。本章采用理论分析、数值模拟、现场案例分析的手段，从巷道围岩塑性区演化扩展与能量释放规律入手，研究了不同形态塑性区应力发生变化时对动力的响应特征。研究发现：圆形、椭圆形塑性区范围小、应力响应迟钝，蝶形塑性区范围大、应力响应敏感，应力改变会引发塑性区大范围扩展，并释放大量弹性能，随着蝶形形态的发展，塑性区对应力敏感性响应程度呈递增趋势。基于不同形态塑性区的动力响应特征建立了塑性区形态与巷道冲击风险性的对应关系：巷道围岩塑性区形态为圆形、椭圆形时冲击风险低，为蝶形时冲击风险较高，且随着蝶形形态的发展，冲击风险性不断增大。塑性区形态系数用数学表达式定量表征了塑性区的形态演化规律，可以定量判别巷道围岩塑性区形态类别，同时可以量化塑性区所处演化阶段。结合塑性区形态与巷道冲击风险性对应关系，本章建立了一个以塑性区形态系数为量化指标、以塑性区形态特征为评估判定依据、能够对处在一定应力与围岩环境中的巷道进行定量化的冲击风险性评估方法，并通过现场冲击实例分析验证了理论方法的可靠性。研究结果将为巷道围岩稳定性分析及冲击地压的预测预防提供理论指导。

6.1　冲击地压的研究现状分析

冲击地压是一种特殊的矿压显现形式，是采矿领域最复杂、最难以掌握的矿山动力破坏现象[218-219]。目前我国山东、黑龙江、辽宁、湖南、四川、河南等地共有 140 多个冲击地压矿井[220]。我国深部煤炭资源储量巨大，目前已经探明的深度在 1 000 m 以下的煤炭储量达到 2.5 万亿 t，占总探明储量的 57%，这些煤炭的开采大部分都存在冲击地压灾害的风险。目前我国江苏、山东、河南、河北、黑龙江等地的多个大型煤矿已经进入采深超过 800 m 的深部开采，未来十年之内，我国中东部大部分煤矿将全面进入深部开采[221]。在深部高地应力和高强度开采扰动下，冲击地压问题将更为突出，也更为普遍[222-223]。冲击地压灾害将对深部资源的安全高效开采造成巨大威胁。

煤矿巷道冲击地压发生机理及其判定准则，是冲击地压灾害预测预报及其防治的基础。由于冲击地压的危害和对冲击地压预测、预报和防治的需要，许多专家学者对冲击地压发生机理进行了大量研究，取得了很多卓有成效的研究成果，相继提出了三准则理论[224]、变形系统失稳理论[225-226]、三因素理论[227-228]、弱化减冲理论[229-230]、冲击启动理论[231]和冲击地压扰动响应失稳理论[232]。它们从不同角度阐述了煤岩体静态破坏和突然破坏的原因，这些成果为本书的研究奠定了坚实的基础并指明了方向。

目前关于冲击地压的风险性评估大多从煤岩体材料的物理力学性质出发，分析煤岩体失稳破坏特点以及诱使其失稳的固有因素，提出以煤岩物理力学特性为核心的冲击地压判定准则。认为产生冲击地压的煤岩体可能具有某种物理力学特性，该特性决定其具有冲击破坏的特点，可用一个(组)指标来衡量煤岩介质产生冲击破坏的能力——冲击倾向[233-234]。目前常用的煤层冲击倾向指标有弹性能指数、冲击能指数、动态破坏时间、单轴抗压强度等，发生冲击地压的条件是介质实际的冲击倾向度大于等于规定的极限值。

煤岩冲击倾向鉴定在评估冲击地压风险中应用比较广泛，但也存在一定问题，在鉴定为强冲击倾向的地方并未发生冲击地压，在一些没有冲击倾向性的矿井也发生了冲击地压，如徐州权台矿、平顶山十矿和北京大安山矿均为软弱无冲击倾向煤层[138]。究其原因在于实验室内进行的煤岩冲击倾向性测定只是针对煤岩样进行的单轴实验，是对煤岩固有的岩石力学性质的测定，没有结合围岩具体所处应力场环境进行评价，没有考虑围岩与现场具体应力的相互作用。冲击地压的发生是围岩与应力相互作用，导致巷道围岩出现大范围破坏并伴随弹性能突然释放的过程，本质是围岩在应力作用下发生破坏导致能量释放。冲击倾向性鉴定只考虑了围岩的物理力学性质，没有建立围岩性质与具体应力的相互作用关系。

近年来，提出的巷道蝶形冲击地压理论从应力与围岩的相互作用机制入手，揭示了巷道发生冲击地压时的破坏状态，提出了蝶形冲击地压的发生机理[198-200]。巷道蝶形冲击地压已有的研究成果揭示，在非均匀应力场中巷道围岩一般会出现三种塑性区形态：圆形、椭圆形、蝶形，蝶形塑性区出现后伴随围岩的大范围破坏，对巷道围岩稳定性造成威胁，并结合具体巷道冲击现场通过数值模拟呈现了巷道发生冲击时呈现的蝶形破坏[235]。是否只有蝶形塑性区才会出现冲击？不同塑性区形态的冲击风险性如何？带着这些问题，本章对比分析了不同形态塑性区的动力响应特征，建立了塑性区形态与巷道冲击风险性的对应关系，通过塑性区形态系数建立了巷道围岩冲击风险性定量评估方法，为巷道冲击地压的发生过程分析、风险评估、预警预防等提供参考。

6.2　蝶形破坏的动力致灾特性

6.2.1　研究方法

巷道冲击地压的发生伴随围岩的大范围破坏和大量弹性能的突然释放。已有文献研究表明，地下应力场复杂多变，尤其是煤矿井下在受到开采扰动后，应力场处在不断的变化中，巷道围岩区域应力场发生变化后会导致围岩发生大范围破坏，同时释放大量弹性能，最终导致冲击地压的发生[19-20]。巷道冲击地压的发生是动态应力触发并伴随围岩大范围破坏与大量弹性能释放的过程。巷道冲击地压的发生是巷道区域应力场与围岩相互作用的结果，本章首先建立了巷道围岩区域应力场与围岩相互作用力学模型，通过研究应力变化引起的巷道围岩塑性区形态范围变化规律及在此过程中围岩由弹性变为塑性状态的能量释放规律，进而揭示巷道冲击地压的破坏规律。

在现有数学力学条件下，地下井巷围岩弹塑性问题往往采用平面应变模型进行研究，在无限长的巷道长度里可以取巷道的任一截面作为其代表来进行研究。考虑地下构造应力、采动应力等复杂应力场非均匀分布特征，建立了非均匀应力场中巷道围岩受力模型，如图 6-1 所示。图中 r 和 θ 为坐标系中任意一点的极坐标；巷道周围复杂的应力环境用区域主应力场表示（巷道在无限大的实际地下环境中，一定范围内的巷道围岩受力情况可用巷道所在区域内的主应力来衡量，称为区域主应力），P_1 为区域主应力场最大围压，P_3 为区域主应力场最小围压，通过最大最小围压的比值 η 来反映区域应力场分布的不均匀程度。巷道围岩力学模型考虑了地下采动应力等复杂应力场非均匀分布特征，通过模型中双向围压的大小、方向、比值来反映复杂应力场。

基于孔洞围岩塑性区形态演化规律[25]，随着围压比值由 1 逐渐增大时，塑性区形态由圆形变为椭圆而后变为蝶形，塑性区范围也在不断扩展。在最大围压方向加载或在最小围压方向卸荷均会引起围压比值的增大，为塑性区的形态演化扩展创造了条件。巷道区域应力场在受到开采扰动后，如果其等效结果相当于在最大围压方向加载（图 6-1 中的 ΔP_1）或是在最小围压方向卸荷（图 6-1 中的 ΔP_3），将会引起围压比值的增大，进而引起巷道塑性区形态和范围的变化。下面将详细阐述在最大围压方向加载和在最小围压方向卸荷两种情况下巷道围岩塑性区形态和范围的变化规律。

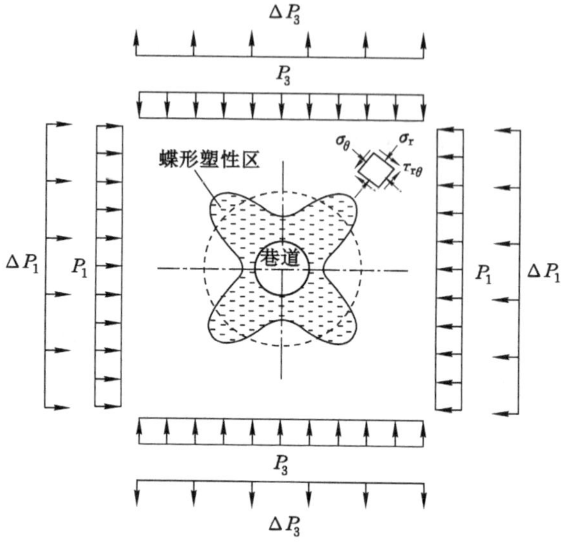

图 6-1 非均匀应力场中巷道围压受力模型

6.2.2 蝶形破坏的动力敏感性响应

本章研究塑性区的形态和范围通过 FLAC^{3D}数值模拟得到，研究采用了矩形断面，断面尺寸宽、高分别为 5 m、4 m，围岩力学性质采用煤岩力学参数($C=3$ MPa，$\varphi=25°$，$R_C=10$ MPa)，研究的应力水平参考 800 m 埋深，以 20 MPa 应力水平为例，控制最小围压一定在最大围压方向加载，或控制最大围压一定在最小围压方向卸荷，来研究应力改变时巷道围岩塑性区形态及范围的演化扩展规律。

6.2.2.1 最大围压方向加载蝶形破坏的敏感性响应

控制区域最小围压 P_3 一定为 20 MPa，区域最大围压从 20 MPa 逐渐增大，分别计算各种应力条件下巷道围岩塑性区的分布，并统计每种应力状态下塑性区的最大半径 R_{max}，得最大围压方向加载时巷道围岩塑性区形态及范围扩展图，如图 6-2 所示。

(1) 塑性区形态演化规律

最大围压方向加载时巷道围岩塑性区范围不断扩大，塑性区形态也随着应力的加载而发生改变。最大围压为 20 MPa 时，巷道围岩受双向等压作用，塑性区为圆形，范围较小，巷道两帮塑性区范围相对较大，深度达到 0.6 m；随着最大围压的增大，塑性区变为椭圆形，此时塑性区范围仍然较小；随着最大围岩继续

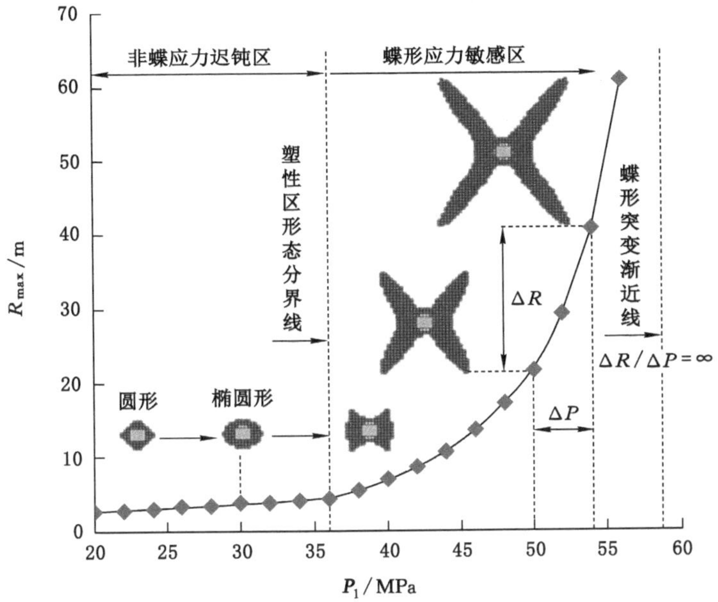

图 6-2 最大围压方向加载蝶形破坏的敏感性响应曲线

增大，围岩塑性区范围不断扩大，围岩破坏向巷道角部转移，形成蝶形塑性区，之后随着最大围压的继续增大，围岩塑性区形态几乎不再发生变化，塑性区范围会不断扩大。

(2) 加载过程塑性区的响应规律

图 6-2 中曲线斜率表示单位应力改变引起的塑性区尺寸变化，代表了围岩塑性区的应力响应特征。斜率较小时，单位应力改变引起的塑性区范围变化较小，定义为塑性区的应力响应迟钝；当斜率较大时，单位应力改变引起的塑性区范围变化较大，定义为塑性区应力响应敏感。

图 6-2 中，最大围压加载前期，塑性区范围较小，塑性区最大半径曲线几乎呈直线，单位应力改变引起的塑性区范围变化率较小，应力响应迟钝，应力由 20 MPa 增加到 30 MPa，塑性区最大半径仅仅增大了 3.2 m；最大围压加载到一定值后(图 6-2 中塑性区形态分界线)，围岩出现蝶形破坏，塑性区范围较大，塑性区最大半径曲线呈类指数式增长，单位应力改变引起的塑性区范围变化率逐渐增大，应力响应也越发敏感，应力由 50 MPa 增加到 54 MPa，塑性区最大半径扩展了 26.9 m；随着应力的增大到一定值，单位应力的变化将引起塑性区的无限扩展，达到突变应力。

(3) 不同塑性区形态的动力响应特征

由图 6-2 可得，塑性区形态为圆形和椭圆形时，巷道围岩塑性区范围较小，塑性区响应曲线几乎呈直线且斜率较小，单位应力改变引起的塑性区范围变化较小，塑性区对应力响应迟钝；出现蝶形塑性区后，塑性区范围大，塑性区响应曲线呈类指数形式增长，随着应力增加曲线斜率不断增大，单位应力改变引起的塑性区范围变化较大，塑性区应力响应敏感；塑性区变为蝶形后，随着应力的继续增大，塑性区形态将不再变化，将以蝶形形态不断扩展，当最大围压增大到一定极限值后，塑性区最大半径将会达到无穷大，微小的应力变化将引发大范围破坏区扩展，应力越靠近蝶形突变渐近线，塑性区应力响应越敏感。

6.2.2.2　最小围压方向卸荷的蝶形破坏敏感性响应

依据区域最大围压加载的研究方法，控制最大围压一定为 20 MPa，区域应力场最小围压从 20 MPa 逐渐减小，分别模拟计算各种应力条件下巷道围岩塑性区的分布并统计每种应力状态下塑性区的最大半径尺寸 R_{max}，得最小围压方向卸荷时围岩塑性区扩展图，如图 6-3 所示。

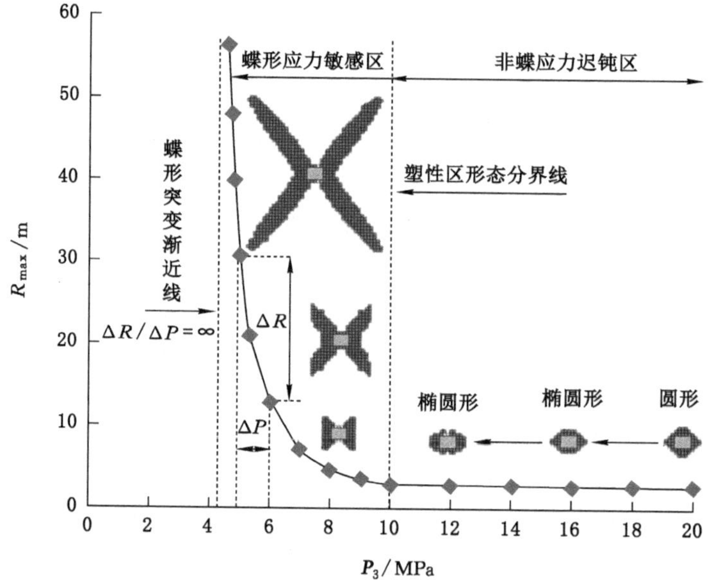

图 6-3　最小围压方向卸荷的蝶形破坏敏感性响应

（1）塑性区形态演化规律

与最大围压方向加载情况类似，最小围压方向卸荷时巷道围岩塑性区范围不断扩大，塑性区形态也随着应力的减小而发生改变。最小围压为 20 MPa 时，巷道围岩受双向等压作用，塑性区为圆形，范围较小，巷道两帮塑性区范围相对较大，塑性区深度为0.6 m；随着最小围压的减小，塑性区变为椭圆形，此时塑性区范围仍然较小；随着最小围岩继续减小，围岩塑性区范围不断扩大，塑性区范围向巷道角部转移，形成蝶形塑性区，之后随着最小围压的继续减小，围岩塑性区形态几乎不再发生变化，塑性区范围大小会不断扩大。

(2) 卸荷过程塑性区的响应规律

图6-3中，最小围压卸荷前期，塑性区范围较小，塑性区最大半径曲线几乎呈直线，且曲线斜率较小，单位应力改变引起的塑性区范围变化较小，应力响应迟钝，应力由20 MPa卸荷到14 MPa，塑性区最大半径仅仅增大了0.26 m；最大围压加载到一定值后(图6-3中塑性区形态分界线)，围岩出现蝶形破坏，塑性区范围较大，塑性区最大半径曲线呈类指数式增长，单位应力改变引起的塑性区范围变化逐渐增大，应力响应也越发敏感，应力由6 MPa卸荷到5 MPa，塑性区最大半径扩展了17.8 m；随着最小围压卸荷到一定值，微小的应力的变化将引起塑性区的无限扩展，达到突变应力。

(3) 不同塑性区形态的动力响应特征

由图6-3可得，塑性区形态为圆形和椭圆形时，巷道围岩塑性区范围较小，塑性区响应曲线几乎呈直线且斜率较小，单位应力改变引起的塑性区范围变化较小，塑性区对应力响应迟钝；出现蝶形塑性区后，塑性区范围大，塑性区响应曲线呈类指数形式增长，随着最小围压的减小曲线斜率不断增大，单位应力改变引起的塑性区范围变化较大，塑性区应力响应敏感；塑性区变为蝶形后，随着最小围压的卸荷，塑性区形态将不再变化，将以蝶形形态不断扩展，当最小围压卸荷到一定极限值后，塑性区最大半径将会达到无穷大，微小的应力变化将引发大范围破坏区扩展，应力越靠近蝶形突变渐近线，塑性区应力响应越敏感。

6.2.3　蝶形破坏的能量释放规律

文献[205]给出了围岩由弹性状态到塑性状态能量释放量的计算方法，在一定的应力与围岩环境下，当围岩没有出现任何塑性区时(即完全弹性状态下)系统储存弹性应变能最大，定义为U_{emax}，计算式见式(6-1)；出现塑性区时(即弹塑性状态下)，模型包含了弹性区与塑性区两个状态区域，即系统包含了弹性应变能与塑性应变能，系统总能量用U_{ep}表示，表达式见式(6-2)；两者之间的差值即为围岩由弹性状态到塑性状态能量释放量，用W表示，表达式见式(6-3)。

$$U_{emax}=\iiint_{\Omega}u_{e}\mathrm{d}V \tag{6-1}$$

式中　Ω——模型积分区域；

u_e——单元体弹性应变能密度。

在 $FLAC^{3D}$ 中可将任一点弹性应变能密度提取，将各个单元格弹性应变能求和即可得到 U_{emax}。

$$U_{ep} = \iiint_{\Omega_e} u_e \mathrm{d}V_e + \iiint_{\Omega_p} u_e \mathrm{d}V_p \tag{6-2}$$

式中 Ω_e、Ω_e——模型中弹性、塑性积分区域；

u_e、u_p——单元体弹性、塑性应变能密度。

在 $FLAC^{3D}$ 中可将任一点应变能密度提取，将各个单元格应变能求和即可得到 U_{ep}。

$$W = U_{emax} - U_{ep} \tag{6-3}$$

基于该计算方法，本章研究了围岩发生图 6-2、图 6-3 破坏时能量的释放规律，并将能量释放曲线与塑性区应力响应曲线进行相关性对比，如图 6-4 所示。

由图 6-4 可得，在最大围压方向加载或在最小围压方向卸荷，随着塑性区范围的扩展，弹性能的释放量逐渐增大。加、卸载前期，弹性能释放量曲线几乎呈直线分布，应力变化引起的能量释放量较小；加、卸载后期，弹性能释放量曲线呈类指数增长，应力变化引起的弹性能释放量逐渐增大，当应力达到一定之后，微小的应力变化将有极大的弹性能释放。能量释放量曲线与塑性区范围变化曲线变化发展趋势表现出很好的一致性，当塑性区大范围扩展时将对应有大量弹性能释放。

在最大围压方向加载或在最小围压方向卸荷过程中，巷道围岩塑性区形态经历了圆形、椭圆形到蝶形的发展演化阶段，每个阶段对应不同的能量释放规律。塑性区形态为圆形或椭圆形时，塑性区范围较小，对应力变化的响应迟钝，当围岩应力发生变化时，引起的塑性区增量较小，释放的弹性能也极小；塑性区形态为蝶形时，塑性区范围较大，对应力变化的响应敏感，微小的应力改变将引起大范围塑性区扩展，同时释放大量弹性能；塑性区出现蝶形形态后，随着应力的改变，塑性区形态将不再变化，将以蝶形形态不断扩展，随着蝶形形态的发展，塑性区对应力敏感性响应程度逐渐递增，能量释放量也逐渐递增。

综上所述，在最大围压方向加载或在最小围压方向卸荷，塑性区范围扩展规律与弹性能释放量变化规律相一致，当围岩出现大范围扩展时将对应释放大量的弹性能。

6.2.4 蝶形破坏的动力致灾特性

上文从塑性区形态演化及弹性能释放规律角度研究了不同形态塑性区对应力改变的响应规律。研究发现圆形、椭圆形塑性区范围小，对应力变化响应迟钝，蝶形塑性区范围大，对应力变化响应敏感。为了证明蝶形破坏的动力致灾特

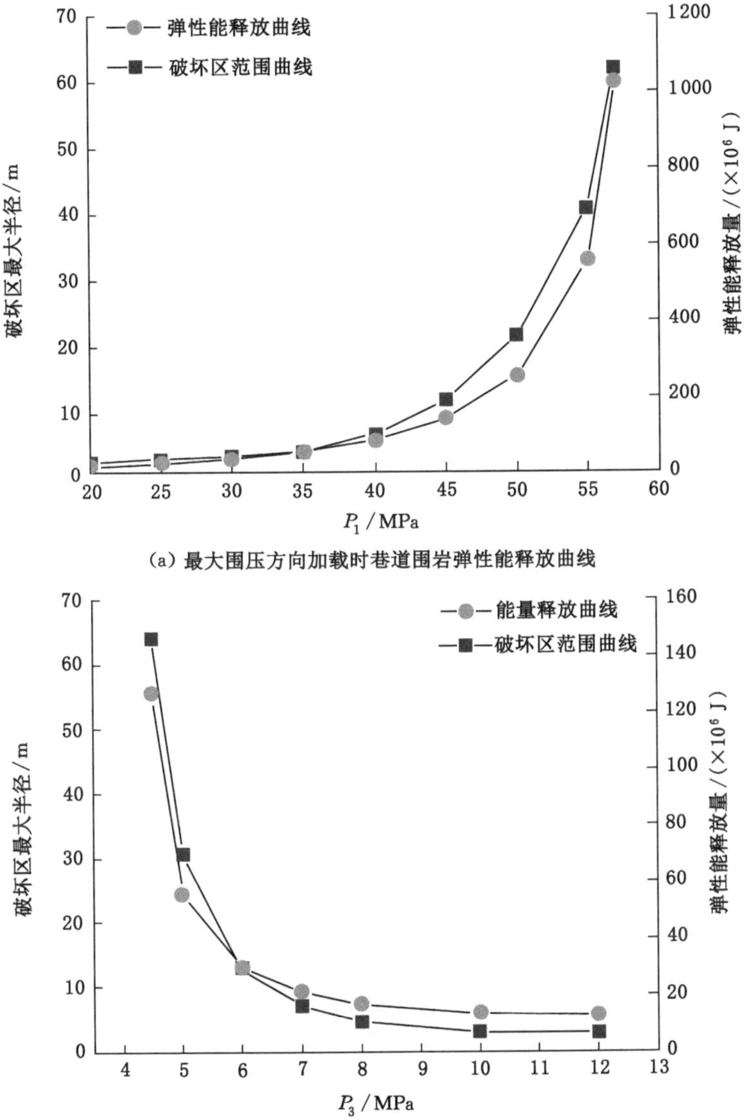

(a) 最大围压方向加载时巷道围岩弹性能释放曲线

(b) 最小围压方向卸荷时巷道围岩弹性能释放曲线

图 6-4　应力改变时巷道围岩弹性能释放曲线

性，下文控制围压比值一定(围压比值的大小决定了塑性区形态类别，围压比值为 1 时为圆形，围压比值较小时为椭圆形，围压比值较大时为蝶形[18])，改变巷道围压的受力水平，得到的不同形态塑性区的应力响应曲线，如图 6-5 所示。

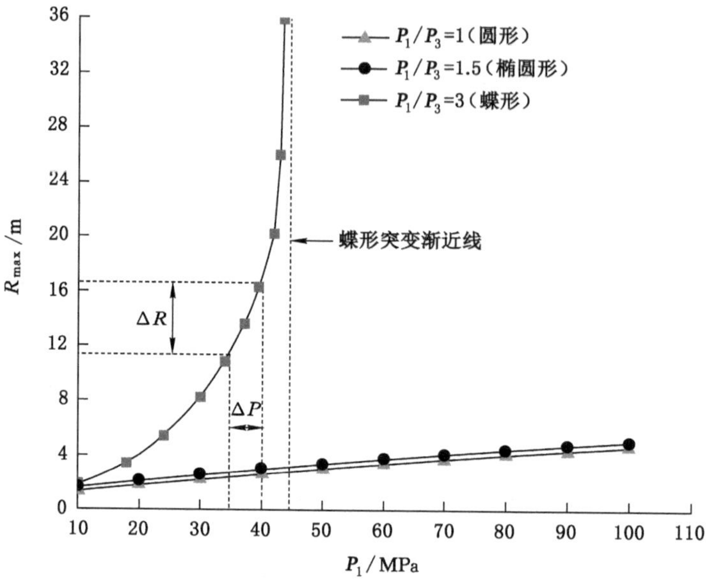

图 6-5　不同形态塑性区的应力响应曲线

图 6-5 中蝶形曲线呈类指数形式的增长，曲线斜率随着应力的增大逐渐增大，塑性区的应力响应越来越敏感，当应力水平增大到一定之后，塑性区范围达到无穷大，此时曲线斜率也将趋于无穷大，此时的应力位置为蝶形突变渐近线，应力越是接近渐近线蝶形应力敏感响应越显著。圆形、椭圆形塑性区变化曲线几乎呈直线增长，且直线斜率较小，无论应力多大都不会出现急剧扩展的情况。这种蝶形塑性区急剧扩展特性反映了塑性区范围随应力水平变化的敏感性。相对圆形和椭圆形塑性区，蝶形塑性区对区域最大围压的增长是极其敏感的，甚至在某种应力和围岩条件下，区域最大围压哪怕是很微小的增加，都会引起蝶形塑性区的急剧扩展。只有巷道围岩出现蝶形塑性区后，才有可能发生蝶形塑性区的急剧扩展。

在实际地下生产现场中，巷道所在区域的应力场往往受到采掘工程与地质活动等的影响而处在不断变化之中。巷道围岩所处的塑性区形态不同，当受到周围应力扰动后，巷道围岩对动力的响应规律也不相同。巷道围岩塑性区为圆形、椭圆形形态时，塑性区范围小，对应力响应迟钝，当受到周围应力扰动时，塑性区扩展范围较小，弹性能释放量较小，巷道围岩处于较稳定状态，可见圆形、椭圆形破坏是巷道围岩较稳定的破坏形态。与圆形、椭圆形形态相比，蝶形塑性区范围大，对应力变化响应敏感，当受到周围应力扰动时，塑性区扩展范围大，将释放大量弹性能，将会诱发巷道冲击地压等动力灾害。可见蝶形破坏是巷道围岩不稳定的破坏形态，蝶形破坏具有动力致灾特性。

6.3 巷道蝶形冲击地压发生机理

6.3.1 蝶形冲击地压分析模型及其内涵

巷道蝶形冲击地压理论认为冲击地压发生是一个动态过程，因此分析模型由前态塑性区、瞬态塑性区两个力学模型和触发事件、冲击动力现象两个概念模型组成，如图 6-6 所示。

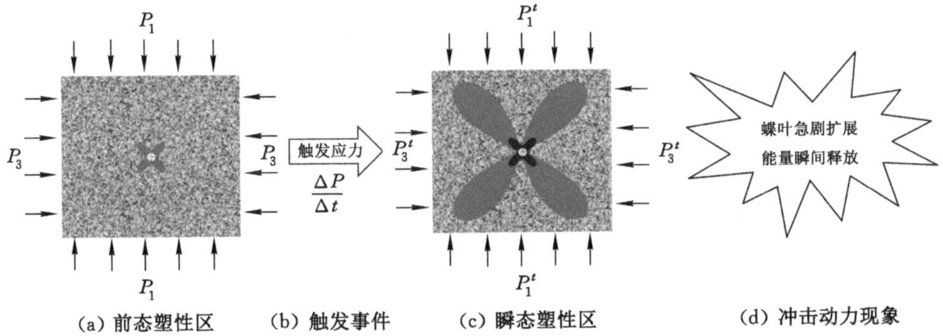

图 6-6 巷道蝶形冲击地压发生机理分析模型

(1) 前态塑性区力学模型

在实际现场生产实践中，巷道所在区域的应力场往往受到原岩应力场和采掘工程与地质活动等的影响不断变化，巷道围岩塑性区也是不断变化的。为了区分这种不断变化的应力场和塑性区，特定义发生冲击地压前一时刻的区域应力场为前态应力场，与之对应的塑性区为前态塑性区，如图 6-6(a)所示。

前态应力场可以简化用最大主应力 P_1(与铅垂方向平行)和最小主应力 P_3 两个参量表示，表述为 $P(P_1,P_3)$，前态应力场对应的塑性区称为前态塑性区。

蝶叶塑性区急剧扩展力学机制指出，巷道围岩圆形和椭圆形塑性区最大半径都与区域最大主应力之间呈线性关系，而蝶叶塑性区最大半径与区域最大主应力之间呈正指数关系；相对圆形和椭圆形塑性区来说，蝶形塑性区对区域应力场变化的响应是极其敏感的，在某种条件下，区域最大主应力哪怕是极其微小的改变，都会引起蝶形塑性区的急剧扩展。因此，前态塑性区形态是否为蝶形是判断巷道是否具有冲击地压发生风险的前提条件。

（2）触发事件概念模型

触发事件是指诸如地震、断层活化、采煤工作面初次来压与周期来压、采煤工作面前方移动支承压力、采掘活动等可以引起前态应力场瞬间发生改变的事件。

触发事件产生的触发应力（$\Delta P/\Delta t$），定义为单位时间内前态区域应力场的应力增量（称为触发效应）。严格意义上说，这里的单位时间与传统意义上的时间单位是不一致的，应该理解为导致巷道围岩塑性区增长所需要的最小时间。这是因为一方面触发效应在煤岩固体中传播需要一定的时间才能使原态应力场转变为瞬态应力场，另一方面巷道围岩塑性破坏也需要一定时间才能逐步发展。如果在这种单位时间内巷道围岩塑性区不是逐渐增加，则必然是瞬间同时产生的，即爆炸式的。因此，触发效应（$\Delta P/\Delta t$）既表述了冲击地压发生时应力作用的时间因素，又能够描述蝶叶塑性区爆炸式扩展引发冲击地压的物理现象，如图 6-6(b)所示。

（3）瞬态塑性区力学模型

瞬态塑性区是指冲击地压发生时刻的巷道围岩塑性区，与之对应的区域应力场为瞬态应力场。显然，瞬态应力场是前态应力场与触发应力矢量叠加的结果，瞬态塑性区是巷道围岩对瞬态应力场的力学响应，如图 6-6(c)所示。

瞬态应力场可以表述为 $P^t(P_1^t,P_3^t)$，它等于前态应力场 $P(P_1,P_3)$ 与触发事件应力（$\Delta P/\Delta t$）的矢量之和，包含着时间因素。因为瞬态塑性区是巷道围岩对瞬态应力场的力学响应，所以瞬态塑性区的扩展也包含瞬间的概念，描述了塑性区扩展的瞬时性和突发性，阐明了蝶叶塑性区爆炸式扩展的物理现象。

（4）冲击动力现象概念模型

从巷道冲击地压的现场物理现象分析，有时冲击地压发生前无明显前兆，冲击过程短暂，难以事先准确确定发生的时间、地点和强度；冲击地压发生时常常有大量煤块甚至上百立方米的煤体突然破碎并从煤壁抛出，堵塞巷道，破坏支架；从后果来看冲击地压往往造成人员伤亡和巨大的生产损失。这是蝶叶塑性破坏区的内部能、系统能和瞬态能各种能量的部分突然释放的结果，需要用冲击动力现象模型加以解释，如图 6-6(d)所示。

内部能是指瞬态蝶形塑性区内围岩内存储的弹性能。无论处于弹性状态还是塑性状态，冲击地压发生时瞬态蝶叶塑性破坏区内围岩中都存在着一定的能量，其大小取决于瞬态区域应力场下蝶叶塑性破坏区内煤体的变形参数（弹性模量、泊松比）和应力分布情况。当冲击地压发生时，由于破坏煤体被抛出，可近似看成处于自由状态，所以蝶叶塑性破坏区内的围岩储存的能量基本全部释放出来。

系统能是指蝶叶破坏区外部较大范围或整个岩层系统中存储的能量。其大小取决于前态区域应力场下巷道附近各个岩层的变形参数（弹性模量、泊松比）及其应力分布情况。当冲击地压发生时，有时无论受到外界触发事件应力效应多么微小，都能导致被破坏的煤岩体瞬间全部或部分失去对蝶叶边界的巨大支持作用，造成蝶叶外部一定范围的围岩突然失稳变形，向蝶叶内部空间收缩，从而在瞬间释放出部分能量。

瞬态能是由于地震、断层活化、采煤工作面初次来压与周期来压、采煤工作面前方移动支承压力、采掘活动等瞬间作用引起的，能量的施加与释放是瞬间的、脉冲式的，施加的时间极短，释放的时间也很短暂。正是这种瞬态能的作用，激发了内部能和部分系统能突然释放出来，造成围岩产生不同规模爆炸式的破坏，形成冲击地压。

6.3.2　蝶形冲击地压发生机理

根据巷道围岩蝶形塑性区的急剧、爆炸式扩展特性和能量原理并结合上文分析，图 6-6 所示的巷道蝶形冲击地压发生机理可以描述为：在一些特定的应力和围岩条件下[图 6-6(a)]，由于触发事件的诱导作用[图 6-6(b)]，使巷道区域应力场突然发生改变，导致围岩蝶形塑性区瞬间出现急剧、跳跃式扩展[图 6-6(c)]，并以震动、声响和煤岩体抛出的形式释放存储于煤岩体内和围岩系统中的大量弹性能，出现爆炸式破坏的动力现象[图 6-6(d)]。

蝶形冲击地压机理包含了强度理论、能量理论、变形系统失稳理论、三准则理论、三因素理论、突变理论、冲击倾向理论和理论刚度理论的基本要素，其核心是蝶形塑性区、塑性区爆炸式急剧扩展和弹性能释放，明确回答了“巷道围岩塑性区的产生、演化和爆炸式急剧扩展”的科学问题。例如：“蝶叶塑性区”可以解释顶板冲击、煤帮冲击、底板冲击、高应力区域冲击、地质构造带附近冲击等巷道冲击地压发生时具有明显方向性的现象[26]；“蝶叶塑性区爆炸式急剧扩展”阐明了诸如地震、断层活化、采煤工作面初次来压与周期来压、采煤工作面前方移动支承压力、采掘活动等触发事件引发巷道冲击地压的力学机制；“弹性能释放”解释了冲击地压发生时伴随有声响、震动、煤岩碎块弹射等物理现象。

6.4 塑性区形态与巷道冲击风险性

结合巷道围岩塑性区形态演化规律、不同形态塑性区的力学响应特征及塑性区扩展能量释放规律，本章建立了塑性区形态与巷道冲击风险性对应关系，如图 6-7 所示。图 6-7 中的曲线是在 20 MPa 应力水平下(800 m 埋深)，在最大主应力方向加载(控制最小围压为 20 MPa)、在最小主应力方向卸荷(控制最大围压为 20 MPa)得到的塑性区最大半径 R_{max}与应力 P 变化关系曲线，用以说明塑性区形态与巷道冲击风险性的关系。

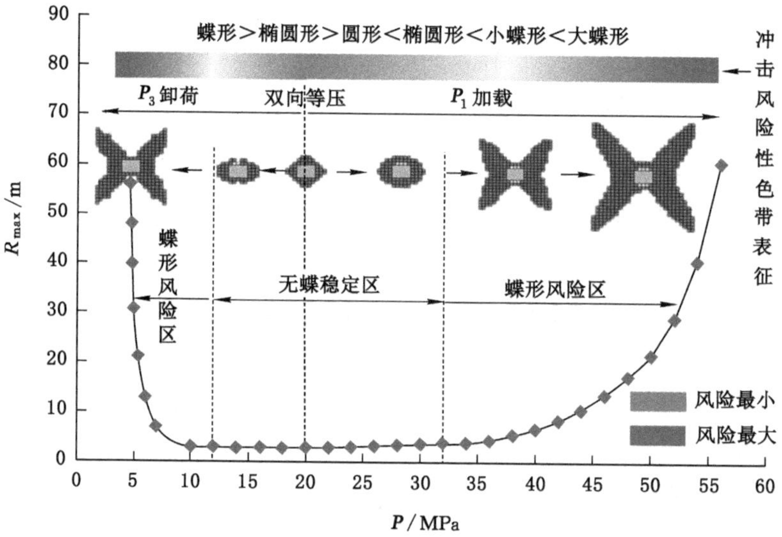

图 6-7　塑性区形态与巷道冲击风险性

图 6-7 中，在双向围压相等(最大围压＝最小围压＝20 MPa)时，巷道围岩塑性区为圆形(巷道断面采用矩形断面，塑性区圆形指的是相对断面形状的均匀分布形态)，围岩塑性区范围较小；向左最小主应力卸荷、向右最大主应力加载，巷道围岩塑性区形态逐渐由圆形变为椭圆形，塑性区范围仍然很小；在出现蝶形之前，巷道围岩塑性区范围都很小，最大半径曲线斜率几乎为 0，塑性区对应力改变响应迟钝，当受到应力扰动后，如果其应力扰动的等效结果为在最大围压方向加载或是在最小围压方向卸荷，将引起塑性区范围的扩展，但是塑性区范围扩展很小，释放的弹性能也很小，巷道围岩仍将处在较稳定的状态。巷道围岩塑性区为圆形或椭圆形形态时，巷道发生冲击地压的风险性较小，称这一以圆形、椭

圆形破坏形态为主的应力区间为无蝶稳定区。

随着最小围压继续卸荷或最大围压继续加载，巷道围岩塑性区形态开始出现蝶形形态，围岩塑性区范围变大，曲线斜率增大，塑性区对应力变化变得越发敏感。与圆形椭圆形形态相比，蝶形破坏出现后塑性区范围大、对应力变化敏感，当受到周围应力扰动后，如果其等效结果为在最大围压方向加载或在最小围压方向卸荷，将会引起塑性区大范围扩展，同时释放大量弹性能。巷道围岩塑性区是蝶形形态时，巷道发生冲击地压的风险较大，称这一以蝶形破坏形态为主的应力区间为蝶形风险区。

根据塑性区形态随应力变化的演化规律，蝶形塑性区出现后，随着应力的改变塑性区形态不再发生变化，将以蝶形形态不断扩展。随着蝶形演化程度的逐渐加深，塑性区的应力敏感性呈递增趋势，能量释放量也呈现递增趋势，巷道围岩发生冲击地压的风险性逐渐增高。巷道围岩塑性区是蝶形形态时，随着蝶形形态演化程度的加深，巷道发生冲击地压的风险性逐渐升高。

图 6-7 中用不同色带渐变来定性描述塑性区形态与巷道冲击风险性的对应关系：圆形、椭圆形塑性区范围小、动力响应迟钝，巷道围岩较稳定，发生冲击地压的风险较小，用浅色色带表示；蝶形塑性区范围较大，动力响应敏感，当周围应力发生改变时，微小的应力改变会引起塑性区的大范围扩展，同时释放大量的弹性能，巷道围岩不稳定，发生冲击地压的风险较高，用黑色色带表示；随着蝶形发育程度的加深，蝶形破坏的应力响应更加敏感，对应力扰动后塑性区的扩展及能量释放呈指数式增长，巷道发生冲击地压的风险逐渐增大，黑色色带颜色逐渐加深表示冲击风险性增大。图中用不同色带渐变来定性表示不同阶段塑性区的冲击地压风险性，如果能够找到像色带渐变一样能够定量表征塑性区形态变化的物理量，冲击风险性也可定量表征，下文将对这一物理量详细阐述。

6.5 基于塑性区形态系数的巷道冲击风险性定量评估方法

6.5.1 塑性区形态系数的力学内涵

上文基于塑性区形态演化规律及塑性区边界隐性方程推导出非均匀应力场中巷道围岩塑性区形态判定准则，见式(6-4)，在已知应力环境与围岩物理力学参数条件下，可通过判定准则直接判定塑性区所属哪种形态。

$$\begin{cases} \tau = \infty \text{，圆形} \\ \tau \geqslant 1 \text{ 或 } \tau \leqslant 0 \text{，椭圆形} \\ 0 < \tau < 1 \text{，蝶形} \end{cases} \tag{6-4}$$

式中　τ——非均匀应力场中圆形巷道围岩塑性区的形态系数，表达式见式(6-5)。

$$\tau = \frac{m_2}{2m_1} \tag{6-5}$$

式中　$m_1 = [12(1-\eta)^2 - 4(1-\eta)^2\sin^2\varphi](\frac{-b_1+\sqrt{b_1^2-4a_1c_1}}{2a_1})^2 - 8(1-\eta)^2(\frac{-b_1+\sqrt{b_1^2-4a_1c_1}}{2a_1})$；

$m_2 = 6(1-\eta)^2(\frac{-b_1+\sqrt{b_1^2-4a_1c_1}}{2a_1})^3 - 4(1-\eta^2)(\frac{-b_1+\sqrt{b_1^2-4a_1c_1}}{2a_1})^2 + \left[2(1-\eta^2)-4(1-\eta^2)\sin^2\varphi - \frac{4C(1-\eta)\sin 2\varphi}{P_3}\right](\frac{-b_1+\sqrt{b_1^2-4a_1c_1}}{2a_1})$；

$\eta = \frac{P_1}{P_3}$；

$a_1 = \frac{6(\eta-1)}{1-\sin\varphi}$；

$b_1 = (1+\eta) - \frac{(3\eta-5)(1+\sin\varphi)}{1-\sin\varphi}$；

$c_1 = 2\eta - \frac{4C\cos\varphi}{P_3(1-\sin\varphi)} - \frac{2(1+\sin\varphi)}{1-\sin\varphi}$。

其中，m_1、m_2、a_1、b_1、c_1 为过渡参数，均可表示为区域应力与围岩性质参量的解析式，区域应力包括最大围压 P_1、最小围压 P_3，围岩性质参量包括岩石黏聚力 C 和岩石内摩擦角 φ。

在巷道围压区域应力场与围岩性质参量已知的条件下，根据式(6-4)、式(6-5)即可定量求出在此环境条件下的巷道围岩所对应的塑性区形态类别。塑性区形态系数表征了巷道围岩区域应力场与围岩性质的相互作用关系，为了进一步揭示塑性区形态系数的力学内涵，本章研究了形态系数与关键参量的变化关系，并结合巷道围岩塑性区的形态演化规律，得到了塑性区形态系数的随参量及形态变化的单调性曲线，如图 6-8 所示。

控制围岩岩石力学性质及区域最小围压一定($C=3$ MPa，$\varphi=25°$，$P_3=20$ MPa)，最大围压从 20 MPa 逐渐增大，研究塑性区形态系数与最大围压的对应关系，如图 6-8(a)所示。由图可得，塑性区形态系数随着最大围压的增大表现出严格的单调递减性：双向等压条件下塑性区为圆形形态，形态系数趋于无穷大；随着最大围压的增大，塑性区形态由圆形变为椭圆形，塑性区形态系数逐渐由无穷大递

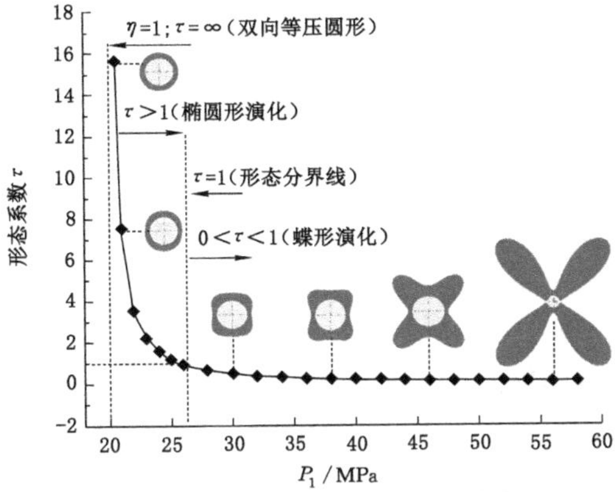

(a) 形态系数与最大主应力的单调性曲线

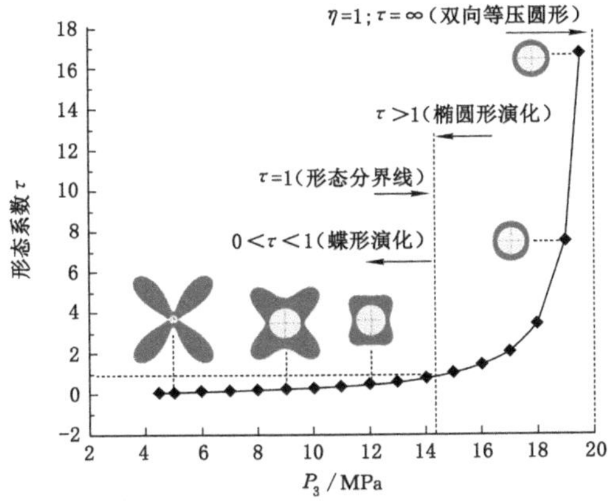

(b) 形态系数与最小主应力的单调性曲线

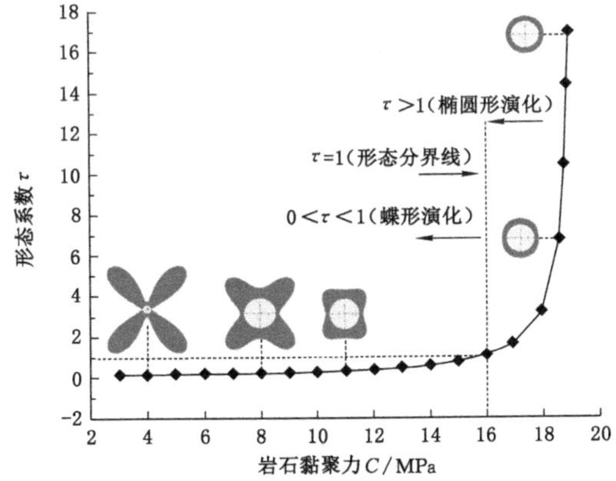

(c) 形态系数与岩石黏聚力的单调性曲线

图 6-8　塑性区形态系数的单调性曲线

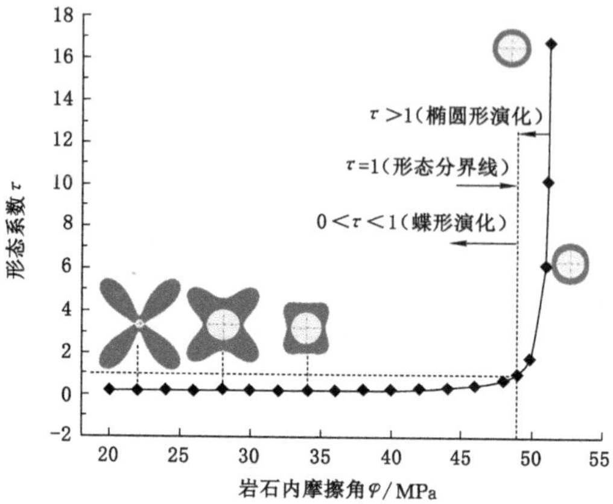

(d) 形态系数与岩石内摩擦角的单调性曲线

图 6-8 (续)

减到 1,达到椭圆形与蝶形的临界条件;随着最大围压继续增大,塑性区形态变为蝶形,并以蝶形形态不断扩展,塑性区形态系数由 1 逐渐递减向 0 趋近。采用相同的研究方法,控制其他三个量一定,通过变化其中一个变量,研究该变量与塑性区形态系数的对应关系,得到图 6-8(b)、图 6-8(c)、图 6-8(d)单调性曲线及塑性区形态与形态系数之间的对应关系。图 6-8(b)的控制条件:$C=3$ MPa,$\varphi=25°$,$P_1=20$ MPa;图 6-8(c)的控制条件:$P_1=50$ MPa,$P_3=20$ MPa,$\varphi=25°$;图 6-8(d)的控制条件:$P_1=50$ MPa,$P_3=20$ MPa,$C=3$ MPa。塑性区形态系数与各个参量都表现出相同的单调性,形态系数的大小与塑性区形态演化规律可以一一对应,随着塑性区形态向蝶形演化,形态系数逐渐递减。

塑性区形态系数随关键影响因素表现出严格的单调性,形态系数不仅可以界定判别塑性区的形态类别,还反映了塑性区形态演化规律,表征了巷道区域范围内应力与围岩的相互作用关系,量化反映了巷道围岩稳定性状况,其数值的大小可以量化表征塑性区形态演化的渐变规律,利用其数值的大小可以得到塑性区所处的形态演化阶段。结合图 6-7 中塑性区形态与巷道冲击风险性对应关系得到,塑性区形态系数可以作为巷道冲击风险性的量化指标,对巷道冲击风险性进行量化表征,见式(6-6)。塑性区形态系数大于 1 时,巷道围岩塑性区形态为椭圆形,巷道围岩稳定,巷道发生冲击地压的风险较小,形态系数越大风险越小;形态系数小于 1 时,巷道围岩塑性区为蝶形,巷道发生冲击地压的风险较大,形态系数越小风险越大。

$$\begin{cases} \tau = \infty, \text{圆形(冲击风险最小)} \\ \tau \geqslant 1, \text{椭圆形(冲击风险小,数值越大风险越小)} \\ 0 < \tau < 1, \text{蝶形(冲击风险大,数值越小风险越大)} \end{cases} \tag{6-6}$$

6.5.2 巷道冲击风险性量化评估方法

本章通过研究不同形态塑性区的动力响应特征,建立了巷道围岩塑性区形态与巷道冲击地压风险性的对应关系,并通过形态系数量化表征了塑性区形态演化规律,最后将巷道冲击风险性用塑性区形态系数来定量表征。通过塑性区判定准则判别巷道围岩所处的塑性区形态,对巷道围岩的稳定性进行提前预估,根据形态系数的大小来判断蝶形塑性区的发展阶段,对巷道冲击风险性大小进行定量评估。据此,本章建立了基于塑性区形态系数的巷道冲击风险性量化评估方法,其原理和流程如图 6-9 所示。

(1) 区域应力场评估

高围压比值是巷道围岩蝶形塑性区形成的必要条件[13-15]。实际煤矿井下由于采掘工程影响及地质构造带的影响,会造成区域最大、最小主应力相差悬殊,形成高偏应力场环境,为巷道围岩形成蝶形塑性区创造了应力条件。基于巷道围岩的蝶形塑性区形成机制及应力条件,对巷道围岩所处应力场进行分析评估,主要研究指标为区域最大主应力、区域最小主应力及围压比值。根据巷道围岩蝶形塑性区的应力条件,初步判断应力场是否具有蝶形破坏的形成条件,初步确定巷道围岩破坏区可能的形态。

(2) 围岩地质力学参数评估

煤矿井下围岩并非均匀介质,围岩呈层状赋存,本章建立的塑性区形态判定准则在均匀介质条件下得到,在对实际井下巷道围岩稳定性进行分析时,为保证巷道安全采取保守做法,在巷道临近层选取岩性最弱的岩层进行判定分析。巷道围岩地质力学评估主要掌握巷道邻近各岩层的物理力学性质,主要研究指标为岩石黏聚力、内摩擦角、抗压强度等,找到巷道邻近层对巷道围岩稳定性起关键作用的岩层中强度最弱的岩层作为判定分析的研究对象。

(3) 形态判定确定巷道围岩的稳定性

根据掌握的各岩层岩石力学性质及巷道周围应力条件,对所选岩层进行塑性区形态判定。如果判定围岩没有出现蝶形塑性区,因为所选岩层为最弱岩层,认为巷道围岩不会出现蝶形塑性区,巷道围岩稳定性较好,巷道发生冲击地压的风险较低。然后结合相关技术手段确定巷道周围破坏区的准确范围和深度,对巷道围岩进行定量支护设计。如果所选岩层判定结果为蝶形,表示在该岩层力学性质的均质条件下巷道围岩出现了蝶形塑性区,该区域塑性区

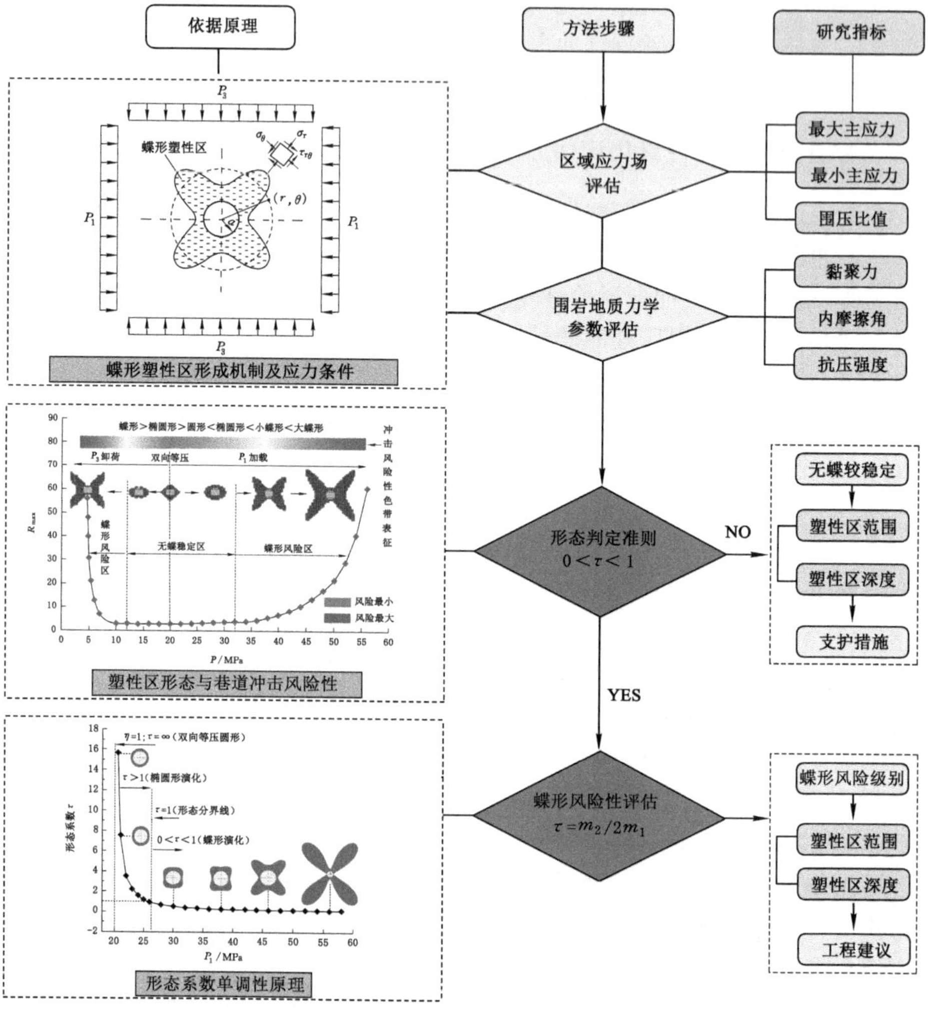

图 6-9　基于塑性区形态系数的巷道冲击风险性定量评估方法

将具有蝶形塑性区特征，塑性区范围大、分布不均匀，对应力变化敏感，应力扰动如果其等效结果是在最大围压方向加载或在最小围压方向卸荷将会引起塑性区的大范围扩展，释放大量弹性能，对巷道围岩稳定性造成威胁，巷道发生冲击地压的风险较高。此时，需要根据塑性区形态系数的大小对其冲击风险性作进一步判断。

(4) 形态系数判定冲击风险性

根据塑性区形态演化规律，巷道围岩出现蝶形塑性区后，塑性区形态将不再变化，将以蝶形形态不断扩展，塑性区所处的蝶形发展阶段不同，塑性区的动力响应特征也有所差异，对应的巷道冲击风险性不同。随着蝶形塑性区的扩展，塑性区形态系数由 1 逐渐递减向 0 趋近，巷道冲击风险性也越来越大。形态系数小于 1 时，巷道围岩塑性区为蝶形，巷道发生冲击地压的风险较大，形态系数越小风险越大。根据形态系数的大小，提前掌握巷道冲击风险性，及时采取相应的预防措施。

（5）方法评价

本章基于非均匀应力场中巷道围岩出现的圆形、椭圆形、蝶形三种形态塑性区的发展演化规律、不同形态塑性区的动力响应特征以及不同形态塑性区扩展能量释放规律，建立了塑性区形态与巷道冲击风险性的对应关系，并通过塑性区形态系数量化塑性区发育程度进而对巷道冲击风险性进行量化评估。形态系数大于 1 时巷道围岩稳定，巷道发生冲击地压的风险较小；形态系数大于 0 小于 1 时巷道围岩会出现蝶形塑性区，巷道发生冲击地压的风险较大；形态系数由 1 逐渐向 0 递减时，巷道冲击风险性也越来越大。由于地下工程环境的复杂性，以及巷道冲击地压发生过程的复杂性，本章建立的冲击地压风险性定量评估方法只是对巷道围岩在一定应力环境下出现破坏及可能出现冲击的风险性的评估，远远没有达到冲击预测的程度。本章建立的冲击风险性大小也只是相对大小，没有给出形态系数达到某一具体阈值巷道就会发生冲击地压，并且地下应力与围岩环境极其复杂，能够对区域应力场及围岩地质力学参数做到准确量化也是较困难的事，所以本章建立的冲击风险性量化方法只是一种评估方法。尽管如此，巷道冲击风险性定量评估方法考虑了巷道区域应力场与围岩物理力学性质的相互作用，可以对一定地质工程条件下巷道围岩的破坏状态及冲击风险性进行提前评估，对于风险性较高的巷道及时采取相应的防治措施，同时也可以根据评估方法分析巷道冲击地压的发生过程及发生机理，为冲击地压的预警预防提供理论方法。

6.6 案例分析

6.6.1 工程背景

6.6.1.1 工程概况

耿村矿隶属河南能化集团采用斜立井单水平上下山开拓方式，13230 工作面于 2015 年 12 月开始回采，在 2015 年 12 月 22 日工作面回采之初运输巷发生一起大型冲击地压事故。13230 工作面位于 13 采区胶带下山东侧，平均埋深为

622 m，采用走向长壁后退式采煤法和综采放顶煤一次采全高采煤工艺，自然垮落法管理顶板，走向可采长度为 971 m，倾向长度为 189 m。13230 工作面东至耿村矿和千秋矿井田边界，工作面北侧为已回采结束的 13210 等 5 个工作面采空区，南侧为未开采的实体煤，采区工作面布置如图 6-10 所示。

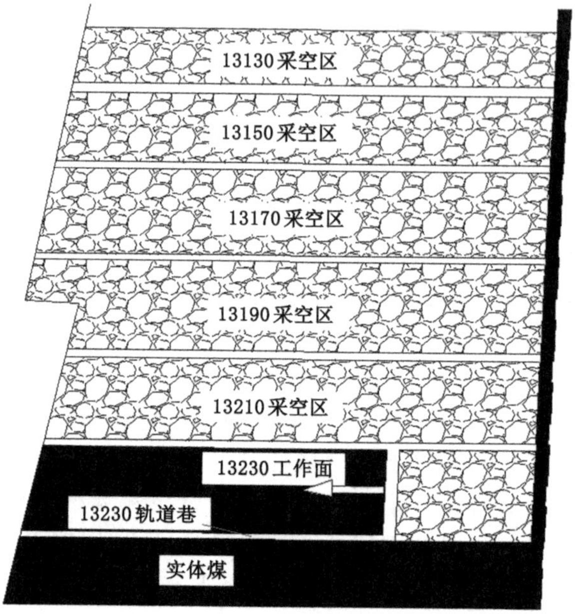

图 6-10　耿村矿冲击巷道所在采区工作面布置图

6.6.1.2　现场冲击概况

13230 工作面于 2015 年 12 月开始回采，工作面回采之前轨道巷围岩稳定未发生冲击现象，工作面回采期间轨道巷道已发生大小冲击数次，且在 2015 年 12 月 22 日工作面回采之初运输巷发生一起大型冲击地压事故，造成重大经济损失和人员伤亡，工作面运输巷安全出口以外长度约 150 m 的巷道出现底鼓、断面收缩，巷道内部分机电、运输、支护等设备设施损坏或侧翻，冲击地压发生后巷道现场破坏情况如图 6-11 所示。

6.6.2　巷道区域应力场评估

13230 工作面北侧为已回采结束的 5 个工作面采空区，采空区大面积顶板垮落导致垂直方向应力向实体煤中转移，使得 13230 运输巷垂直应力增高。在巷道截面周围，水平应力为围岩所受的最小围压，垂直应力为围岩所受的最大围

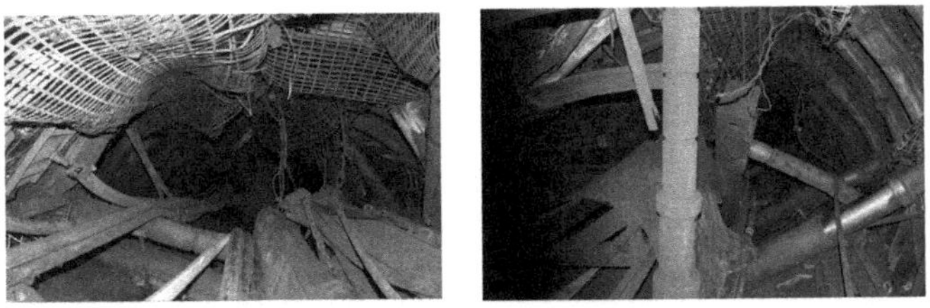

图 6-11 耿村矿巷道冲击破坏现场

压，即 $P_3=P_x$，$P_1=P_z$。在 13230 工作面回采期间，工作面前方受到超前支承压力的影响，垂直应力可增大到原岩应力的 2～3 倍以上[236-237]，工作面前方应力分布如图 6-12 所示。由图可知，工作面向前推进过程，也是巷道围岩最大围压方向加载的过程。

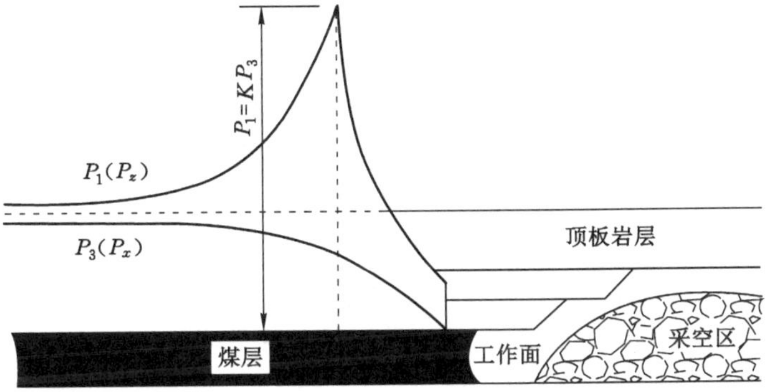

图 6-12 工作面回采期间 13230 运输巷道应力分布示意图

水平应力为巷道围岩所受最小围压，根据现场调研以及参考已有文献得到水平应力为 19.5 MPa[235]；垂直应力为巷道围岩所受最大围压，工作面回采期间垂直应力可增大到原岩应力的 3 倍以上，模拟时垂直应力从 20 MPa 开始以 5 MPa为增量，分别模拟不同应力状态下巷道围岩塑性区形态，模拟的应力条件见表 6-1。在 13230 工作面回采期间，轨道巷受到移动支承压力的影响，相当于在最大围压方向加载。

表 6-1 模拟不同加载程度下的应力场

P_1/MPa	20	25	30	35	40	45	50
P_3/MPa	19.5						

6.6.3 围岩地质力学参数

13230工作面所在煤层平均厚度为10.2 m，直接顶主要为泥岩，平均厚度为20.5 m，基本顶主要为砂质泥岩，厚度达到178 m，直接底由泥岩、细砂岩、粉砂岩互层组成平均厚度为14 m，直接底下方为超过100 m厚的砂质泥岩、泥岩互层，详细岩层综合柱状图如图6-13所示。义马矿区是典型的冲击地压矿区，千秋矿、耿村矿、常村矿均发生过冲击地压，学术界对义马矿区冲击地压的研究非常多，积累了大量的基础数据[237-238]，本章通过现场调研及综合已有参考文献，确定了数值模拟时各岩层岩石物理力学参数，见表6-2。

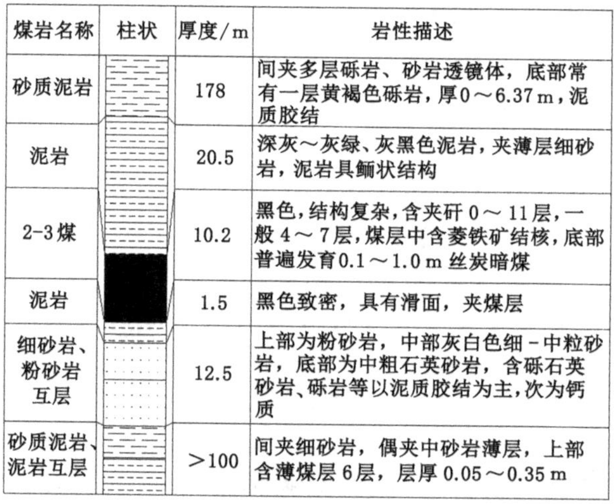

图6-13 岩层综合柱状图

表6-2 岩层物理力学参数表

岩性	抗拉强度/MPa	体积模量/GPa	剪切模量/GPa	黏聚力/MPa	内摩擦角/(°)
砂质泥岩	7.81	8.17	9.56	11.5	32.5
泥岩	2.61	7.82	7.74	6.8	26.2
2-3煤	0.75	2.46	1.77	3.0	25.1
泥岩	2.61	7.82	7.74	6.8	26.2
细砂岩、粉砂岩互层	6.32	8.65	8.63	13.2	32.6
砂质泥岩、泥岩互层	6.75	8.32	9.25	15.6	33.8

6.6.4 冲击风险性判定分析与验证

6.6.4.1 破坏响应分析

上文对巷道围岩区域应力场及围岩的地质力学参数做了分析评估，下面通过 FLAC^{3D}数值模拟计算出巷道围岩在不同应力条件下的破坏情况。本章建立了计算巷道围岩破坏的数值模拟模型，如图 6-14(a)所示，巷道尺寸按实际巷道尺寸(宽 6 200 mm、高 4 100 mm)，模型长×宽×高为 80 m×1 m×80 m 的平面薄板，岩层倾角为 11°，由于煤层底板泥岩层极薄，建立数值模拟模型时将泥岩层与下一层的细砂岩、粉砂岩互层合为一层处理，为了保守计算岩石力学参数采用泥岩参数。基于工作面回采巷道区域应力场评估结果，模拟得到不同应力条件下巷道围岩的破坏特征，如图 6-14 所示。

由图 4-14 可得，在 13230 工作面回采前，巷道围岩破坏区范围较小，塑性区形态近似为圆形，塑性区均匀分布在巷道周围，如图 6-14(b)所示，此时巷道围岩塑性区对应力变化响应迟钝，当垂直应力增大 5 MPa，塑性区形态如图 6-14 所示，巷道围岩塑性区形态及范围几乎没有发生变化，此时巷道围岩稳定。13230 工作面回采后，随着垂直应力的不断加载，巷道围岩塑性区范围不断扩大，塑性区形态逐渐变为蝶形，如图 6-14(f)所示，蝶形塑性区的形态已非常明显，此时垂直围压为 40 MPa，是原岩应力的 2 倍左右，是现场支承压力完全可能达到的水平，围岩出现蝶形塑性区后，塑性区范围增大，对应力改变的响应敏感，冲击风险性增大。随着 13230 工作面的回采，巷道围岩垂直围压受前方支承压力的影响而不断增大，巷道围岩出现了蝶形破坏，且随着垂直围压的增大，蝶形破坏范围逐渐增大，破坏区对应力变化的响应越发敏感，巷道围岩发生冲击地压的风险性逐渐增高，所以在 13230 工作面回采期间轨道巷发生大小冲击数次，并在 2015 年 12 月 22 日工作面回采之初运输巷发生一起大型冲击地压事故。

6.6.4.2 能量释放分析

将不同应力条件下巷道围岩塑性区最大半径及该条件下围岩由弹性变为塑性的能量释放量统计得到工作面回采时不同加载条件下塑性区最大半径及能量释放量变化曲线，如图 6-15 所示。由图可得，13230 工作面回采前，巷道围岩塑性区较小，应力响应迟钝，区域应力变化时塑性区最大半径几乎没有发生变化，能量释放量也极小，工作面回采前巷道围岩稳定，发生冲击地压的风险较小；工作面回采时，随着垂直围压的加载，塑性区最大半径曲线与能量释放曲线均呈现类指数式增长，巷道围岩破坏应力响应越发敏感，发生冲击地压的风险也逐渐增高，故而在 13230 工作面回采期间轨道巷发生大小冲击数次。现场巷道稳定性状况与理论分析一致。

(a) 数值模拟模型

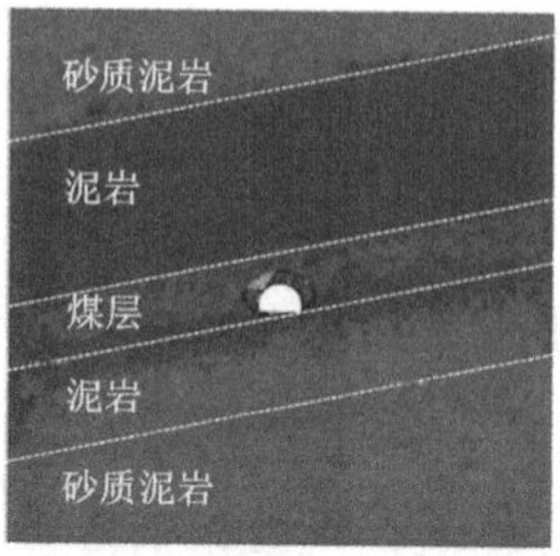

(b) P_1=20 MPa

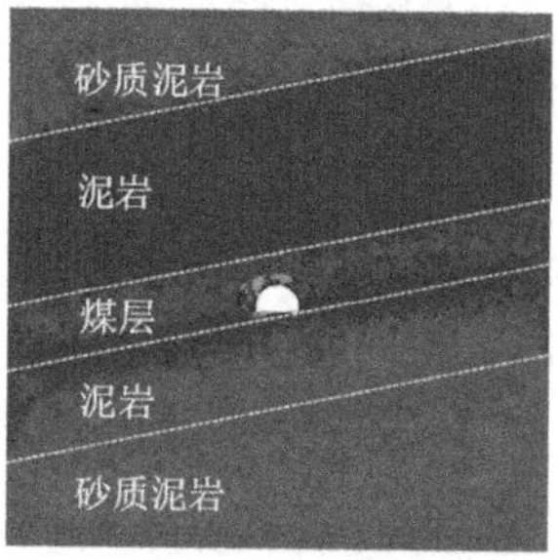

(c) P_1=25 MPa

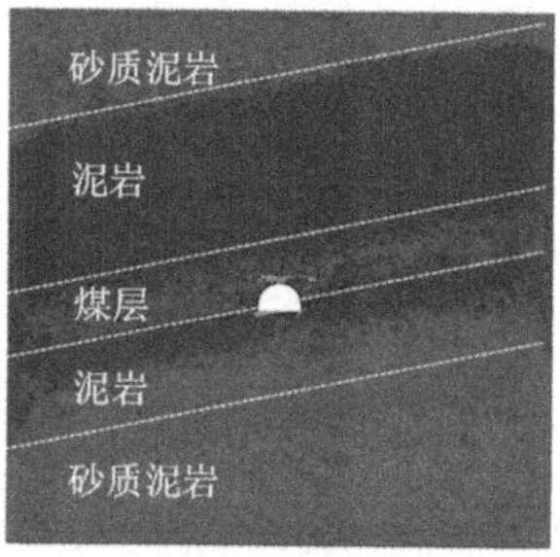

(d) P_1=30 MPa

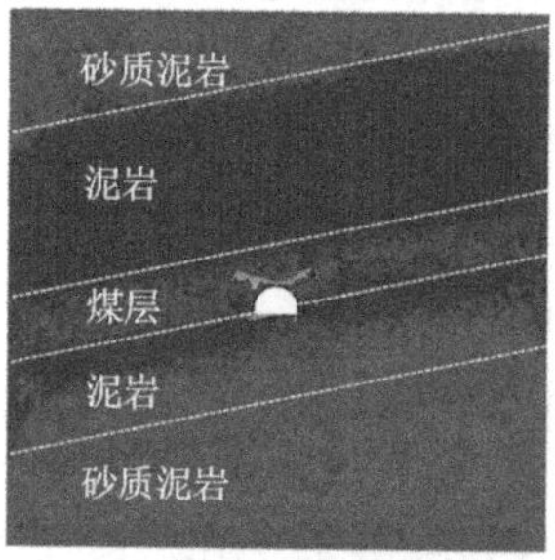

(e) P_1=35 MPa

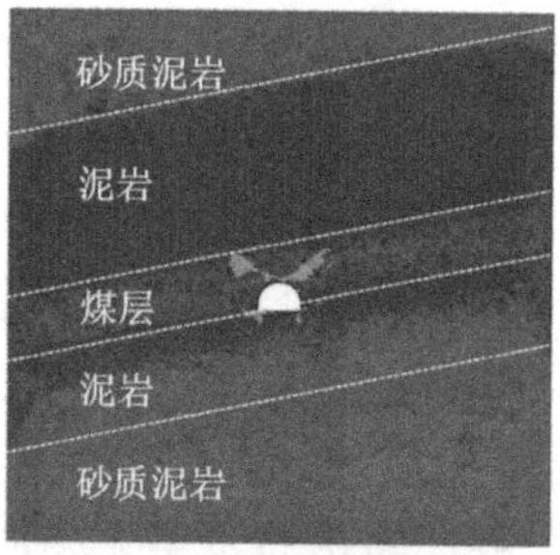

(f) P_1=40 MPa

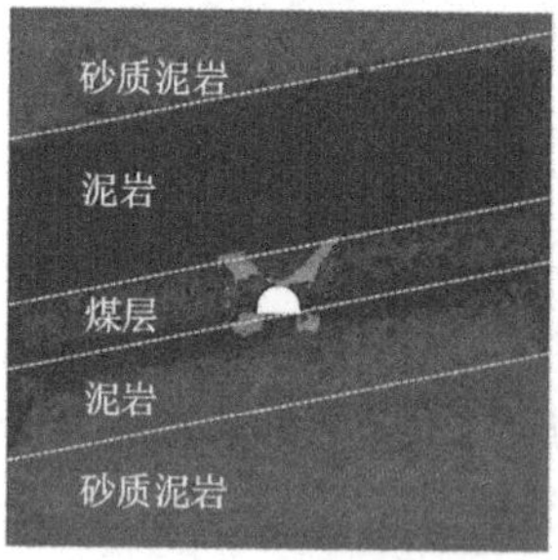

(g) P_1=45 MPa

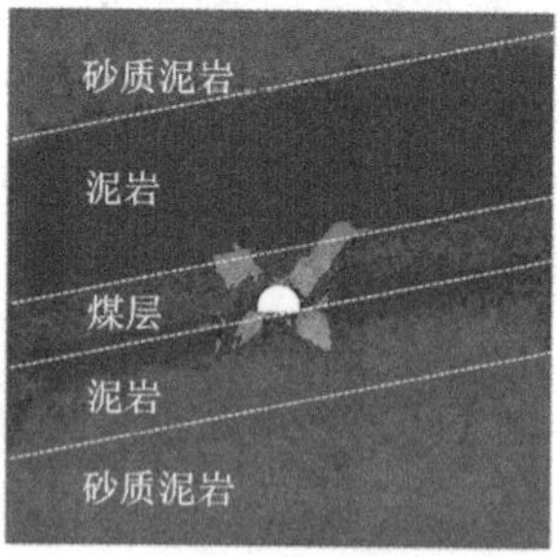

(h) P_1=50 MPa

图 6-14 工作面回采加载过程巷道围岩塑性区的形态演化

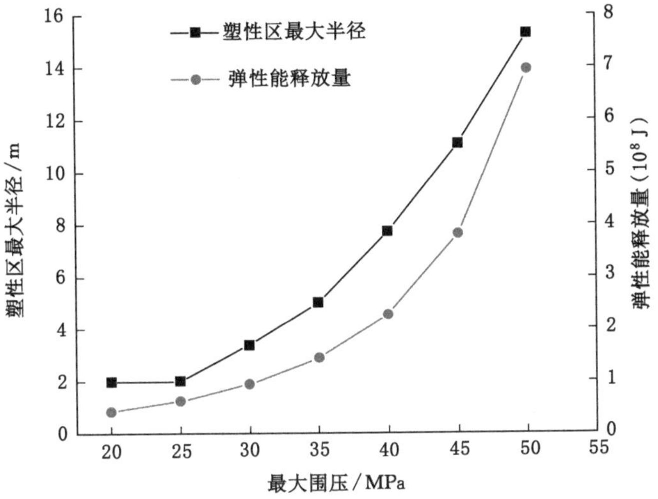

图 6-15 不同弹性能释放曲线

6.6.4.3 理论判定分析与验证

根据上文分析，工作面回采期间，在垂直方向加载，巷道围岩出现了蝶形破坏，塑性区范围大，对应力响应敏感，增大了巷道冲击地压的风险。根据形态系数判定冲击风险性的方法，采用煤岩力学参数，计算分析不同围压条件下巷道围岩塑性区形态系数的大小，并与塑性区最大半径曲线相对比，如图 6-16 所示。

工作面回采前，巷道围岩塑性区为圆形、椭圆形，塑性区范围小，应力响应不敏感，巷道围岩稳定，在工作面回采前巷道发生冲击地压的风险较小，图中形态系数大于 1；随着工作面的开采，受工作面前方支承压力影响，巷道围岩在最大围压方向加载，巷道围岩出现了蝶形塑性区，塑性区范围大，对响应敏感，应力改变会引发塑性区大范围扩展，同时释放大量弹性能，巷道发生冲击地压的风险较大；随着前方支承压力加载程度的加大，巷道围压塑性区蝶形发育程度加深，对应力的响应越发敏感，发生冲击地压的风险不断增高，在工作面回采时发生了数次冲击现象，随着蝶形塑性区演化的深入，图中塑性区形态系数的值不断减小，形态系数越小，冲击风险越大。通过理论计算的判定分析，与现场冲击概况相吻合，验证了理论计算的可靠性。

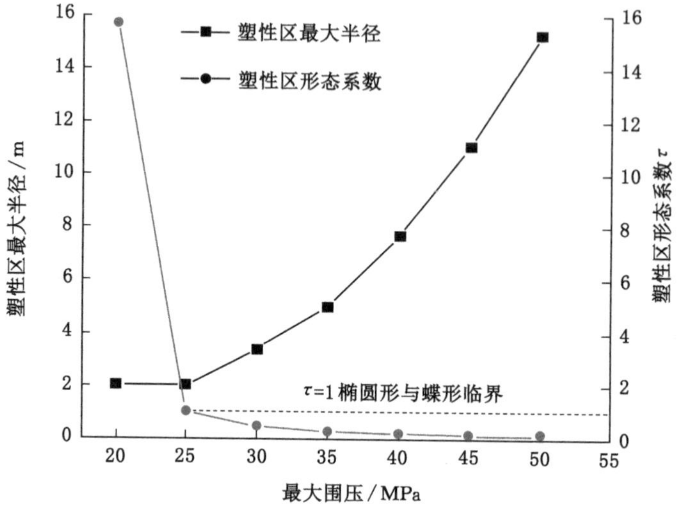

图 6-16　不同围压条件下巷道围岩塑性区形态系数

6.7　本章小结

（1）通过对比分析不同形态塑性区动力响应特征，发现了蝶形动力致灾力学特性。与圆形、椭圆形塑性区相比，蝶形塑性区范围大、动力响应敏感，当周围应力改变（等效结果为最大围压方向加载或最小围压方向卸荷）会引发塑性区大范围扩展，将有大量弹性能释放，随着蝶形形态的发展动力响应越发敏感，致灾风险会不断增大。

（2）基于不同形态塑性区动力响应规律及致灾特性建立了塑性区形态与巷道冲击风险性的对应关系。当巷道围岩塑性区形态为圆形或椭圆形时，巷道围岩较稳定，发生冲击地压的风险较小；当巷道围岩塑性区形态为蝶形时，巷道围岩发生冲击地压的风险较大，且随着蝶形形态的演化与扩展程度的加大，巷道冲击风险性随之加大。

（3）建立了基于塑性区形态系数的巷道冲击风险性定量评估方法。塑性区形态系数用数学表达式定量判别了塑性区的形态类别，其单调性规律与塑性区形态的演化规律吻合，可以定量表征塑性区的演化扩展程度，建立了以塑性区形态系数为量化指标的冲击风险性定量评估方法。

（4）应用建立的理论评估方法分析了耿村矿 13230 轨道巷工作面回采前后发生冲击地压的风险性。13230 工作面回采前巷道围岩塑性区为椭圆形，形态系数大于1,塑性区范围小,应力响应迟钝,巷道围岩稳定,发生冲击地压的风险性较小;工作面回采后,在巷道区域最大围压方向加载,巷道围岩出现了蝶形塑性区,形态系数小于1,随着加载程度的加大,巷道围岩应力响应越发敏感,巷道发生冲击地压的风险不断增高,在工作面回采时发生了数次冲击现象。

参考文献

[1] 谢和平，王金华，王国法，等.煤炭革命新理念与煤炭科技发展构想[J].煤炭学报，2018，43(5)：1187-1197.

[2] 杨英明，孙建东，李全生.我国能源结构优化研究现状及展望[J].煤炭工程，2019，51(2)：149-153.

[3] 赵开功，李彦平.我国煤炭资源安全现状分析及发展研究[J].煤炭工程，2018，50(10)：185-189.

[4] 王金华，谢和平，刘见中，等.煤炭近零生态环境影响开发利用理论和技术构想[J].煤炭学报，2018，43(5)：1198-1209.

[5] 谢和平，高峰，鞠杨.深部岩体力学研究与探索[J].岩石力学与工程学报，2015，34(11)：2161-2178.

[6] 谢和平."深部岩体力学与开采理论"研究构想与预期成果展望[J].工程科学与技术，2017，49(2)：1-16.

[7] 齐庆新，潘一山，舒龙勇，等.煤矿深部开采煤岩动力灾害多尺度分源防控理论与技术架构[J].煤炭学报，2018，43(7)：1801-1810.

[8] 袁超.深部巷道围岩变形破坏机理与稳定性控制原理研究[D].湘潭：湖南科技大学，2017.

[9] 王卫军，袁超，余伟健，等.深部大变形巷道围岩稳定性控制方法研究[J].煤炭学报，2016，41(12)：2921-2931.

[10] 成云海，姜福兴，胡兆锋，等.埋深千米综放采场沿空巷道冲击地压防治研究[J].岩石力学与工程学报，2016，35(S1)：3000-3007.

[11] 潘立友，段大勇，张振扬.深部巷道留底煤区域冲击地压机理与防治[J].煤炭技术，2016，35(5)：3-5.

[12] 蒋星星，李春香.2013—2017 年全国煤矿事故统计分析及对策[J].煤炭工程，2019，51(1)：101-105.

[13] 张盈盈，郭巍，潘志栋.2017 年我国煤矿死亡事故统计分析[J].内蒙古煤炭经济，2018(20)：104-107.

[14] 诸利一，吕文生，杨鹏，等.2007—2016 年全国煤矿事故统计及发生规律研

究[J].煤矿安全,2018,49(7):237-240.

[15] 左建平,魏旭,王军,等.深部巷道围岩梯度破坏机理及模型研究[J].中国矿业大学学报,2018,47(3):478-485.

[16] 金淦,王连国,李兆霖,等.深部半煤岩回采巷道变形破坏机理及支护对策研究[J].采矿与安全工程学报,2015,32(6):963-967.

[17] 樊克恭,蒋金泉.弱结构巷道围岩变形破坏与非均称控制机理[J].中国矿业大学学报,2007(1):54-59.

[18] 侯朝炯团队.巷道围岩控制[M].徐州:中国矿业大学出版社,2013.

[19] 马念杰, 侯朝炯.采准巷道矿压理论及应用[M].北京:煤炭工业出版社, 1995.

[20] 钱鸣高,石平五.矿山压力与岩层控制[M].徐州:中国矿业大学出版社,2003

[21] H 卡斯特奈.隧道与坑道静力学[M].上海:上海科学技术出版社,1980.

[22] 汤伯森.弹塑围岩最小支护抗力和最大允许变形的估算[J].岩土工程学报,1986(4):81-88.

[23] 余东明,姚海林,卢正,等.考虑中间主应力的横观各向同性深埋圆隧弹塑性解[J].岩土工程学报,2012,34(10):1850-1857.

[24] 张小波,赵光明,孟祥瑞.考虑峰后应变软化与扩容的圆形巷道围岩弹塑性D-P 准则解[J].采矿与安全工程学报,2013,30(6):903-910,916.

[25] J 塔罗勃.岩石力学[M].林天健,葛修润,译.北京:中国工业出版社,1965.

[26] 关宝树.隧道力学概论[M].成都:西南交通大学出版社,1993.

[27] 郑颖人.锚喷支护原理与设计施工原则的探讨[J].煤炭科学技术,1980(10):8-13,61.

[28] 关宝树.巷道支护机理研究的几点认识[J].煤炭科学技术,1980(12):16-19,66.

[29] 徐庆高.图解法巷道支护设计计算[J].有色矿山,1980(6):55-58.

[30] 李效甫,姚建国,林崇德,等.回采巷道支护形式与参数合理选择的研究[J].煤炭学报,1991(1):39-50.

[31] 郑颖人,沈珠江,龚晓南.岩土塑性力学原理[M].北京:中国建筑工业出版社,2002.

[32] 李效甫.略谈回采巷道支护形式与参数的合理选择[J].煤矿设计,1990(5):7-11.

[33] 李效甫,姚建国.回采巷道支护形式与参数合理选择的专家系统[J].煤炭科学技术,1990(7):28-32,60-61.

[34] 程宜康,李天珍.不同支护方式下圆形巷道围岩变形分析[J].矿山压力与顶板管理,2000(4):68-69.

[35] 王卫军,侯朝炯.软岩巷道支护参数优化与工程实践[J].岩石力学与工程学报,2000(5):647-650.

[36] 吕坤,李洪斌,郭书英,等.浅埋煤层弱黏结顶板巷道支护对策研究[J].煤炭科学技术,2016,44(7):158-163,195.

[37] 吕坤,冯吉成,唐青豹,等.塔拉壕矿 3203 辅运巷顶板变形破坏机理及支护技术研究[J].煤炭工程,2018,50(3):95-98.

[38] 刘承恩.高冒落区木支架支护[J].煤炭工程,1966(4):58.

[39] DULACSKA H.Dowel action of reinforcement crossing cracks in concrete [J].Am. Concrete Inst,1972,69(12):754-757.

[40] 赵彭年.考虑水平方向原始应力时巷道顶板上自然平衡拱的形态[J].中国矿业学院学报,1978(00):56-63.

[41] INDRARATNA B.Design for grouted rock bolts based on the convergence control method. Int [J]. Rock mechanics mining sciences and geomechanics abstracts,1990,27(4):269-281.

[42] 戴俊,乔彦鹏,郭相参,等.煤矿巷道冒落拱高度的测量方法[J].矿业研究与开发,2009(6):26-27,81.

[43] 何富连,钱鸣高,孟祥荣,等.综采工作面直接顶松散漏顶及其控制[J].矿山压力与顶板管理,1993(Z1):49-54.

[44] 何富连,钱鸣高,尚多江,等.综采工作面直接顶碎裂岩体冒顶机理及其控制[J].中国矿业大学学报,1994,23(2):18-25.

[45] 何富连,刘亮,钱鸣高.综采面直接顶块状松散岩体冒顶之分析与防治[J].煤,1995(4):7-10.

[46] 涂敏,张东升.厚松散层下煤层开采顶板垮落规律研究[J].矿山压力与顶板管理,2004(4):8-11.

[47] 刘德平,王彩勤,孙永香.全煤巷道锚杆支护设计与稳定性分析[J].煤炭技术,2010,29(11):63-65.

[48] 谷拴成,樊琦,王建文,等.层状岩体巷道顶板冒落拱高度计算方法研究[J].煤炭工程,2012(12):73-76.

[49] 何荣兴,任凤玉,宋德林,等.和睦山铁矿倾斜厚矿体诱导冒落规律研究[J].采矿与安全工程学报,2017,34(5):899-904.

[50] 于学馥,乔端.轴变论和围岩稳定轴比三规律[J].有色金属,1981,33(3):8-15.

[51] 于学馥.轴变论与围岩变形破坏的基本规律[J].铀矿冶,1982,1(1):8-17,7.
[52] 于学馥.重新认识岩石力学与工程的方法论问题[J].岩石力学与工程学报,1994,13(03):279-282.
[53] GALE W J,BLACKWOOD R L.Stress distributions and rock failure around coal mine roadways[J].Rock mechanics and mining sciences and geomechanics abstracts,1987,24(3):165-173.
[54] 陈庆敏,郭颂,张农.煤巷锚杆支护新理论与设计方法[J].采矿与安全工程学报,2002,19(1):12-15.
[55] SHABANI M,LI C C. A numerical study of stress changes in barrier pillars and a border area in a longwall coal mine[J].International journal of coal geology,2013,106(106):39-47.
[56] KANG H. Support technologies for deep and complex roadways in underground coal mines: a review[J].International journal of coal science and technology,2014,1(3):261-277.
[57] CHEN H M, ZHAO Z Y, CHOO L Q,et al. Rock cavern stability analysis under different hydro-geological conditions using the coupled hydro-mechanical model[J].Rock mechanics and rock engineering,2016,49(2):555-572.
[58] 张生华.构造应力作用下软岩巷道变形与控制研究[J].矿业工程,2003(3):14-18.
[59] 陈学华.构造应力型冲击地压发生条件研究[D].阜新:辽宁工程技术大学,2004.
[60] 宋志敏,程增庆,张生华.构造应力区软岩巷道围岩变形与控制[J].矿山压力与顶板管理,2005(4):48-50.
[61] 陈学华,黄明利.水平构造应力对发生冲击地压作用的数值分析:中国岩石力学第九届全国岩石力学与工程学术大会论文集[C].北京:中国科学出版社,2006.
[62] 鲁岩.构造应力场影响下的巷道围岩稳定性原理及其控制研究[D].徐州:中国矿业大学,2008.
[63] 陈国祥.最大水平应力对冲击矿压的作用机制及其应用研究[D].徐州:中国矿业大学,2009.
[64] 肖同强.深部构造应力作用下厚煤层巷道围岩稳定与控制研究[D].徐州:中国矿业大学,2011.
[65] 郑峰.断层构造应力作用下的回采巷道联合支护技术研究[J].煤炭工程,

2018,50(11):43-47.
[66] 董洪青.构造应力作用下巷道布置方位研究[J].内蒙古煤炭经济,2019(2):111-112.
[67] 董方庭.锚喷支护研究:围岩松动圈测定及锚固体强度实验(实验小结)[J].中国矿业学院学报,1980(2):29-40.
[68] 张胜利,贺永年,董方庭.巷道围岩松动圈与锚喷支护作用原理的探讨[J].煤炭科学技术,1981(1):24-26,62.
[69] 董方庭,鹿守敏,高树棠.巷道围岩状态和支护理论的探讨:兼论软岩巷道支护[J].矿山压力与顶板管理,1987(2):12-15,65.
[70] 高树棠,董方庭.用围岩松动圈研究锚喷支护参数[J].煤炭科学技术,1987(12):23-26,58.
[71] 夏吉光,董方庭.巷道收敛变形与围岩松动圈的关系[J].建井技术,1993(2):39-40,47.
[72] 董方庭,宋宏伟,郭志宏,等.巷道围岩松动圈支护理论[J].煤炭学报,1994(1):21-32.
[73] 宋宏伟,郭志宏,周荣章,等.围岩松动圈巷道支护理论的基本观点[J].建井技术,1994(4):3-9,95.
[74] 郭志宏,董方庭.围岩松动圈与巷道支护[J].矿山压力与顶板管理,1995(3):111-114.
[75] 靖洪文,付国彬,董方庭.深井巷道围岩松动圈预分类研究[J].中国矿业大学学报,1996(2):47-51.
[76] 赵红平,董方庭.爆破当量确定围岩松动圈碎胀力初探[J].建井技术,1997(1):35-37.
[77] 周希圣,陈明雄,王朝晖,等.围岩松动圈灰色预测研究[J].煤,1997(2):15-16,60.
[78] 董方庭.巷道围岩松动圈支护理论:世纪之交软岩工程技术现状与展望[C].北京:煤炭工业出版社,1999.
[79] 孙希奎,常庆粮,施现院,等.大断面半圆拱煤巷围岩松动圈厚度测定及分布规律[J].煤炭科学技术,2016,44(11):1-6.
[80] 郭江涛.大松动圈软岩煤巷复合支护技术[J].煤炭工程,2016,48(11):35-37,41.
[81] 黄磊,周健,方勇,等.基于松动圈测试的硬岩隧道卸压爆破效果分析[J].地下空间与工程学报,2018,14(S1):395-402.
[82] 晓亚迪,段文婷,李源.基于松动圈测试区段煤柱合理留设尺寸的探究[J].

现代工业经济和信息化,2018,8(15):126-127,134.
[83] 沈春儒.地质雷达及超声波在围岩松动圈测试中的应用[J].信息记录材料,2019,20(1):39-40.
[84] 钱七虎.深部岩体工程响应的特征科学现象及"深部"的界定[J].华东理工学院学报(自然科学版),2004(1):1-5.
[85] 王明洋,宋华,郑大亮,等.深部巷道围岩的分区破裂机制及“深部”界定探讨[J].岩石力学与工程学报,2006(9):1771-1776.
[86] 李英杰,潘一山,章梦涛.深部岩体分区碎裂化进程的时间效应研究[J].中国地质灾害与防治学报,2006(4):119-122.
[87] 周小平,钱七虎.深埋巷道分区破裂化机制[J].岩石力学与工程学报,2007(5):877-885.
[88] 钱七虎.分区破裂化研究现状和一些思考:新观点新学说学术沙龙文集21[C].北京:中国科学技术出版社,2008.
[89] 李术才.用钻孔电视观测围岩分区破裂化:新观点新学说学术沙龙文集21[C].北京:中国科学技术出版社,2008.
[90] 陈旭光,张强勇,李术才,等.基于扩展有限元的深部岩体分区破裂化现象初步数值模拟[J].岩土力学,2013,34(11):3291-3298.
[91] 张绪涛.深部洞室分区破裂机理与数值模拟分析研究[D].济南:山东大学,2015.
[92] 陈昊祥,戚承志,李凯锐,等.深部巷道围岩分区破裂的非线性连续相变模型研究[J].岩土力学,2017,38(4):1032-1040.
[93] 喻军,李元海,王克忠.深部隧道围岩分区破裂颗粒流模拟研究[J].地震工程学报,2017,39(4):759-766.
[94] 朱训国,陈卓立,赵德深.深埋分区破裂隧道锚杆支护力学机制[J].辽宁工程技术大学学报(自然科学版),2018,37(4):703-709.
[95] 王明洋,陈昊祥,李杰,等.深部巷道分区破裂化计算理论与实测对比研究[J].岩石力学与工程学报,2018,37(10):2209-2218.
[96] 高强,张强勇,张绪涛,等.深部洞室开挖卸荷分区破裂机制的动力分析[J].岩土力学,2018,39(9):3181-3194.
[97] 唐礼忠,范若楠,宋徉霖.深埋巷道分区破裂过程的数值模拟[J].工程爆破,2020,26(4):1-7.
[98] HAN F,WU S,LI X,et al.Numerical simulation of phenomenon on zonal disintegration in deep underground mining in case of unsupported roadway[M].Bristol:IOP Publishing,2018.

[99] 王学滨，白雪元，马冰，等.巷道围岩非均质性对其分区破裂化的影响[J].中国矿业大学学报，2019，48(1)：78-86.

[100] 杨圣奇，黄彦华.双孔洞裂隙砂岩裂纹扩展特征试验与颗粒流模拟[J].应用基础与工程科学学报，2014，22(3)：584-597.

[101] 朱谭谭，靖洪文，苏海健，等.含双圆形孔洞砂岩单轴压缩力学特性试验研究[J].岩土工程学报，2015，37(6)：1047-1056.

[102] 杜明瑞，靖洪文，苏海健，等.含预制椭圆形孔洞砂岩强度及破坏特征试验研究[J].中国矿业大学学报，2016，45(6)：1164-1171.

[103] CASTRO J，CASHMAN K，JOSLIN N，et al.Structural origin of large gas cavities in the Big Obsidian Flow，Newberry Volcano[J].Journal of volcanology and geothermal research，2002，114(3)：313-330.

[104] VIDAL-ROMANI J R，LÓPEZ L G，RODRIGUEZ M V，et al.Bioweathering related to groundwater circulation in cavities of magmatic rock massifs[J].Environmental earth sciences，2014，73(6)：1-14.

[105] LATIEF F D E，FAUZI U，BIJAKSANA S，et al.Pore structure characterization of 3D random pigeon hole rock models [J]. International journal of rock mechanics and mining sciences，2010，47(3)：523-531.

[106] 李英杰，潘一山，张顶立.岩石孔洞试件变形破坏的电测法实验[J].北京交通大学学报，2011，35(4)：78-82.

[107] 谢林茂，朱万成，王述红，等.含孔洞岩石试样三维破裂过程的并行计算分析[J].岩土工程学报，2011，33(9)：1447-1455.

[108] 郑朝阳，段东，方朝合，等.岩石孔洞及微观结构对声波传播规律的影响研究[J].煤炭科学技术，2014，42(S1)：70-72.

[109] 刘晓，张杰.岩石缺陷材料的单元参数对声发射敏感性研究[J].地下空间与工程学报，2015，11(S2)：452-456，461.

[110] 腾俊洋，唐建新，李欣怡.含孔洞加锚岩石力学特性及裂纹扩展规律[J].岩石力学与工程学报，2018，37(1)：87-103.

[111] CHANG S H，LEE C I.Estimation of cracking and damage mechanisms in rock under triaxial compression by moment tensor analysis of acoustic emission [J]. International journal of rock mechanics and mining sciences，2004，41(7)：1069-1086.

[112] 侯佳男.含孔洞岩石损伤破坏过程声发射试验研究[D].沈阳：东北大学，2009.

[113] 赵永红，黄杰藩，王仁.岩石微破裂发育的扫描电镜即时观测研究[J].岩石

力学与工程学报,1992(3):284-294.
[114] 陈炎光,陆士良.中国煤矿巷道围岩控制[M].徐州:中国矿业大学出版社,1994.
[115] 杜长龙,蔡津玲,张天顺.巷道冒顶机理研究[J].矿山压力与顶板管理,1997(3):111-113.
[116] 侯朝炯,郭励生,勾攀峰.煤巷锚杆支护[M].徐州:中国矿业大学出版社,1999.
[117] 勾攀峰,侯朝炯.回采巷道锚杆支护顶板稳定性分析[J].煤炭学报,1999,24(5):466-470.
[118] 贾明魁.锚杆支护煤巷冒顶事故研究及其隐患预测[D].北京:中国矿业大学(北京),2004:44-50.
[119] 贾明魁.锚杆支护煤巷冒顶成因分类新方法[J].煤炭学报,2005,30(5):568-570.
[120] 贾明魁.岩层组合劣化型冒顶机制研究[J].岩土力学,2007,28(7):1343-1347.
[121] 李学华,梁顺,姚强岭,等.泥岩顶板巷道围岩裂隙演化规律与冒顶机理分析[J].煤炭学报,2011,36(6):903-908.
[122] 张农.煤巷顶板离层控制理论及实践[J].煤矿支护,2006(2):1-9.
[123] 马述起,柏建彪,张轩亮,等.砌碹巷道冒顶机理及控制技术研究[J].金属矿山,2011(8):49-52.
[124] 李磊,柏建彪,徐营,等.复合顶板沿空掘巷围岩控制研究[J].采矿与安全工程学报,2011,28(3):376-390.
[125] 李琰庆,李志红.沿空留巷围岩失稳机理与控制技术[J].煤矿支护,2010(3):3-7,29.
[126] 刘洪涛,马念杰.煤矿巷道冒顶高风险区域识别技术[J].煤炭学报,2011,36(12):2043-2047.
[127] 刘洪涛,马念杰,王建民,等.回采巷道冒顶隐患级别分析[J].煤炭科学技术,2012,40(3):6-9,104.
[128] 刘洪涛,樊龙,宋高峰,等.浅部岩层冒顶隐患级别的数值模拟研究[J].煤炭工程,2012(5):76-78,81.
[129] 胡银如.富水软岩巷道冒顶机理及支护对策研究[J].煤矿开采,2018,23(3):63-66.
[130] 袁永,刘志恒,柯发宏,等.浅埋烧变岩区斜井冒顶机理与围岩修复控制研究[J].采矿与安全工程学报,2018,35(5):910-917.

[131] 窦林名，陆菜平，牟宗龙，等.组合煤岩冲击倾向性特性试验研究[J].采矿与安全工程学报，2006，23(1)：43-46.
[132] 潘一山，耿琳，李忠华.煤层冲击倾向性与危险性评价指标研究[J].煤炭学报，2010，35(12)：1975-1978.
[133] 齐庆新，彭永伟，李宏艳，等.煤岩冲击倾向性研究[J].岩石力学与工程学报，2011(S1)：2736-2742.
[134] 潘一山，王来贵，章梦涛，等.断层冲击地压发生的理论与试验研究[J].岩石力学与工程学报.1998，17(6)：642-649
[135] 姜福兴，苗小虎，王存文，等.构造控制型冲击地压的微地震监测预警研究与实践[J].煤炭学报，2010，35(6)：900-903.
[136] 顾士坦，黄瑞峰，谭云亮，等.背斜构造成因机制及冲击地压灾变机理研究[J].采矿与安全工程学报，2015，32(1)：59-64.
[137] 张宏伟，朱峰，韩军，等.冲击地压的地质动力条件与监测预测方法[J].煤炭学报，2016，41(3)：545-551.
[138] 姜耀东，潘一山，姜福兴，等.我国煤炭开采中的冲击地压机理和防治[J].煤炭学报，2014，39(2)：205-213.
[139] 邹德蕴，姜福兴.煤岩体中储存能量与冲击地压孕育机理及预测方法的研究[J].煤炭学报，2004，29(4)：159-163.
[140] 章梦涛.冲击地压失稳理论与数值模拟计算[J].岩石力学与工程学报，1987，6(3)：197-204.
[141] 尹光志，鲜学福，代高飞.岩石非线性动力学理论及其应用-岩石失稳破坏与冲击地压发生机理及预测[M].重庆：重庆大学出版社，2003.
[142] 李铁，王维，谢俊文，等.基于采动顶、底板岩层损伤的冲击地压预测[J].岩石力学与工程学报，2012，31(12)：2438-2444.
[143] 尹光志，谭钦文，魏作安.基于混沌优化神经网络的冲击地压预测模型[J].煤炭学报，2008，33(8)：871-875.
[144] 蔡美峰.岩石力学与工程[M].北京：科学出版社，2002.
[145] 张光建.地应力及其对巷道稳定性的影响分析[J].矿山压力与顶板管理，2003，20(1)：6-7.
[146] 谢和平，陈忠辉.岩石力学[M].北京：科学出版社，2004.
[147] 苏生瑞.断裂构造对地应力场的影响及其工程意义[J].岩石力学与工程学报，2002，21(2)：296.
[148] 张传庆，周辉，冯夏庭，等.局域地应力场获取的插值平衡方法[J].岩土力学，2008，29(8)：2016-2024.

[149] 陈强,朱宝龙,胡厚田.岩石 Kaiser 效应测定地应力场的试验研究[J].岩石力学与工程学报,2006,25(7):1370-1376.

[150] FUCHS K,MÜLLER B.World stress map of the earth: a key to tectonic processes and technological applications[J].Naturwissenschaften,2001,88(9):357-371.

[151] 景锋,盛谦,张勇慧,等.我国原位地应力测量与地应力场分析研究进展[J].岩土力学,2011(S2):51-58.

[152] 高峰.地应力分布规律及其对巷道围岩稳定性影响研究[D].徐州:中国矿业大学,2009.

[153] 康红普,司林坡,张晓.浅部煤矿井下地应力分布特征研究及应用[J].煤炭学报,2016,41(6):1332-1340.

[154] 伊丙鼎.煤矿井下地应力数据库及地应力影响因素研究[D].北京:煤炭科学研究总院,2017.

[155] 康红普,伊丙鼎,高富强,等.中国煤矿井下地应力数据库及地应力分布规律[J].煤炭学报,2019,44(1):23-33.

[156] 李四光.地质力学概论[M].北京:科学出版社,1973.

[157] 孔德森,蒋金泉.深部巷道在构造应力场中稳定性分析[J].矿山压力与顶板管理,2000(4):56-58.

[158] 谢富仁,崔效锋,赵建涛,等.中国大陆及邻区现代构造应力场分区[J].地球物理学报,2004,47(4):654-662.

[159] 单晓云,梅海斌,徐东强,等.在构造应力场中采动对底板运输巷道稳定性的影响[J].岩石力学与工程学报,2005(12):2101-2106.

[160] 鲁岩,邹喜正,刘长友,等.构造应力场中的巷道布置[J].采矿与安全工程学报,2008,25(2):144-149.

[161] 宋卫华,张宏伟.断层滑动准则和稳定性评价及构造应力场的反演[J].岩石力学与工程学报,2008,27(A02):3740-3745.

[162] 罗浩,李忠华,王爱文,等.深部开采临近断层应力场演化规律研究[J].煤炭学报,2014,39(2):322-327.

[163] 刘中春,吕心瑞,李玉坤,等.断层对地应力场方向的影响机理[J].石油与天然气地质,2016,37(3):387-393.

[164] 王胜本,张晓.煤矿井下地质构造与地应力的关系[J].煤炭学报,2008(7):738-742.

[165] 王国瑞,窦林名,王利利,等.工作面过褶曲时微震活动规律研究[J].煤炭工程,2010,1(3):71-74.

[166] 姜耀东,宋红华,马振乾,等.基于地应力反演的构造应力区沿空巷道窄煤柱宽度优化研究[J].煤炭学报,2018,43(2):319-326.
[167] 张文彬.采煤工作面推进过程中采场围岩的应力分布[J].岩石力学与工程学报,1987(2):83-92.
[168] 王金安,焦申华,谢广祥.综放工作面开采速率对围岩应力环境影响的研究[J].岩石力学与工程学报,2006,25(6):1118-1118.
[169] 谷拴成,陈盼,王建文,等.采空区下煤层开采矿压显现规律实测研究[J].煤炭工程,2013,45(9):64-67.
[170] 谢和平,周宏伟,刘建锋,等.不同开采条件下采动力学行为研究[J].煤炭学报,2011,36(7):1067-1074.
[171] 谢和平,张泽天,高峰,等.不同开采方式下煤岩应力场-裂隙场-渗流场行为研究[J].煤炭学报,2016,41(10):2405-2417.
[172] 钱鸣高,缪协兴,许家林.岩层控制中的关键层理论研究[J].煤炭学报,1996(3):2-7.
[173] 陈炎光,钱鸣高.中国煤矿采场围岩控制[M].徐州:中国矿业大学出版社,1994.
[174] 马书明,吕文玉,孙丙玉.深部采场矿山压力理论研究现状及趋势[J].煤炭工程,2010(10):87-89.
[175] 贾喜荣.岩石力学与岩层控制[M].徐州:中国矿业大学出版社,2010.
[176] 彭赐灯.矿山压力与岩层控制研究热点最新进展评述[J].中国矿业大学学报,2015,44(1):1-8.
[177] 何满潮,任晓龙,宫伟力,等.矿山压力对煤矿瓦斯涌出影响实验分析及其控制[J].煤炭学报,2016,41(1):7-13.
[178] 宋振琪.采场上覆岩层运动及支架的选择[J].山东科技大学学报(自然科学版),1979(1):25-44.
[179] 宋振琪.采场上覆岩层运动的基本规律[J].山东科技大学学报(自然科学版),1979(1):64-77.
[180] 宋振骐.实用矿山压力控制[M].徐州:中国矿业大学出版社, 1988.
[181] 李铁,蔡美峰,孙丽娟,等.基于震源机制解的矿井采动应力场反演与应用[J].岩石力学与工程学报,2016,35(9):1747-1753.
[182] 刘钦节,杨科,陈贵,等.基于实测地应力的综放工作面采动应力分布及演化特征研究[J].采矿与安全工程学报,2016,33(1):109-115.
[183] 刘杰,王恩元,赵恩来,等.深部工作面采动应力场分布变化规律实测研究[J].采矿与安全工程学报,2014(1):60-65.

[184] 杨科,谢广祥.深部长壁开采采动应力壳演化模型构建与分析[J].煤炭学报,2010,(7):1066-1071.

[185] 康红普.煤矿井下应力场类型及相互作用分析[J].煤炭学报,2008,33(12):1329-1335.

[186] 康红普,王金华,高富强.掘进工作面围岩应力分布特征及其与支护的关系[J].煤炭学报,2009,34(12):1585-1593.

[187] 刘金海,姜福兴,冯涛.C型采场支承压力分布特征的数值模拟研究[J].岩土力学,2010(12):4011-4015.

[188] 刘金海,姜福兴,朱斯陶.长壁采场动、静支承压力演化规律及应用研究[J].岩石力学与工程学报,2015,34(9):1815-1827.

[189] 赵志强,马念杰,刘洪涛,等.巷道蝶形破坏理论及其应用前景[J].中国矿业大学学报,2018,47(5):969-978.

[190] MA N J,HOU C J.A research into plastic zone of surrounding strata of gateway effected by mining abutment stress[C].Proc.of the 31nd U.S. Symposium on Rock Mechanics,1990.

[191] 马念杰,侯朝炯.采准巷道矿压理论及应用[M].北京:煤炭工业出版社,1995.

[192] 赵志强.大变形回采巷道围岩变形破坏机理与控制方法研究[D].北京:中国矿业大学(北京),2014.

[193] 赵志强,马念杰,郭晓菲,等.大变形回采巷道蝶叶型冒顶机理与控制[J].煤炭学报,2016,41(12):2932-2939.

[194] 马念杰,李季,赵志强.圆形巷道围岩偏应力场及塑性区分布规律研究[J].中国矿业大学学报,2015,44(2):206-213.

[195] 郭晓菲,马念杰,赵希栋,等.圆形巷道围岩塑性区的一般形态及其判定准则[J].煤炭学报,2016,41(8):1871-1877.

[196] 李季.深部窄煤柱巷道非均匀变形破坏机理及冒顶控制[D].北京:中国矿业大学(北京),2016.

[197] 贾后省,马念杰,朱乾坤.巷道顶板蝶叶塑性区穿透致冒机理与控制方法[J].煤炭学报,2016,41(6):1384-1392.

[198] 马念杰,郭晓菲,赵志强,等.均质圆形巷道蝶型冲击地压发生机理及其判定准则[J].煤炭学报,2016,41(11):2679-2688.

[199] 赵志强,马念杰,郭晓菲,等.煤层巷道蝶型冲击地压发生机理猜想[J].煤炭学报,2016,41(11):2689-2697.

[200] 马念杰,赵希栋,赵志强,等.掘进巷道蝶型煤与瓦斯突出机理猜想[J].矿

业科学学报,2017,2(2):137-149.

[201] 马念杰,李季,赵希栋,等.深部煤与瓦斯共采中的优质瓦斯通道及其构建方法[J].煤炭学报,2015,40(4):742-748.

[202] 马念杰,郭晓菲,赵希栋,等.煤与瓦斯共采钻孔增透半径理论分析与应用[J].煤炭学报,2016,41(1):120-127.

[203] 乔建永,马念杰,马骥,等.基于动力系统结构稳定性的共轭剪切破裂-地震复合模型[J].煤炭学报,2019,44(6):1637-1646.

[204] 马念杰,马骥,赵志强,等.X 型共轭剪切破裂-地震产生的力学机理及其演化规律[J].煤炭学报,2019,44(6):1647-1653.

[205] 马骥,赵志强,师皓宇,等.基于蝶形破坏理论的地震能量来源[J].煤炭学报,2019,44(6):1654-1665.

[206] 郑颖人,朱合华,方正昌,等.地下工程围岩稳定分析与设计理论[M].北京:人民交通出版社,2012.

[207] 侯朝炯.巷道围岩控制[M].徐州:中国矿业大学出版社,2013.

[208] KASTNER H.隧道与坑道静力学[M].同济大学《隧道与坑道静力学》翻译组,译.上海:上海科学技术出版社,1980.

[209] 杨圣奇,黄彦华.双孔洞裂隙砂岩裂纹扩展特征试验与颗粒流模拟[J].应用基础与工程科学学报,2014,22(3):584-597.

[210] 刘泉声,邓鹏海,毕晨,等.深部巷道软弱围岩破裂碎胀过程及锚喷-注浆加固 FDEM 数值模拟[J].岩土力学,2019(10):1-19.

[211] 于学馥,郑颖人,刘怀恒,等.地下工程围岩稳定分析[M].北京:煤炭工业出版社,1983.

[212] 陈立伟,彭建兵,范文,等.基于统一强度理论的非均匀应力场圆形巷道围岩塑性区分析[J].煤炭学报,2007,32(1):20-23.

[213] 俞茂宏.双剪理论及其应用[M] .北京:科学出版社,1998.

[214] AKER E ,KÜHN D,VÁCLAV V,et al.Experimental investigation of acoustic emissions and their moment tensors in rock during failure[J]. Rock mechanics and mining sciences,2014,70(Complete):286-295.

[215] 黎崇金,李夕兵,李地元.含孔洞大理岩破坏特性的颗粒流分析[J].工程科学学报,2017,39(12):1791-1801.

[216] 尹光志,鲁俊,李星,等.真三轴应力条件下钻孔围岩稳定性及塑性区特性[J].煤炭学报,2018,43(10):2709-2717.

[217] 张科,刘享华,杨红宣,等.含孔洞裂隙岩体灌浆后力学特性的物理试验与数值模拟[J].水文地质工程地质,2019,46(1):79-85,110.

[218] 窦林名,姜耀东,曹安业,等. 煤矿冲击矿压动静载的“应力场-震动波场”监测预警技术[J]. 岩石力学与工程学报,2017,36(4):803-811.

[219] 姜耀东,赵毅鑫.我国煤矿冲击地压的研究现状:机制、预警与控制[J].岩石力学与工程学报,2015,34(11):2188-2204.

[220] 潘一山,李忠华,章梦涛.我国冲击地压分布、类型、机理及防治研究[J].岩石力学与工程学报[J].2003,22(11):1844-1851.

[221] 苏承东,李化敏.深埋高应力区巷道冲击地压预测与防治方法研究[J].岩石力学与工程学报,2008,27(Z2):3840-3846.

[222] 谢和平,高峰,鞠杨.深部岩体力学研究与探索[J].岩石力学与工程学报,2015,34(11):2161-2178.

[223] 谢和平.深部岩体力学与开采理论研究进展[J].煤炭学报,2019,44(5):1283-1305.

[224] 李玉生.冲击地压机理探讨[J].煤炭学报,1984,8(3):1-10.

[225] 章梦涛.冲击地压机理的探讨[J].阜新矿业学院学报,1985,4(S1):65-72.

[226] 章梦涛.冲击地压失稳理论与数值模拟计算[J].岩石力学与工程学报,1987,6(3):197-204.

[227] 齐庆新,刘天泉,史元伟,等. 冲击地压的摩擦滑动失稳机理[J].矿山压力与顶板管理,1995,3(4):174-177.

[228] 齐庆新,史元伟,刘天泉.冲击地压粘滑失稳机理的实验研究[J].煤炭学报,1997,21(2):144-148.

[229] 窦林名,陆菜平,牟宗龙,等.冲击矿压的强度弱化减冲理论及其应用[J].煤炭学报,2005,30(6):690-694.

[230] 窦林名,陆菜平,牟宗龙,等.煤岩体的强度弱化减冲理论[J].河南理工大学学报(自然科学版),2005, 24(3):169-175.

[231] 潘俊锋,宁宇,毛德兵,等.煤矿开采冲击地压启动理论[J].岩石力学与工程学报,2012,31(3):586-596.

[232] 潘一山.煤矿冲击地压扰动响应失稳理论及应用[J].煤炭学报,2018,43(8):2091-2098.

[233] 潘一山,耿琳,李忠华.煤层冲击倾向性与危险性评价指标研究[J].煤炭学报,2010,35(12):1975-1978.

[234] 齐庆新,彭永伟,李宏艳,等.煤岩冲击倾向性研究[J].岩石力学与工程学报,2011,30(5):2736-2742.

[235] 刘洪涛,镐振,吴祥业,等.塑性区瞬时恶性扩张诱发冲击灾害机理[J].煤炭学报,2017,42(6):1392-1399.

[236] 王志强,王鹏,石磊,等.基于沿空巷道围岩应力分析的防冲机理研究[J].中国矿业大学学报,2020,49(6):1046-1056.
[237] 张寅.深部特厚煤层巷道冲击地压机理及防治研究[D].徐州:中国矿业大学,2010.
[238] 魏全德.巨厚砾岩下特厚煤层冲击地压发生机理及防治研究[D].北京:北京科技大学,2015.